JN327250

今日から
モノ知り
シリーズ

トコトンやさしい

金属加工の本

古代に始まった金属加工の進展は、人々の生活に劇的な変化と革新をもたらしてきました。現代社会においても自動車、造船、建築そして各種モバイル端末にいたるまで、多くの製品が金属加工なくしてつくることはできません。

海野邦昭

B&Tブックス
日刊工業新聞社

はじめに

金属加工の進展は人類の進歩の歴史といえます。人類は誕生した時より、雷や火山の噴火で生じた自然火などを利用することを覚え、約50万年前に火を起こす方法を見いだしました。紀元前７０００年～８０００年頃に西アジアのメソポタミアで自然銅が発見され、その銅を用いて鍛造や接合が始まりました。また紀元前６０００年頃に薪《まき》を燃やした熱で金属銅が溶け出し流れ出て、くぼみで固まったのを見て、鋳物づくりが始まったといわれています。

そして紀元前３６００年頃にメソポタミア地方南部に住むシュメール人により、青銅がつくられます。この合金は銅よりも強度が高く、また鋳造性もよいので、武器や生活の材料として多く使用されました。

このように金属の発見と、その金属加工技術の進展は、人々の生活に劇的な変化と進歩をもたらしました。

また工作機械は機械化された工具で、その起源は「ろくろ」に始まり、古代エジプト時代まで遡ります。記録として残っている最も古い旋削機械（道具）は、エジプトの古墳レリーフに見られる２人操作の手回し旋盤です。この旋盤は、紀元前３０００年頃の古代エジプトで使われていたもので、１人が紐《ひも》を往復運動しながら引いて、工作物（丸棒）を回転させ、他の１人が手に刃物を持って、その工作物を削るというものです。

その後、弓を用いて工具あるいは工作物を回転する弓旋盤や穴をあける矢ぎりが用いられるようになり、人類のものづくり技術は手工具の時代から、順次、工作機械の時代に移っていきます。その後、鉄器時代が始まります。紀元前１７００年～１１００年にかけてメソポタミア地方の北、アナトリア高原で製鉄技術が開発され、ヒッタイトが「鉄の王国」を築きました。そしてヒッタイト王国の滅亡により、その製鉄技術が世界中に広がり、その後、現代に至るまでの長期間、鉄の時代が続くのです。

このように古代に始まった金属加工技術は、鉄の時代になり、ますます発展し、現在の高度な加工技術に結びついています。今の若い人たちは、生まれた時から高度な文明の中で育っているので、このようなものづくりの歴史を知る機会があまりないかもしれませんが、金属の発見とその加工技術の発展が人間社会の進歩と密接に結びついているのです。

現在、金属加工技術をローテクと呼ぶ人たちがいますが、決してそんなことはありません。ものづくりの歴史を見ても、金属加工は、いつの時代も高度な基盤技術です。また最近は、これらの基盤加工技術にもコンピュータ技術が導入され、自動化も進んでおり、そのプログラムをつくっているのは人で、プログラムを作成するには、これらの加工の内容をよく理解しておくことが大切です。幸い今の若い人たちは、コンピュータのことをよく熟知しているので、これらの基盤加工技術を習得すれば、日本のものづくり産業もより発展すると期待されます。

このようなことを考えていた折りに、日刊工業新聞社から本書、「トコトンやさしい金属加工」の執筆依頼がありました。執筆に際しては、加工の歴史をひもときながら、できるだけ若い人たちの身近な事例をあげてやさしく解説するように努めました。そのため多く関連企業から事例に見合った貴重な画像などをご提供いただきました。この場をお借りし、御礼申し上げます。

半面、金属加工に含まれる内容は非常に広範囲なるため、そのすべてを取り上げることができませんでした。お許し願いたいと思います。

ここに述べたことが、若い人たちに金属加工に興味をもらう契機になり、ひいては日本の高度な技術・技能の継承に結びつくならば、筆者の望外の喜びです。

海野邦昭

2013年3月

目次 CONTENTS

第1章 自動車は金属加工のかたまり

第2章 身近な鋳造技術 —自動車から指輪まで—

第3章 素形材加工と熱処理

第4章 板金加工とプレス加工

第5章 いろいろな分野で活躍する溶接技術

第6章
ものづくりを支える切削技術

第7章
研削加工技術と特殊な加工技術

第7章 コンピュータで動く旋盤

第1章

自動車は金属加工のかたまり

1 鋳造は古代から高度技術

紀元前5000年に行われていた鋳造

鋳造《ちゅうぞう》は古代から高度な技術です。鋳造がいつ頃から行われるようになったのか、明確なことはわかりませんが、おおむね紀元前６０００年頃に、陶器を焼く高温の窯の熱と不完全燃焼の炎で、近くにあった鉱石（くじゃく石など）が還元され、金属銅が流れ出て、石のくぼみなどで固まったのにヒントを得て、鋳物《いもの》づくりが始まったといわれています。

事実、紀元前５０００年頃に、エジプトの墓から銅製の武器や用具とともにるつぼが出土していることから、この頃までにはすでに鋳造が行われていたことになります。

また紀元前４０００年頃になると、自然銅のみならず鉱石から銅を精錬する技術が発達し、大量生産が行われるようになりました。そして同時期にヒ素、あるいは鉛と銅の合金の使用も始まっています。

紀元前３５００年頃には、メソポタミア（現在のイラン、イラク）地方のシュメール人により青銅が発明され、また石を彫ってつくった開放鋳型《いがた》に溶銅を流し込む技術も確立されていたようです。これらの地域の遺跡から斧やその鋳型などが出土しており、最古の鋳物と呼ばれています。

鋳造においては高温（銅の溶解温度は１０８３℃）を得ることが非常に大切で、炉にいかに風を送るかがポイントになります。

古代エジプトでは、吹き筒や吹管を用いて送風していましたが、その後、動物の皮などでできた「ふいご」を用いています。

紀元前１５００年頃のテーベの墳墓《ふんぼ》から出土したパピルスには青銅の扉を鋳造する様子が描かれています。絵の上段には足踏みふいごで風を送り、るつぼの中の銅を溶かす様子が、また中段には溶けた銅の入ったるつぼを炉から取り出す様子が、そして下段には扉の鋳型に銅を鋳込む様子が描かれています。

要点BOX

- ●鋳造は古代から高度な技術
- ●メソポタミア地方のシュメール人が青銅を発見
- ●鋳造は高温を得ることが非常に大切

金属の発見と鋳造技術

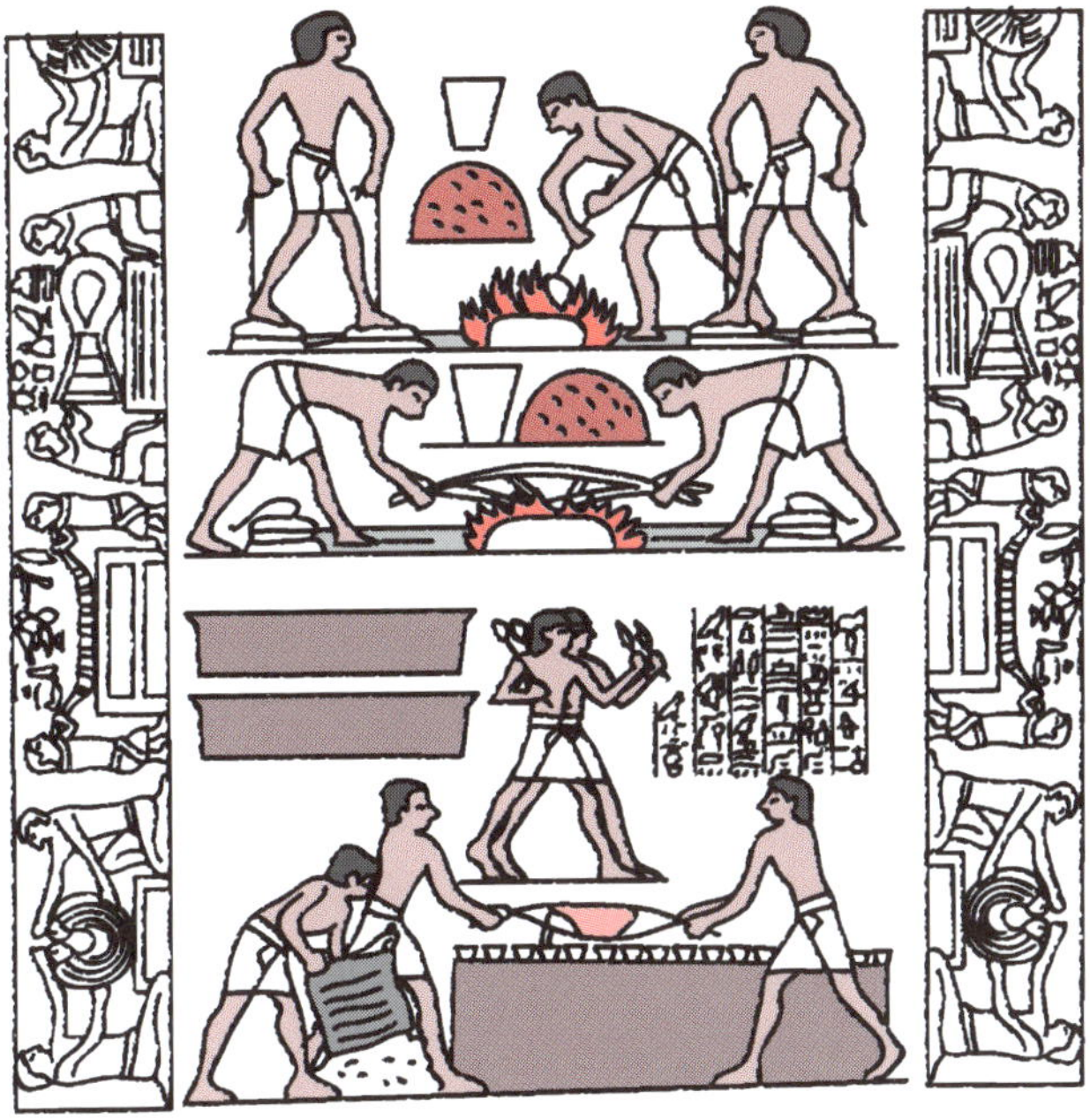

エジプトのテーベの遺跡より出土した
パピルスに描かれた絵

溶解銅の発見

エジプトのベニ・ハッサンの壁画より

2 鋳造技術の伝来と仏像のつくり方

現代も用いられる「ろう型技法」

紀元前300年頃に、弥生式土器とともに青銅器や鉄器が中国から朝鮮半島を経て日本に伝わったといわれています。そしてわが国で鋳造が始まったのは、弥生時代中期の紀元前100年頃です。当時は複雑形状の製品はできず、形状の単純な刀剣類や装飾品でした。

鋳銅鏡や銅鐸《どうたく》など、鋳肌《いはだ》に複雑な模様を鋳出しした鋳物がつくられ始めたのは、紀元1世紀になってからです。そして4世紀になると、わが国でもさかんに鏡が鋳造されるようになっています。

その後、仏教の伝来とともに、鋳造仏が多くつくられるようになりました。この鋳造仏は「ろう型技法」によりつくられています。

まず鉄の棒を芯にして、その上に縄（現在は針金など）を巻き付けます。またその表面に鋳型土（真《ま》土《ね》）を塗り、焼き固めます。そしてそれが仏体の中《なか》子《ご》（内側の型）となります。

この中子の表面に熱して軟化したろうを巻き付け、冷やして固めます。また「ヘラ」や「たがね」を用いて、精密に仏体（ろう型）をつくります。このろう型を真土で厚く包んで、自然乾燥した後、全体を焼き固めます。すると型の内部のろうが溶けて流れ出し、空洞ができます。

次にろうが流れ出た空洞に湯口《ゆぐち》から溶解した青銅を流し込み、冷やして固めます。そして内型と外型を外し、あるいは壊して仏体を取り出します。

鋳放し後の仏体は、表面が凹凸で、湯道などの余分なものが付いているので、それらを取り除き、最終仕上げを行えば、仏像の完成です。またこの銅像に金箔《きんぱく》などをほどこせば、金堂仏となります。

この「ろう型技法」は、現在、アクセサリなどの装飾品や精密機械部品の製造に用いられる精密鋳造法と、製品が異なるだけでそのつくり方は同じです。

要点BOX

- 日本で鋳造が始まったのは紀元前100年頃
- 4世紀頃には鏡が鋳造された
- 仏像づくりに応用される

仏像のつくり方

鋳造鏡

銅鐸

（1）模型をつくる

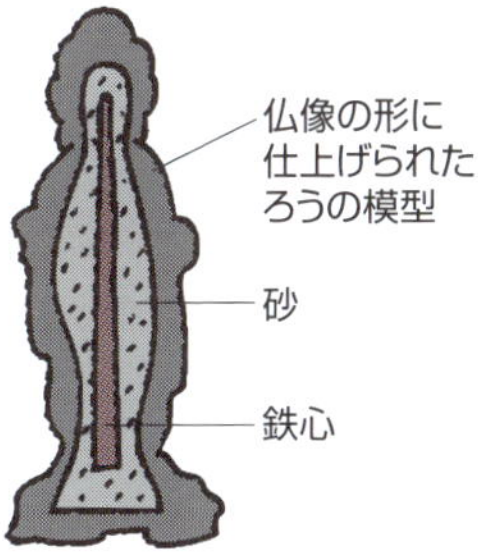

（2）ろう型をつくる

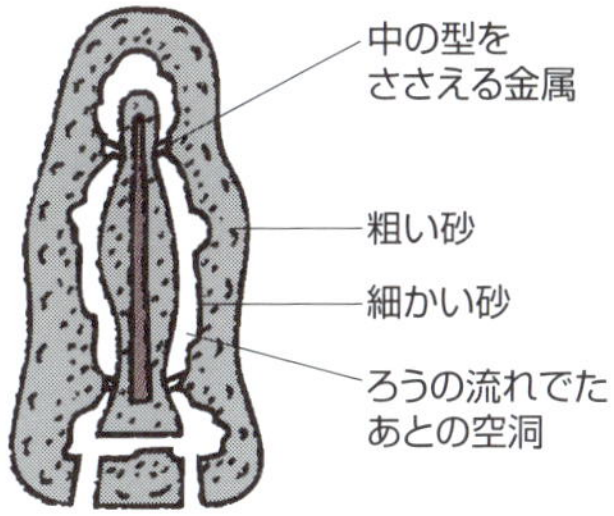

（3）注湯をする

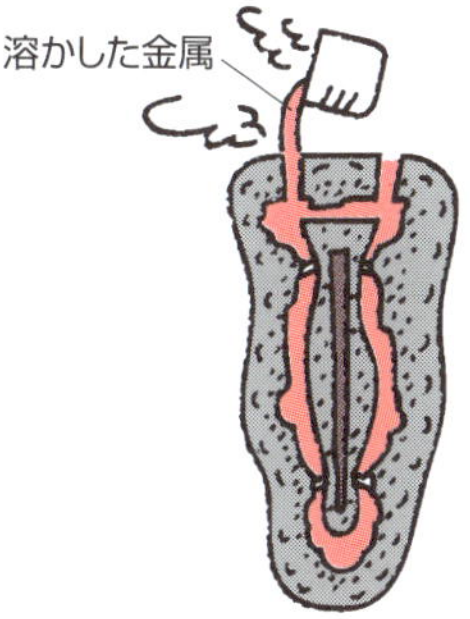

（4）仏像の完成

3 奈良の大仏はどのようにつくられたの？

「削り中子法」を採用

天平17年（745年）という昔に、奈良県にある東大寺の巨大な仏像はどのような方法でつくられたのでしょうか。

その大仏の重量は250トンで、現在製造できる最大級の鋳物の大きさだといわれています。

この奈良の大仏の鋳造法は、土型鋳造の一種で、土でつくった模型（塑像《そぞう》）の外側に、土の鋳型（外型）をつくって、その後、塑像を鋳物の厚みだけ削り、先の外型とのすき間に溶けた銅を流し込むものです。

この大仏は巨大なので、1回で溶銅を鋳込むことはできません。そのため8回に分けて下段から順に鋳込んで、継ぎ足していきました。

まず木材を組んだ骨組みに粘土を含む砂を塗って、乾燥させ、固くした後、つくろうとする大仏と同じ形に塑像（内型）を仕上げます。そしてこの塑像の上に外型となる鋳型土を張り付け、形状を写し取って、外に剥がすのです。

このようにして1段目を全周にわたって外型片をつくり終えたならば、塑像の表面を鋳物の肉厚（ほぼ5センチ）だけ削り取ります。この方法は「削り中子《なかご》法」と呼ばれています。

第1段目の中子削りが終わったならば、先に外して十分に加熱乾燥した外型片を組み合わせて、その周辺に土手を築きます。そしてこの土手を溶解、鋳込みおよび次の段の造型のための作業場とします。

次にその土手の上にたくさんの溶解炉（こしき）をならべ、その炉に木炭と銅、スズ地金を上から交互にくべ、踏ふいご（たたら）を使って送風し、木炭を燃焼させます。

するとその熱で地金が溶けて合金化され、炉の底に溜まります。そして十分に溜まったならば、湯口を通じて溶銅をいっせいに鋳型に流し込みます。

このような作業が繰り返され、奈良の大仏が鋳造されたのです。

要点BOX

- 奈良の大仏の重量は250トン
- 土型鋳造の一種
- 8回に分けて下段から順に鋳込み、継ぎ足す

奈良の大仏のつくられ方

大仏の鋳込み

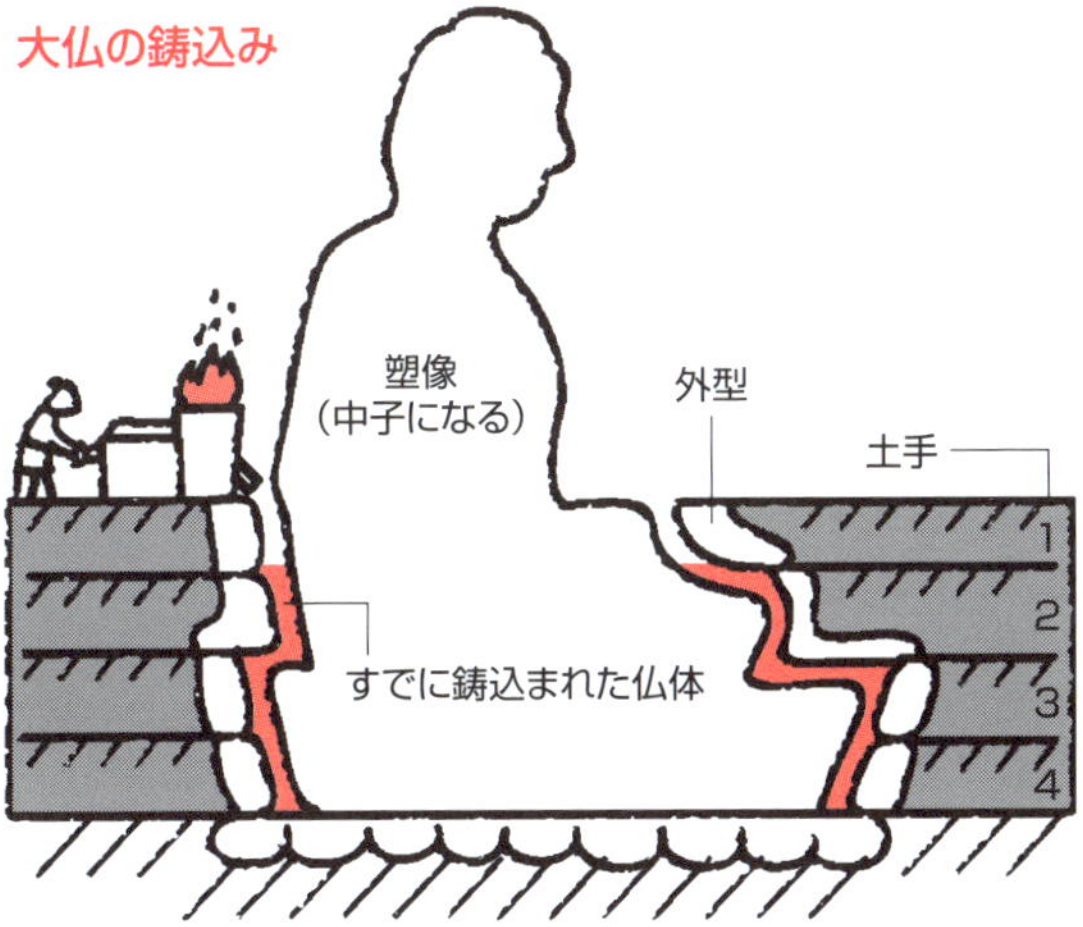

大仏の内型と外型

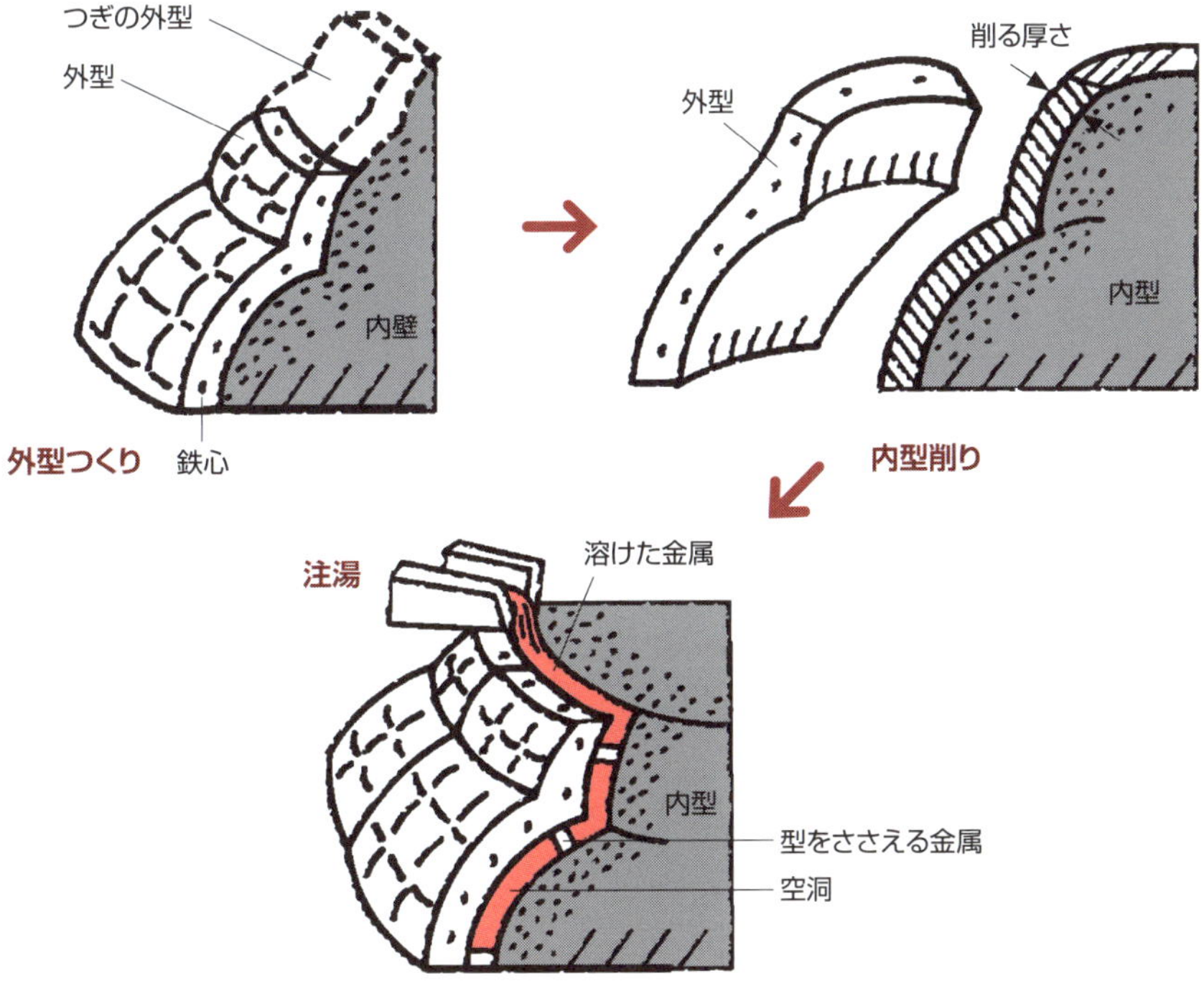

4 歴史を変えた日本刀と火縄銃

日本刀の製造法はわが国の独創技術

日本刀は、わが国の独創的技術によって、平安時代（794年〜1192年）末期に出現したわん曲した刀のことです。

日本刀の材料となる鋼は、和鋼《わこう》または玉鋼《たまはがね》と呼ばれるもので、鉄鉱石ではなく、砂鉄を用いた日本独自の製鋼法である「たたら吹き」でつくられています。

刀が曲がらず、よく切れるためには、鋼が硬くなければなりません。しかし鋼が硬いことは脆《もろ》いことなので、衝撃に対して弱く、折れやすくなります。

この矛盾を解決したのが「造り込み」というもので、炭素量が少なく、軟質の心鉄《しんがね》（刀の内部の鋼）を、炭素量が多くて硬い皮鉄《かわがね》（刀の外側の鋼）で包み、刀に靭性《じんせい》（衝撃にたいする強さ、粘り強さ）をもたせる方法です。

加熱した玉鋼を槌《つち》（ハンマ）で平たく打ち伸ばし、さらに折り返して2枚に重ね、何度も繰り返して鍛錬します。すると玉鋼の炭素量が調整され、また不純物が取り除かれて、層状の強靭な鋼ができあがります。

この鋼で心金を包み込み、平たい棒状に打ち延ばしながら、刀の形状に整えます。そして焼刃土《やきばつち》を塗って、焼き入れをした後、刀の研ぎを行えば、日本刀の完成です。日本刀の製造法は、わが国の独創的なもので、素晴らしい技術といえます。

このような日本刀の製造技術があったので、天文12年（1534年）に種子島に来航したポルトガル人により、火縄銃と火薬の製法が伝えられた後に、短期間で鉄砲がつくられ、そして鉄砲製造が広く普及したのです。日本人には刀鍛冶の技能を鉄砲鍛冶に応用する高度な適応能力があったのです。このような例は海外にはなく、日本人のものづくり能力の高さを示しています。そして火縄銃の伝来が欧米の科学技術を知るきっかけとなり、日本の近代化につながったのです。

要点BOX

●「たたら吹き」は日本独自の製鋼法
●「造り込み」で脆さを解消
●日本人のものづくり能力の高さを示す

日本刀と火縄銃は歴史を変えた

刀鍛冶

たたら製鉄

手打ち鍛造

日本刀

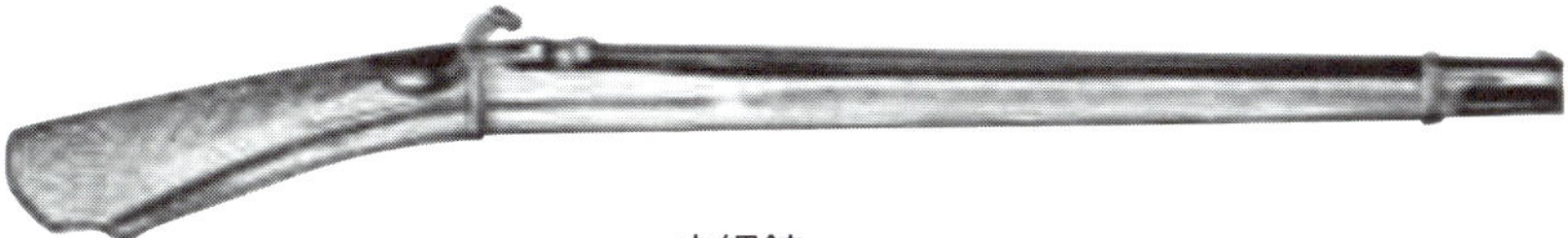

火縄銃

5 金属加工なくして自動車はつくれない

鋳造・鍛造を経て仕上げ加工へ

自動車はエンジン・ミッション部品、ブレーキ部品、デファレンシャル部品、ボデー・シャーシ部品、内外装部品など、およそ2万点の部品から構成されています。

まず車のボンネットを開けると、エンジンが見えます。エンジンの内部には、シリンダブロックやシリンダヘッドがあります。

シリンダブロックはエンジンの下部にあり、その中にはピストン、コンロッドおよびクランクシャフトなどが組み込まれています。

ピストンはシリンダ内を往復運動し、クランクシャフトなどに運動を与える部品で、コンロッドはピストンとクランクシャフトを連結している部品です。そしてクランクシャフトはピストンの往復運動を回転運動に変換し、ミッションに伝達する部品です。

このトランスミッション（変速装置）は歯車あるいはベルトを介して変速し、動力を駆動系に伝えるもので、多くの歯車が使用されています。

またシリンダヘッドはエンジンの上部にあり、吸気・排気バルブやカムシャフトが組み込まれています。このカムシャフトは吸気・排気バルブを動かすものです。

次に車体の下を見ると、そこにはデファレンシャル歯車装置があります。この装置の中には差動歯車が組み込まれています。

このように自動車は多くの主要部品で構成されており、通常、それらの部品は鋳造や鍛造で加工された後、切削加工や研削加工で、高精度に仕上げられています。

また車のボデーの外殻を構成するものはボデー・シェルと呼ばれており、ルーフ・パネル、フード、フロント・フェンダ・パネルおよびフロント・リア・ドアなどがあります。

これらの部品はプレス加工されています。このように自動車は「金属加工のかたまり」そのものなのです。

要点BOX

- 約2万点の部品から構成されている自動車
- 部品は鋳造や鍛造で加工される
- 切削加工や研削加工で高精度に仕上げ

自動車は金属加工のかたまり

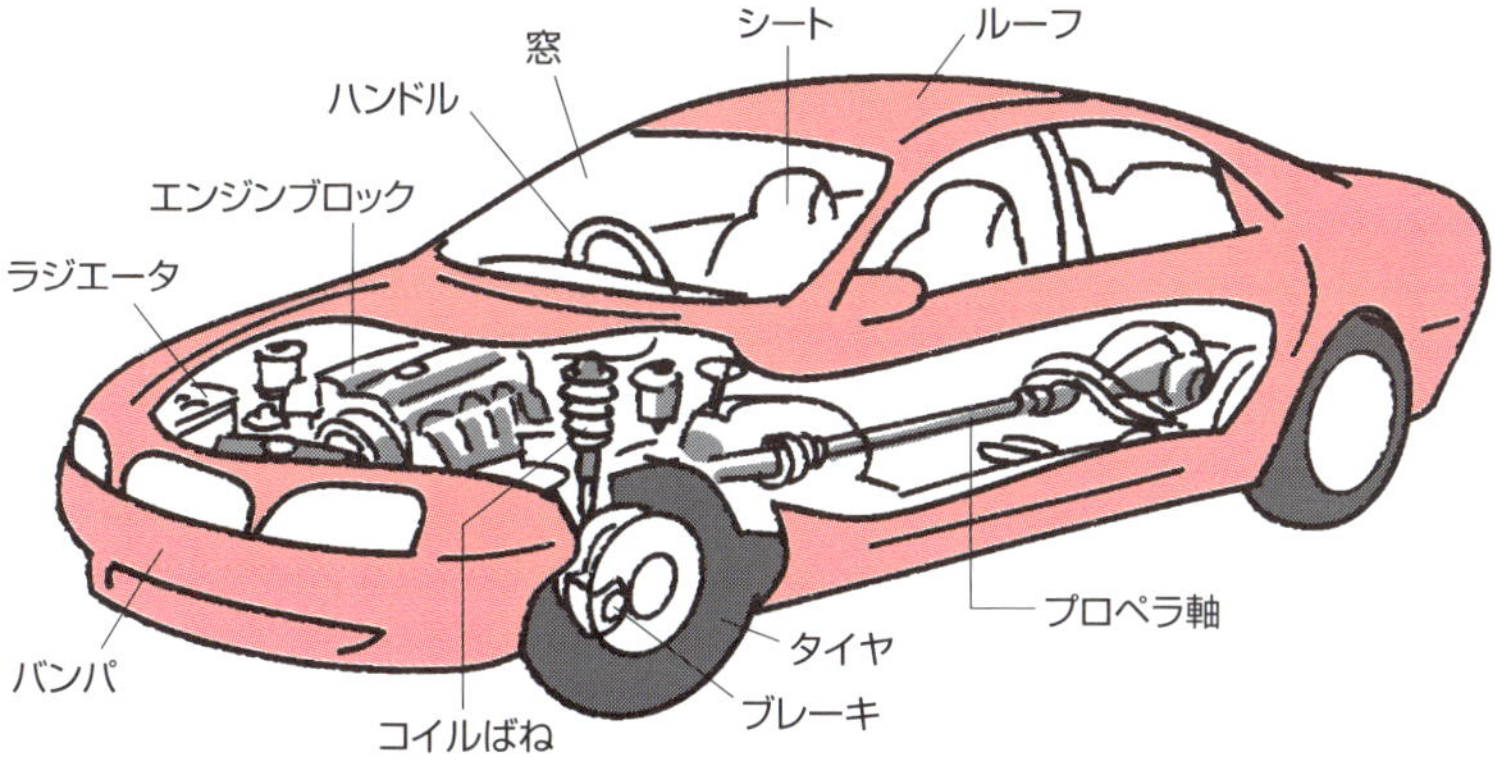

自動車の各部名称

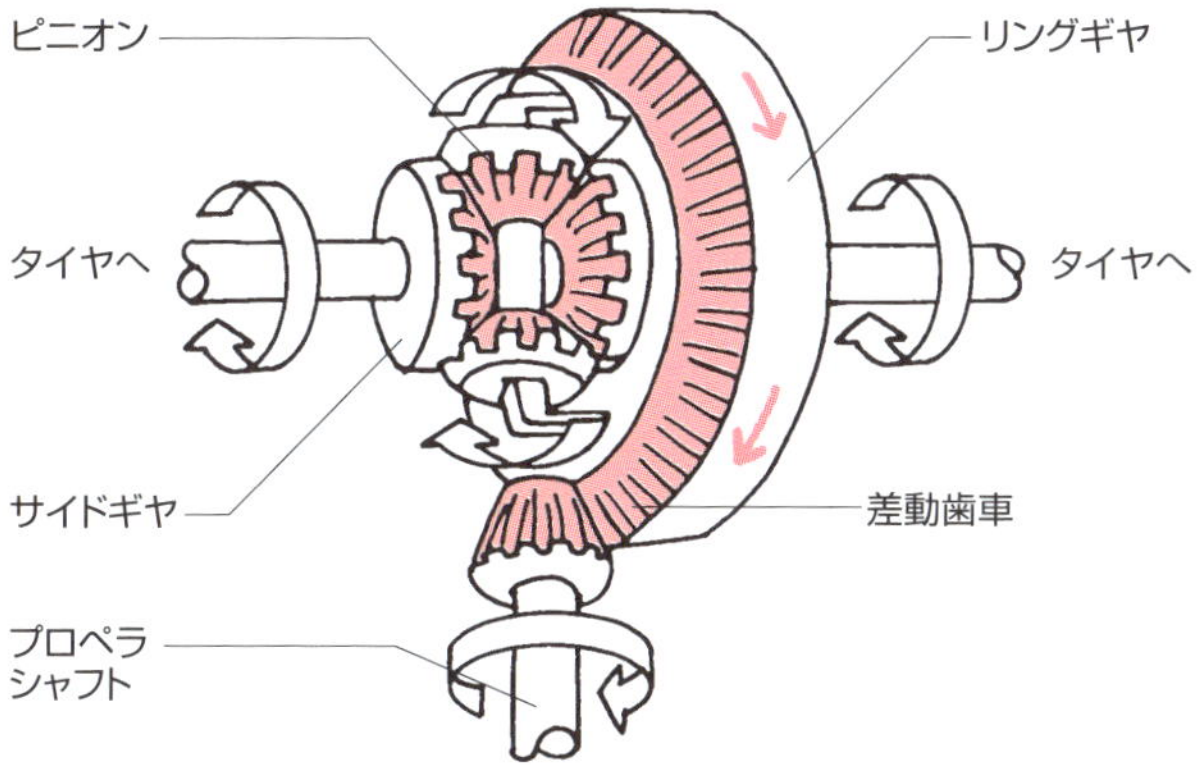

デファレンシャル歯車装置

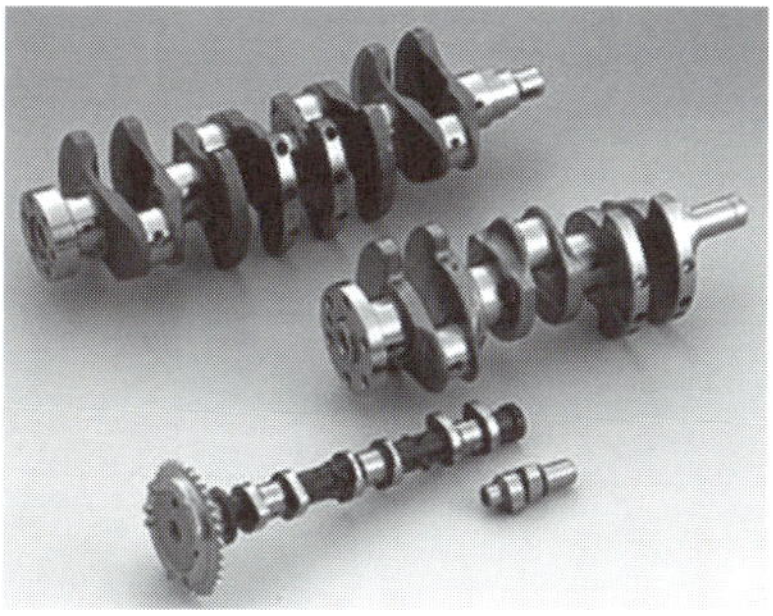

カムシャフト･クランクシャフト

シリンダブロック

（浜松部品工業）

6 いろいろな金属加工

切りくずが出たら切削加工

金属加工を大別すると、①金属を溶かして型で固める鋳造加工、②素材を伸ばしたり、曲げたりする鍛造・圧延加工、③板材を打ち抜いたり、成形するプレス加工、④金属を接合したり、溶かして分離する溶接・溶断加工、⑤切削工具を用いて工作物を削る切削加工、⑥研削砥石を用いて工作物を加工する研削加工、⑦電気的なエネルギを用いて工作物を加工する形彫り放電加工やワイヤ放電加工、⑧高エネルギビームで工作物を加工する電子ビーム加工やレーザ加工などになります。

これらの加工のうち「切りくず」の出るものが切削加工で、出ないものが非切削加工です。切削加工には、旋削、フライス削り、平削り、形削り、立削り、歯切り、穴あけ、中ぐり、切断、研削、ホーニングおよび超仕上げなどがあります。

工作物を回転して切削を行う旋削加工や、バイト（切削工具）を往復運動して切削を行う平削り、形削りおよび立削りなどは単刃（切れ刃が1つ）工具を主に用いる加工法です。またドリルやリーマなどを回転して加工を行う穴加工、正面フライスやエンドミルを回転して切削を行うフライス加工、そしてノコ刃などを往復して加工を行う切断加工などは多刃工具を用いる加工法です。

また研削砥石を用いる「研削加工」には、主に角物部品を加工する平面研削、丸物部品を加工する円筒研削、そして歯車やねじなどを加工する成形研削などがあります。そして通常、研削加工、ホーニングおよび超仕上げなどは切削加工と区分けされ、「砥粒加工」と呼ばれています。

そして非切削加工には、鋳造、鍛造、圧延、転造および板金加工などがあります。また高熱を利用して工作物を加工する溶接、放電加工やワイヤカット放電加工、電子ビーム加工やレーザなども非切削加工法です。

要点BOX

- 切りくずが出るのが切削加工
- 研削加工、ホーニング、超仕上げなどは砥粒加工
- 鋳造、鍛造、圧延、板金などは非切削加工

いろいろな金属加工

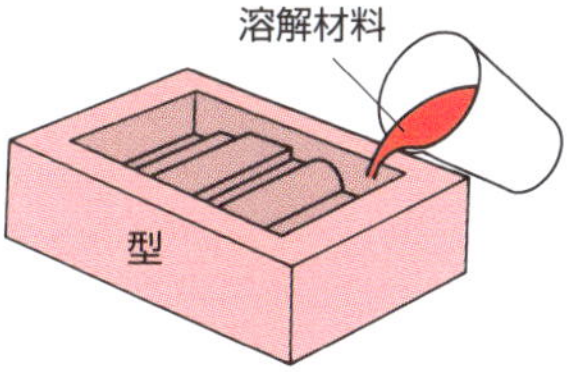

鋳造加工

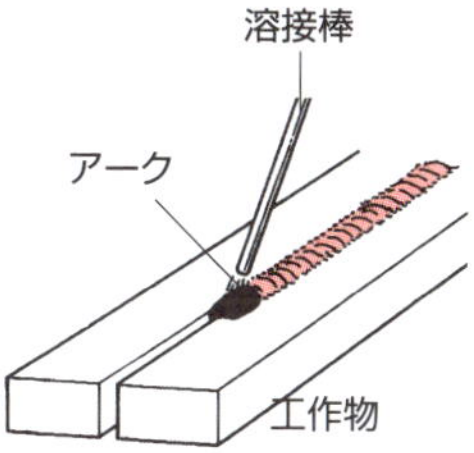

溶接

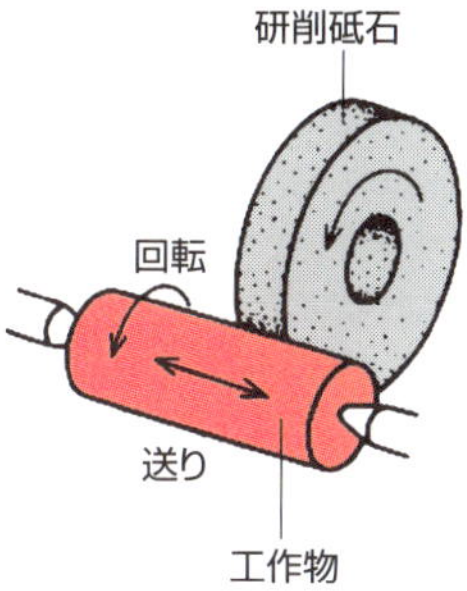

研削加工

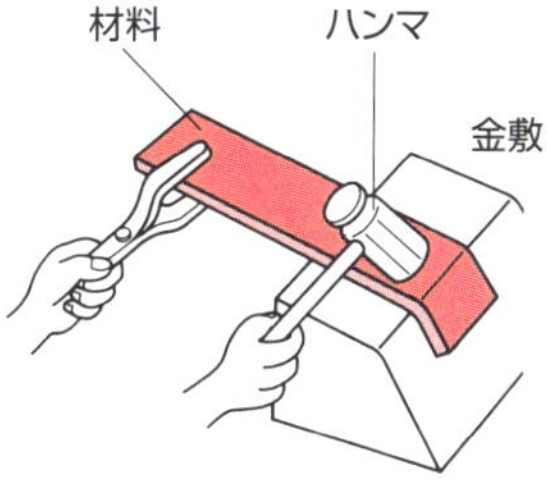

鍛造加工

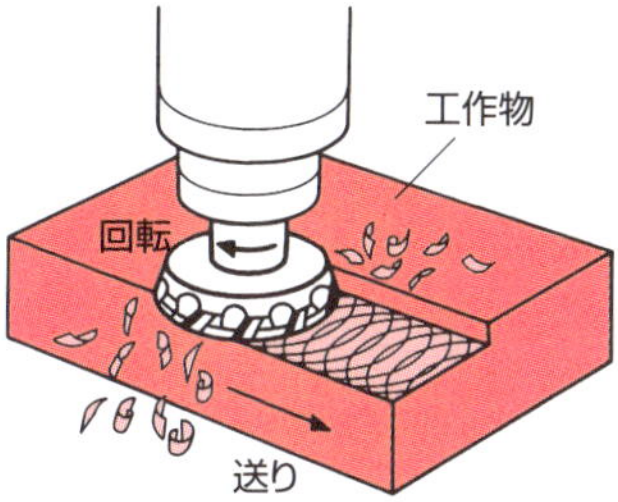

切削加工

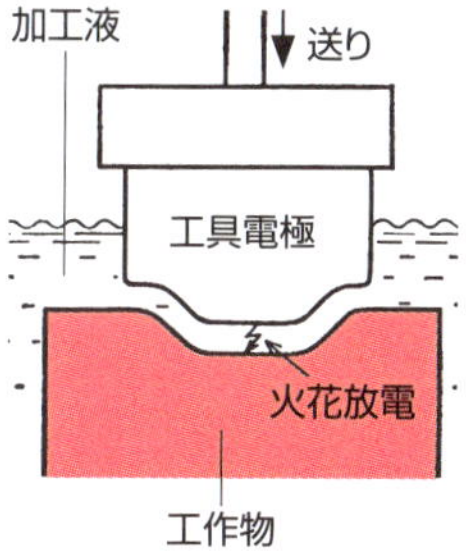

放電加工

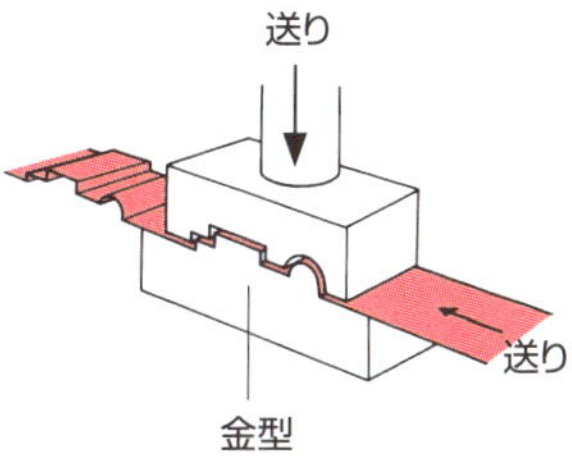

プレス加工

NC加工（不二越）

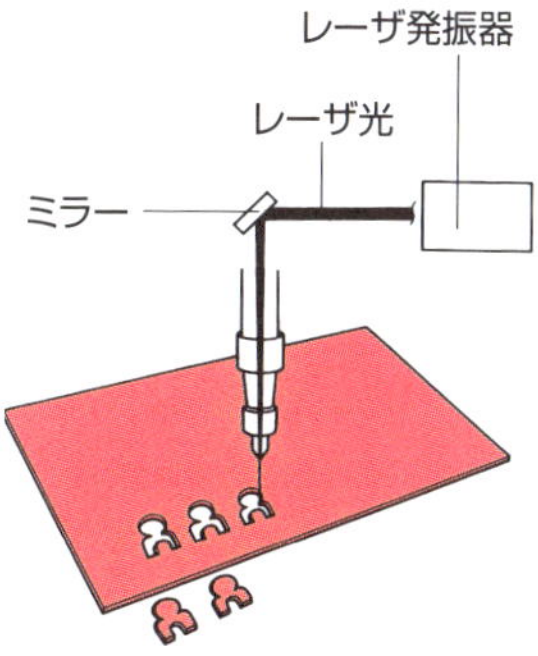

レーザ加工

Column

火の使用と人類の進歩

人類の進歩において、大きな影響を与えたものに「火の使用」があります。「かまど」で土器を焼いたり、煮炊きをする時に、金属が溶けだし、固まるのを見て、鋳造加工を思いつきました。この金属の発見と鋳造技術の開発により、農業生産などが飛躍的に向上し、人類の生活に顕著な影響を与えました。

その後、アナトリア地方のヒッタイトで製鉄技術が開発され、そしてヒッタイトの滅亡を経て、製鉄技術が世界中に拡散しました。

日本に青銅器や鉄器が朝鮮半島を経て伝わったのは、紀元前300年頃で、奈良時代になると、有名な奈良の大仏がつくられています。あのように大きな鋳造仏が、当時つくられていたとは驚きです。この大仏は「ろう型技法」によりつくられており、現在、アクセサリーやタービンブレードなどの精密鋳造法（ロストワックス法）と同じです。

また平安時代になると、玉鋼の鍛造技術により日本刀がつくられるようになり、その後の火縄銃の製造に結びついています。当時、火縄銃が短期間に国内に普及したことは、日本人のものづくり能力の高さを示すもので、この火縄銃の製造が、日本の近代化の始まりといわれています。

このようにメソポタミアの時代から行われていた鋳造・鍛造などの金属加工技術が人類の進歩に大きな影響を及ぼし、また現在もこれらの技術が自動車や航空宇宙産業などを支えていることを、みなさんにもご理解いただけると思います。

金属加工技術はいつの時代もハイテクで、産業を支える基盤技術なのです。

第2章

身近な鋳造技術
—自動車から指輪まで—

7 身の回りにある鋳造品

鋳物は生活の必需品

私たちの身の回りには多くの鋳造品があります。まず自動車のボンネットを開けてみましょう。するとエンジンが見えますね。そのシリンダブロックやシリンダヘッドは鋳造品です。また鍛造品もありますが、クランクシャフトやカムシャフトにも鋳造品が使われています。

また排気ガスを排出するためのエキゾーストマニホールド、オイルポンプハウジングやブレーキロータなども鋳造品です。このようにエンジン回りには鋳造部品がほぼ１００点ほど使用されています。そして自動車の足回りに使われているものを含めると、その総重量の約10%を銑鉄鋳物部品が占めているといわれています。

次に外を歩くと、道路工事でパワーシャベルやブルトーザをよく見かけますが、これらの部材にも多くの鋳造品が使われています。また道路には街路灯やマンホールの蓋がありますが、これらも鋳造品です。

家の回りのフェンスや門扉にもアルミ鋳物が多く使用されています。水道の蛇口、これも鋳造品です。このようなバルブやコックは流体を扱う場合には不可欠で、産業用や家庭用として多く使用されています。

またステンドグラスのスタンドなどのようなインテリア用品にも鋳鉄品が多く見られるようになっています。そして女性の好きな指輪やアクセサリなども鋳造品です。昔につくった仏像と同じようにろう型鋳物でできています。

このろう型鋳物は公園の銅像や寺院などでも多く見ることができます。たとえば寺院の仏像や梵鐘《ぼんしょう》などは鋳造品です。また多くの方がゴルフを楽しんでいますが、そのゴルフクラブのヘッドも鋳造品です。

このように鋳物は産業用としても、また日用品としても、私たちの生活の必需品となっています。

要点BOX

- ●鋳造品は身の回りにたくさんある
- ●自動車の1割が銑鉄鋳物部品
- ●マンホールの蓋も鋳造品

身の回りにたくさんある鋳造品

水道の蛇口

マンホール

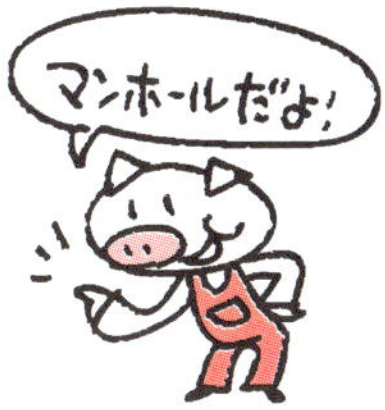

仏像

指輪・アクセサリ

クランクシャフト(不二WPC)

アルミダイカスト(三和軽合金製作所)

8 鋳物で製品づくり

砂型鋳物のつくり方

鋳物には外形が非常に複雑なものであっても、また内部に中空部があるようなものでも、比較的安価につくることができるという特徴があります。そのため多くの産業分野で使用されています。ここではこの砂型鋳物の基本的なつくり方をみてみましょう。

砂でできた3次元の空間（砂型）に溶けた金属を流し込んで、その空間と同じ形状に製作したものが鋳物です。

この3次元空間が「模型」で鋳物の形状となります。そしてこの模型と同じ形状に木を削ってつくったものが「木型《きがた》」です。

砂型鋳物では図面を見て、まず最初にこの木型を製作します。通常は手作業で、木を削って木型をつくりますが、最近はCAD（コンピュータ援用設計）やCAM（コンピュータ援用加工）を用いた加工も行われ、高精度な木型もつくられています。

次に鋳物に穴や空洞部がある場合は「中子《なかご》」をつくります。この中子はこのような穴や空洞部をつくるためのもので、主型《おもがた》とは別につくった鋳型のことをいいます。木型を型枠にセットし、その周辺に砂を込めて押し固めて造型します。

通常、この造型工程は砂込め、中子セットおよび型合わせとなります。

型ができたならば、炉で金属を溶解し、成分調整を行った後、出湯します。そして型に注湯し、自然冷却して凝固させます。

金属が冷えて凝固したならば、鋳型を壊して鋳物を取り出し、その表面に付着した砂を取り除きます。通常、この工程は「型ばらし」と呼ばれています。

型ばらし後の鋳物には、湯口や湯道などの余分な部分が付いているので、それらを製品部分から取り除きます。また上型と下型の境界部分に発生するバリを取り除いて仕上げをします。そして必要に応じて熱処理をすれば、製品ができあがります。

要点BOX

- 比較的安価につくることができる鋳造
- 砂型鋳物では最初に木型を製作
- 型ばらしで砂を取り除く

鋳物の製造プロセス

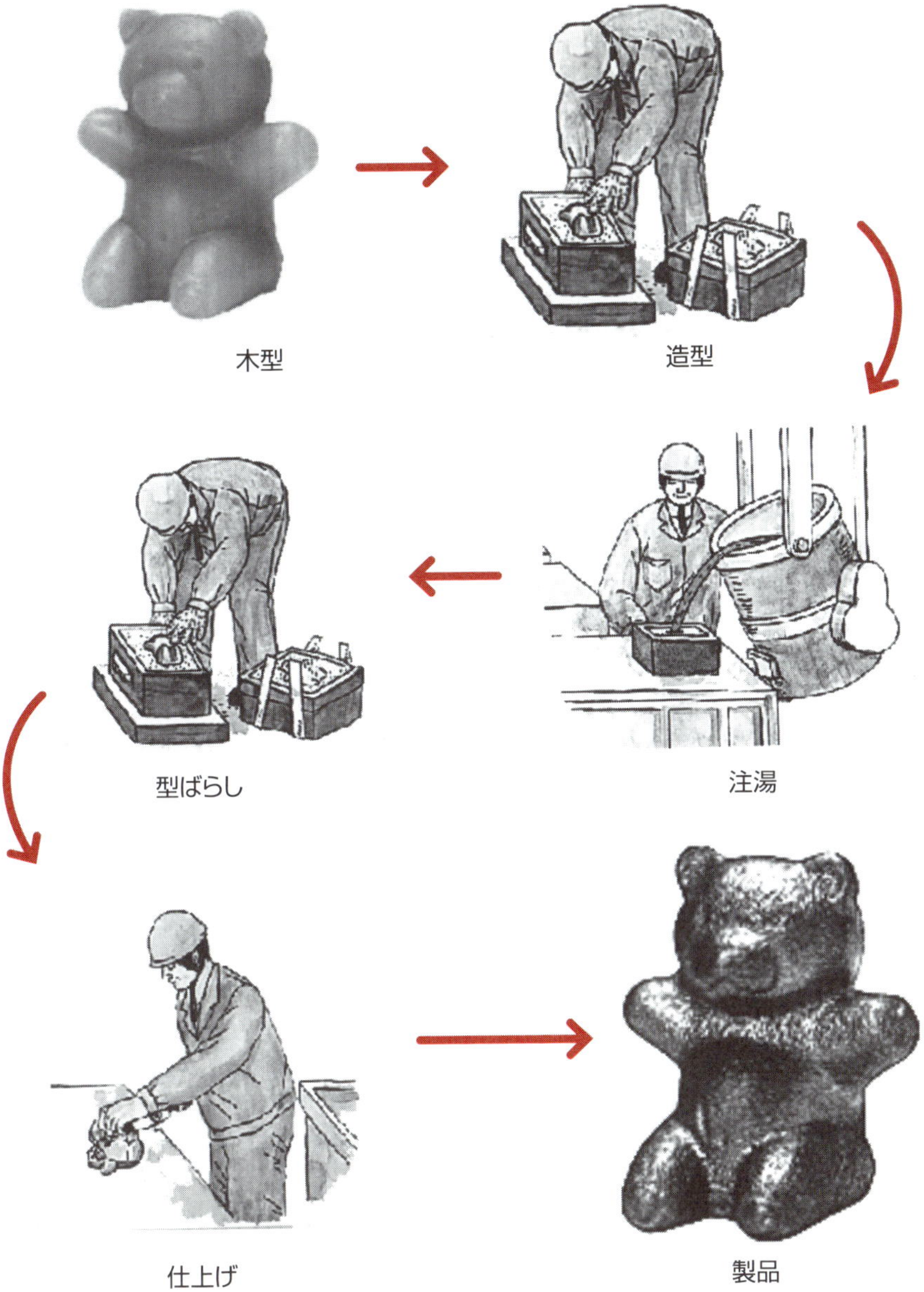

（洲崎工業）

9 模型とそのつくり方

木型、金型、石膏型、プラスチック型、ポリスチロール型

鋳造は砂型の中に製品と同じ形状の空間をつくり、その空間に溶融金属を流し込んで鋳物とするので、そのため製品と同じ形状をした「模型」が必要となります。

模型には材質の種類によって、木型、金型（金属模型）、せっこう型、プラスチック型（合成樹脂型）およびポリスチロール型があります。

これらのうち木型は複雑な形状もでき、軽くて、取り扱いがしやすいという利点があります。比較的安価なので、鋳型製作に最も多く用いられています。

また模型は型込めの方法によって現型、ひき型、かき型、骨組み型、組合せ型および中子型などに区分されます。

板状の木型が引き型で、製品が細長く、断面が一様な鋳型をつくる場合に用いる木型が「かき型」です。

また材料を節約するために、原型ではなく、骨組みでつくる型が「骨組み型」で、これらの型を組み合わせたものが「組合せ型」です。

そして中子型は製品の空洞部に入れる中子をつくるための型です。中子を鋳型におさめるための木型の突起物は幅木《はばき》と呼ばれています。

現型は製品と同じ形状をした模型で、鋳物砂の中に埋め込んで造型する場合に用いられ、それには単体のものと割り型（2つに割れるようにつくった木型）のものとがあります。

現型は鋳型をつくる場合に最も多く用いられています。この木型で現型をつくる時のポイントは、溶けた金属が固まると、収縮するので、模型をその縮み代《しろ》だけ大きくつくることです。そのため模型製作には、その縮み代をあらかじめ考慮した鋳物尺が用いられます。模型を製作する場合は、図面から原図をつくり、木取りをした後、加工・組立をして仕上げをします。最近はＣＡＤやＣＡＭの使用により、高精度な木型がつくられています。

要点BOX

- ●鋳造は製品と同じ形状をした模型が必要
- ●模型は型込めの方法によって区分される
- ●模型製作には鋳物尺が使われる

模型のつくり方

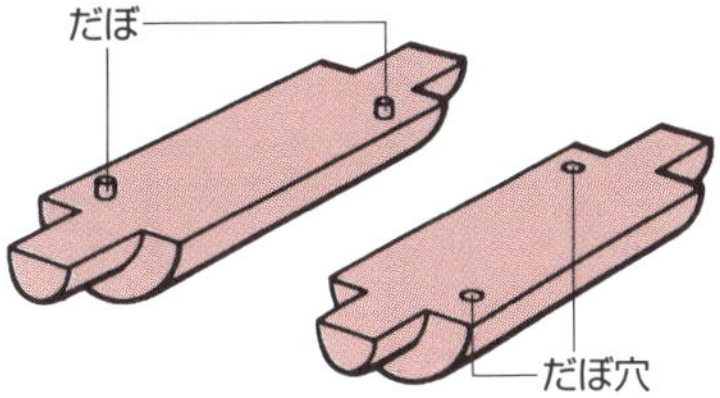

割り型（木型）

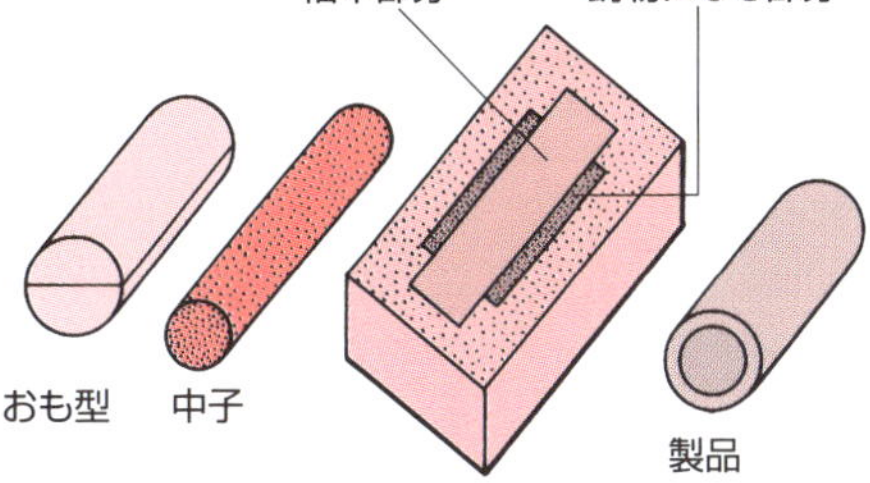

鋳型（下型）

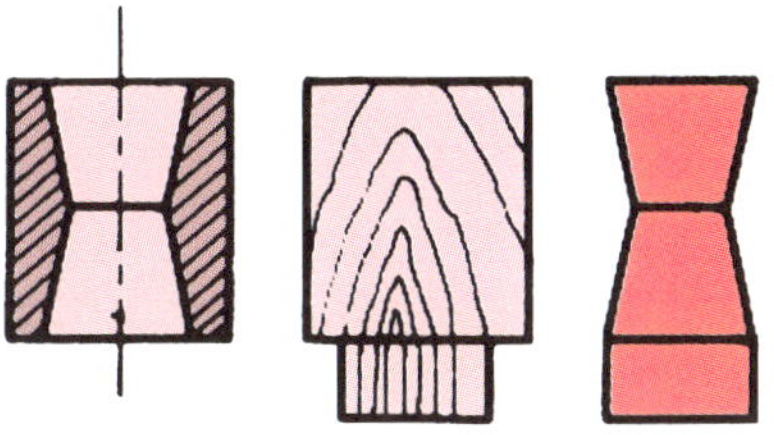

木型

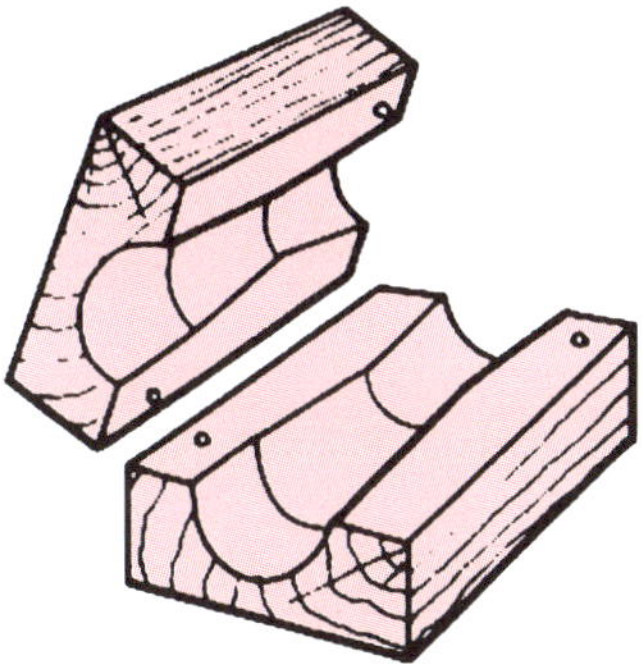

中子取り

木型の製作

10 多品種・少量生産に向いている砂型

手込めで砂型をつくる手順

「砂型《すながた》」は、大きくて複雑な形状の製品にも対応でき、比較的、安価にできるので、多品種・少量生産に向いています。

この鋳型は上型と下型に分かれていて、造型ではそれらを別々につくります。ここでは割り型を用いて、手込めで砂型をつくる場合のおもな手順について説明します。

まず最初に下型を製作します。型枠と下型模型を定盤《じょうばん》（表面を平滑に仕上げた台）の上に置き、砂を込めて、突き棒でつき固めます。そして枠の上面から砂があふれる程度に砂込めをしたならば、スタンプ棒で叩いて、全体を突き押さえます。

この場合、枠の上面より、砂が盛り上がった状態にします。そしてかき板で枠縁に沿って平らにかき落とし、余分な砂を取り除きます。下型の砂込めが終わったならば、鋳型全体を反転し、定盤の上に置きます。これで下型ができました。

次は上型です。下型の枠の上に上型の枠を載せます。この場合、上下枠の相互の位置がずれないようにします。そして上型と下型用の木型の合わせ面には凹凸のだぼが付いているので（9項参照）、これらを合わせてセットします。

木型合わせが終わったならば、別れ砂（滑石の粉末）をまきます。この別れ砂は後で木型を取り出すときに、上型と下型が分離しやすくするためのものです。

そして上型に砂を込めて、スタンプ棒で叩きながら、全体に圧力をかけてスタンプします。

その後、ガス抜き棒をさし、また湯口棒を抜けば、砂込めの完了です。そこで上型を反転して、側に置きます。そして下型から静かに木型を取り出します。この場合、木型周辺の砂を崩さないように注意します。

そして木型を引き抜いた空間に、あらかじめ製作しておいた中子をセットし、上型を反転してかぶせます。これで手込め造型は終了です。

要点BOX

- 砂型は安価にできるので多品種・少量生産向き
- 鋳型は上型と下型に分かれている
- はじめに下型を製作する

砂型のつくり方

鋳枠 → 模型入れ → 砂入れ → 充てん → 抜型 → 生砂型

手込め造型法

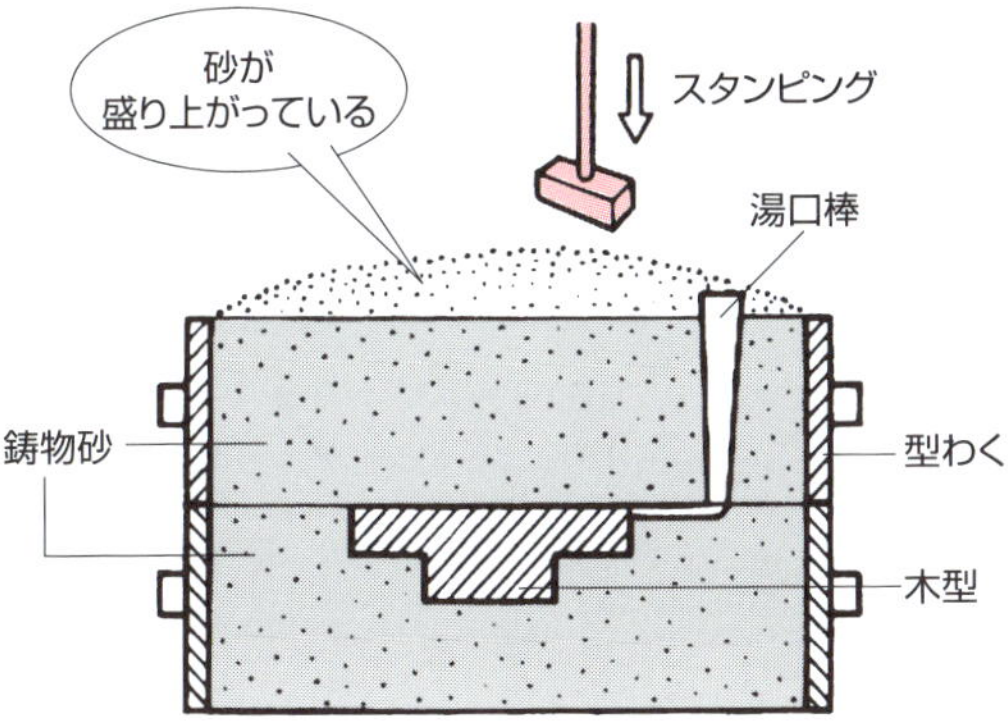

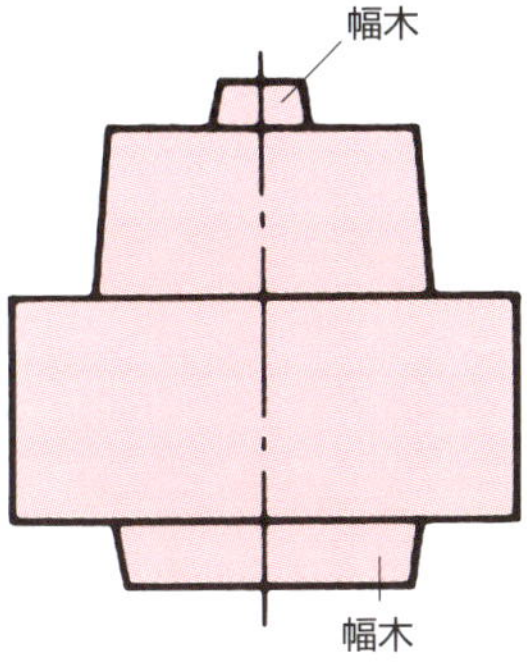

①外型模型

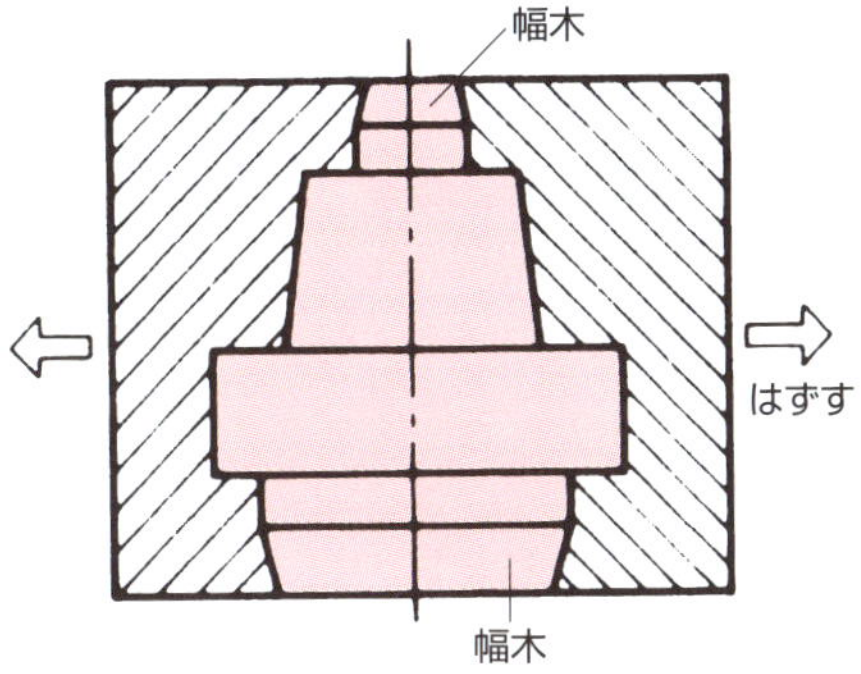

②中子取り

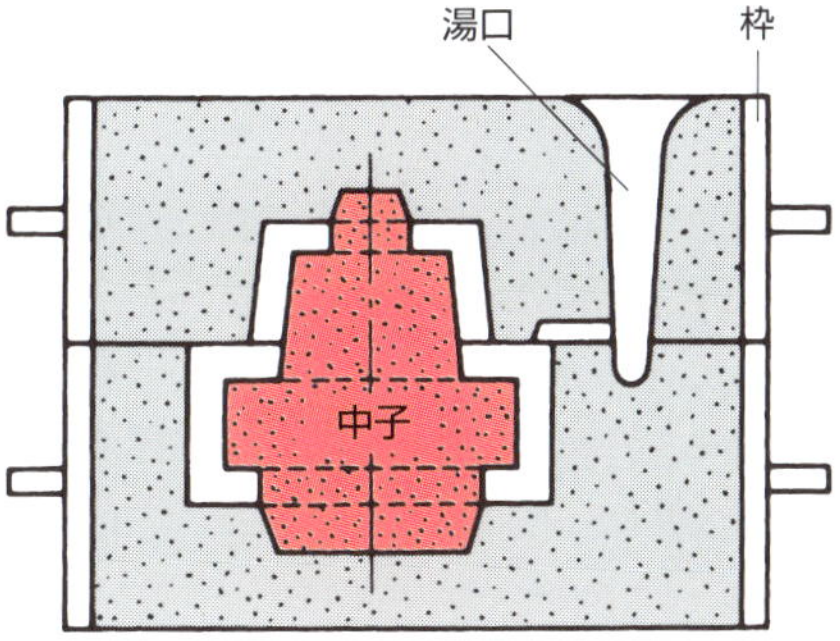

③完成した鋳型

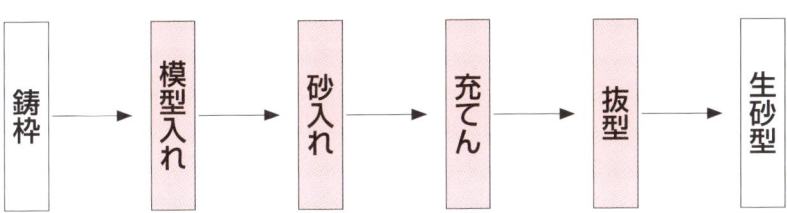

11 シェル型とそのつくり方

鋳型の強度が高く長期間の保存が可能

砂型には、生砂型《なますながた》、自硬性鋳型、熱硬化性鋳型および特殊鋳型がありますが、シェル型は熱硬化性鋳型のことで、その名称はできあがった鋳型が貝殻状なので、そのように呼ばれています。

このシェル型をつくるには、生砂ではなく、純度の高いけい砂にフェノールレジン（熱硬化性合成樹脂）を被覆したフェノールコーティングサンド（ＲＣＳ）を用います。このＲＣＳは、加熱すると１００℃で軟化し、１８０～２４０℃で固まる性質があります。

製品と同じ形状をした金型を加熱し、その上にＲＣＳを十分な厚さで被せたり、あるいは吹き込むと、金型から熱が伝わり、そしてフェノールコーティングサンドが軟化し、金型近傍のある厚さが熱硬化します。

鋳型の厚さは、金型の温度によって変わるので、5～10ミリ程度になるように温度を調節します。そして鋳型が固くなったならば、余分なＲＣＳを取り除き、約４００℃の温度で再加熱します。この再加熱により強固なシェル型ができあがります。

シェル型の場合は、鋳型の強度が高く、そしてその強度劣化がほとんどないので、長期間の保存が可能という利点があります。そしてこのシェル型を用いる鋳造法は「シェルモールド法」と呼ばれています。

この方法の場合は、従来の鋳造法と比較し、鋳型が薄く、ガス抜けがよいので、巣のない鋳肌のきれいな鋳物ができます。

また複雑形状の製品にも適用でき、寸法精度の高い鋳物が得られます。

そのためこの方法は小物で薄肉鋳物の製作に適しており、自動車エンジンや精密鋳造品などの製造に多く用いられています。

反面、金型を加熱するので、この方法にはエネルギーの問題、安価な木型や樹脂型が使用できないことおよび金型の加熱、冷却にともなう変形などの問題もあります。

要点BOX

- ●シェル型は熱硬化性鋳型のこと
- ●鋳型が貝殻状
- ●鋳型の厚さは、金型の温度によって変わる

砂型の種類とシェル型のつくり方

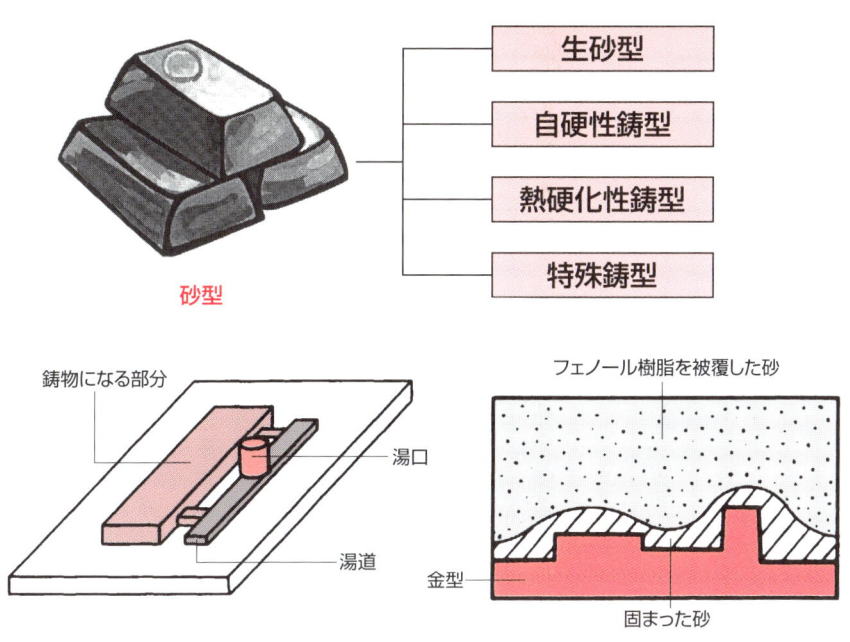

砂型

- 生砂型
- 自硬性鋳型
- 熱硬化性鋳型
- 特殊鋳型

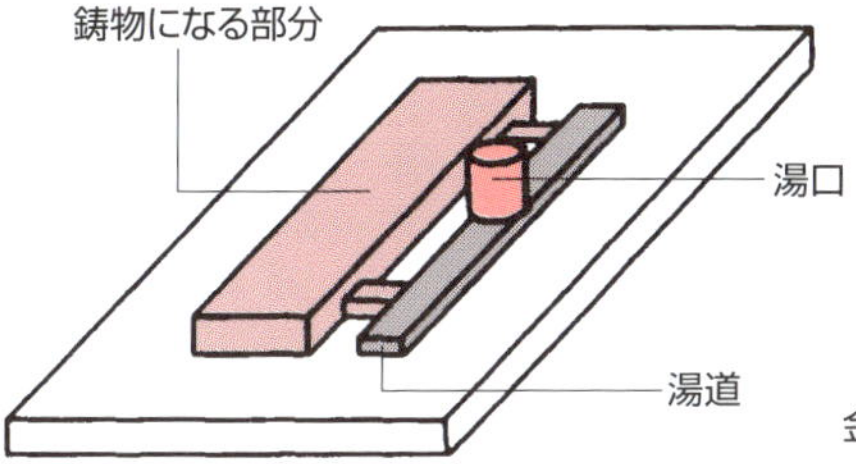

①金型を加熱する

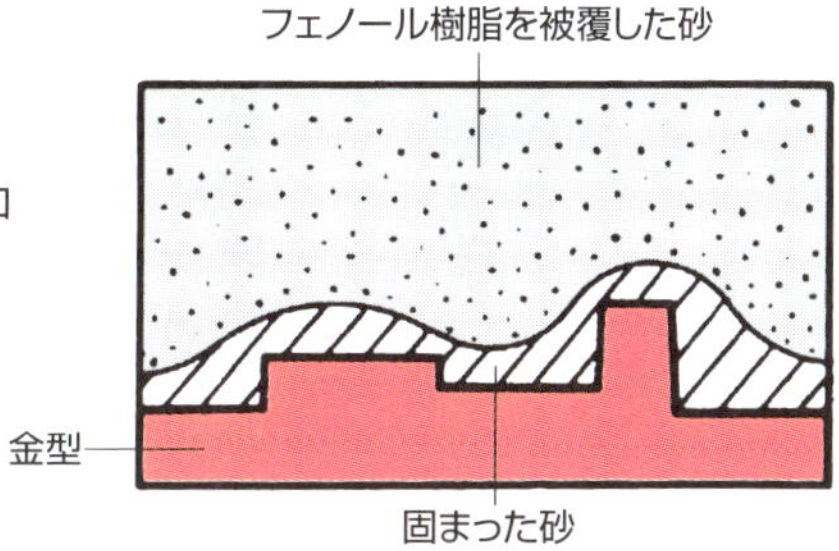

②加熱された金型

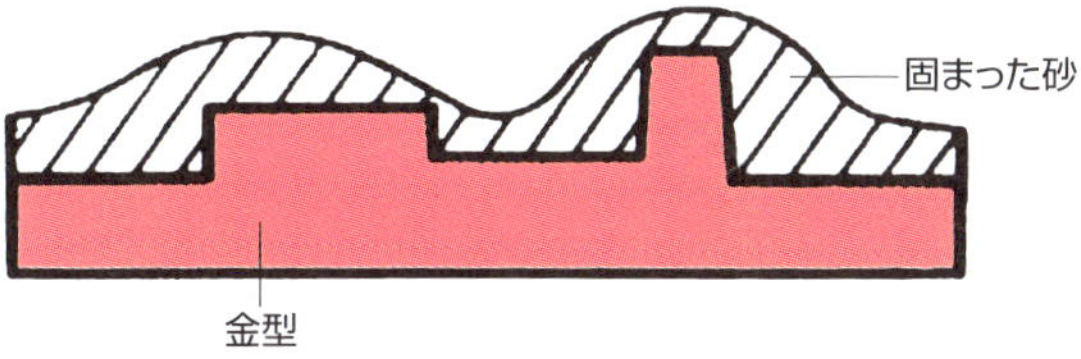

③固まった砂を加熱して強く固める

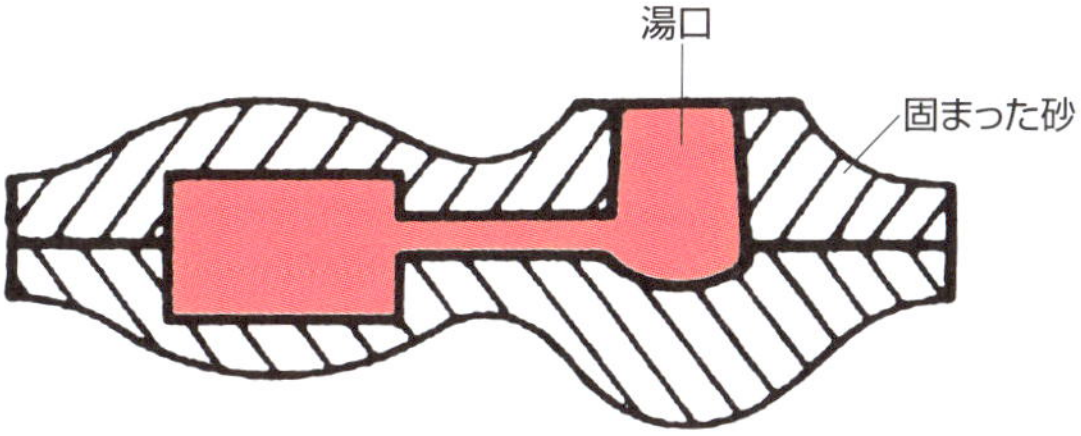

④別々につくった型を合わせて鋳型をつくる

12

キューポラや電気炉を用いる金属の溶解法

熱によって地金を溶融

金属の溶解方法には、キューポラや電気炉を用いる方法があり、また電気炉には、アーク炉、誘導炉および電気抵抗炉があります。

キューポラは厚さ10ミリ程度の鋼板円筒を耐火レンガで内張りした立形の炉です。このキューポラを用いる場合は、炉の下部にコークス(ベッドコークス)をある高さまで積み、その上に地金《ぢがね》(銑鉄や鋼くずなど)とコークスを一定の比率で交互に挿入し、そして羽口から空気を送ってベッドコークスを燃焼させ、その熱によって地金を溶解します。

アーク炉には直接と間接方式の2種類があります。炭素電極と地金金属間にアークを発生し、そのアーク熱により直接、地金を溶かすのが直接アーク炉で、また2本の電極間でアークを発生し、その放射熱により地金を溶解するのが間接アーク炉です。

また誘導炉には、るつぼ形と溝形がありますが、通常は、るつぼ形誘導炉が用いられています。このるつぼ形誘導炉は、耐火材でできたるつぼの外側を水冷式のコイルで取り囲み、そのコイルに交流電流を流すと、そのコイル内にある地金に渦電流が生じ、この渦電流によって発生したジュール熱により地金を溶かすものです。

溶解の原理は同じですが、50～60ヘルツの商用周波数を用いたものが「低周波誘導炉」で、３０００～３００００ヘルツの高周波を用いたものが「高周波誘導炉」です。電気抵抗炉は、耐火レンガでできた炉の中に、ニッケルクロムなどの抵抗体を置き、それに電流を流し、その抵抗体で発生する熱により地金を溶解するものです。

鋳鉄の溶解炉としては、おもにキューポラと低周波誘導炉が用いられており、とくに低周波誘導炉は添加成分元素の調整がしやすいという特長があります。しかし最近になり溶解速度が高いという理由で、高周波誘導炉の使用も増えています。

要点BOX

- 金属の溶解にはキューポラや電気炉を用いる
- 電気炉にはアーク炉、誘導炉、電気抵抗炉がある
- 高周波誘導炉の使用も増えている

金属の溶かし方

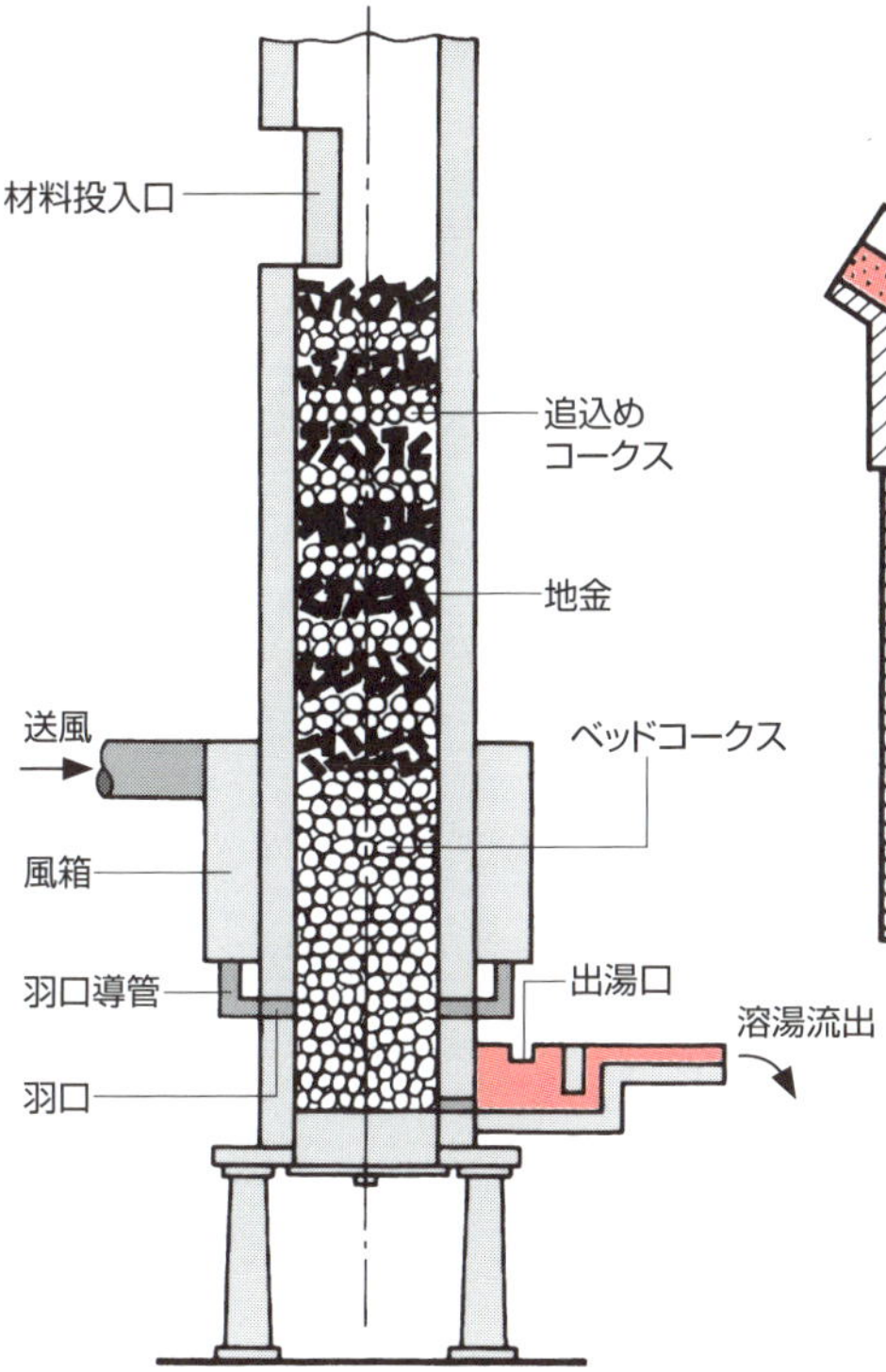

キューポラ

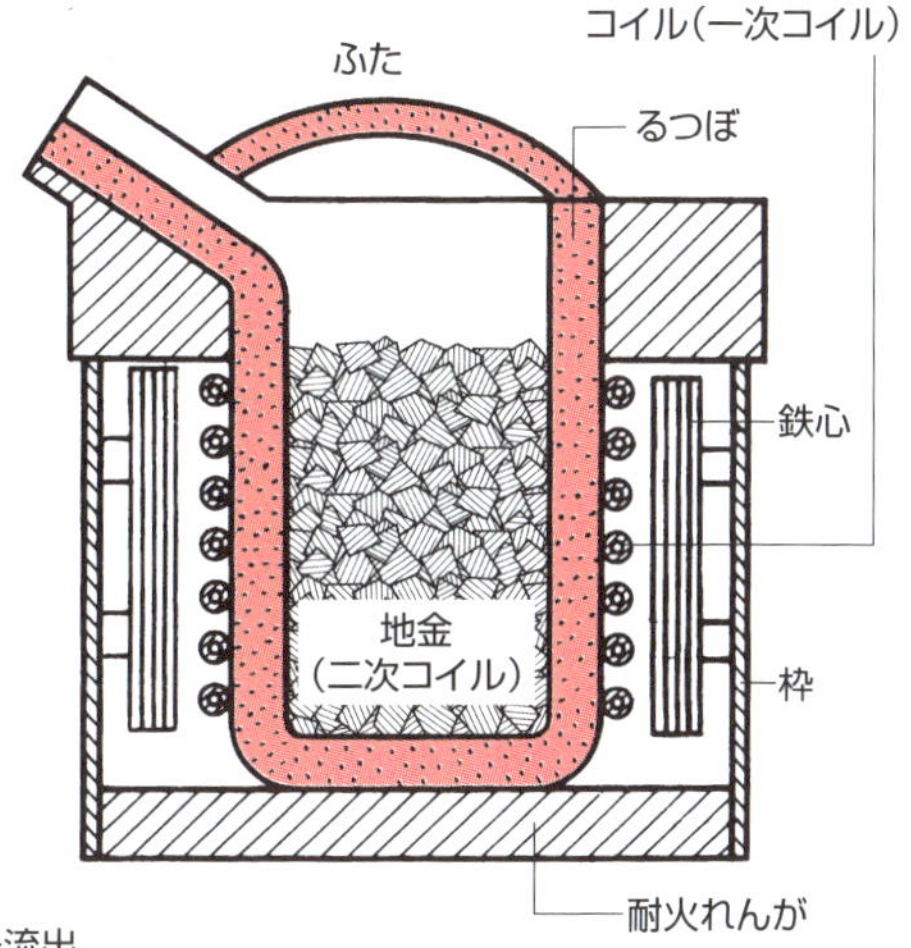

低周波誘導炉

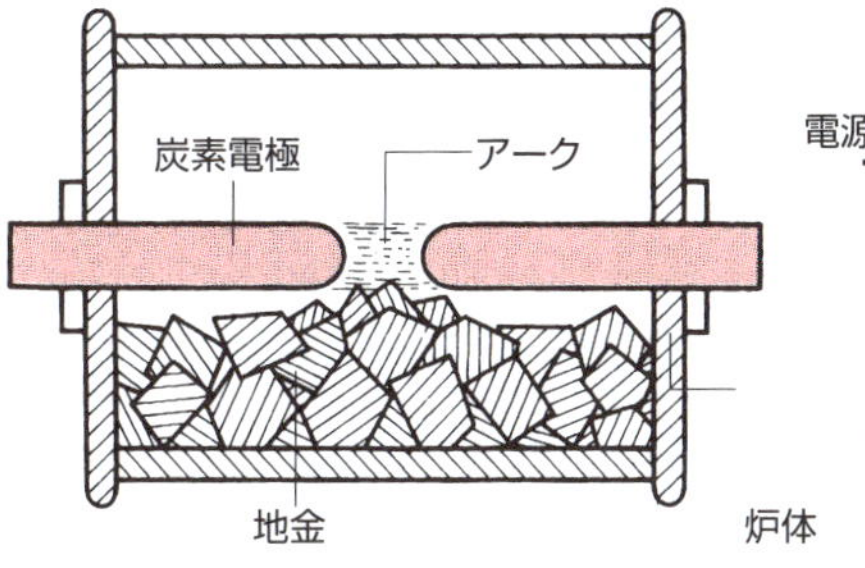

アーク炉

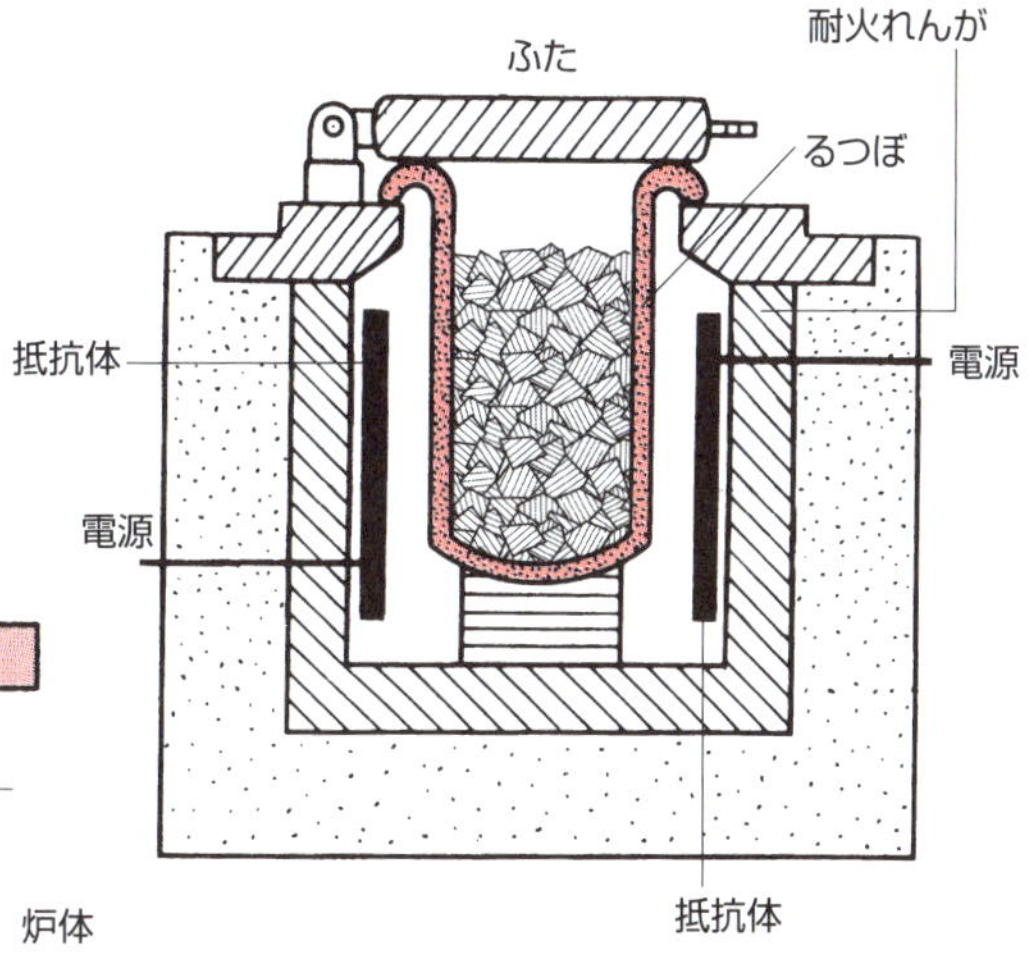

電気抵抗炉

13 強度が高い砂型鋳造法

砂型を用いて鋳物をつくる

　砂型鋳造法は砂型を用いて鋳物をつくるもので、使用する鋳型の種類によって多くの方法があります。「生砂型鋳造法」は、湿ったままの鋳物砂で鋳型をつくり、乾燥工程を省いた生型に溶融金属を注入して鋳造する方法です。この方法は試作や少量生産に適しています。

「乾燥型鋳造法」は、焼成乾燥した鋳型を用いて鋳造する方法で、生型と比較し、強度が高いので、大きな鋳造品にも適用できます。そして熱硬化型鋳造法（シェルモールド法）は熱硬化型の鋳型を用いる方法です。これらの特徴については11項を参照してください。

　次に「ガス硬化型鋳造法」は、ケイ酸ナトリウムを結合材にした鋳型（ガス型）を用いる方法です。ケイ酸ナトリウムを混錬した砂を用いて造型し、その後、炭酸ガスを吹き込むと、瞬時に固化し、鋳型ができます。この鋳型は非常に強固なので、いろいろな大きさの鋳型をつくることができます。問題は、非常に強固なので、注湯後の型ばらしがとても困難なことです。また消失模型鋳型鋳造法（フルモールド法）は発泡スチロールなどで模型をつくり、その模型を鋳物砂に埋めて造型した後、そのままの状態で注湯し、溶解金属の熱で模型をガス化、消失して、鋳物をつくる方法です。

　この方法の場合は、複雑な形状の造型もでき、またバリの発生がないなどの特長がありますが、反面、スチロールの燃えかすが鋳物に残りやすいという問題があります。

「Vプロセス法（減圧造型鋳造法）」は結合剤を含まない鋳物砂を、薄いフイルムを用いて砂型内を真空状態にし、固定化した鋳型を使って鋳物をつくる方法です。

　この方法の場合は造型時のガスの発生がなく、砂の再生使用ができる利点がありますが、フイルムに成形限界があり、鋳物の大きさに制限があります。

要点BOX

- 生砂型鋳造法は試作や少量生産に最適
- ガス硬化型鋳造法は非常に強固
- 消失模型鋳型鋳造法はバリの発生がない

砂型を使った鋳造法

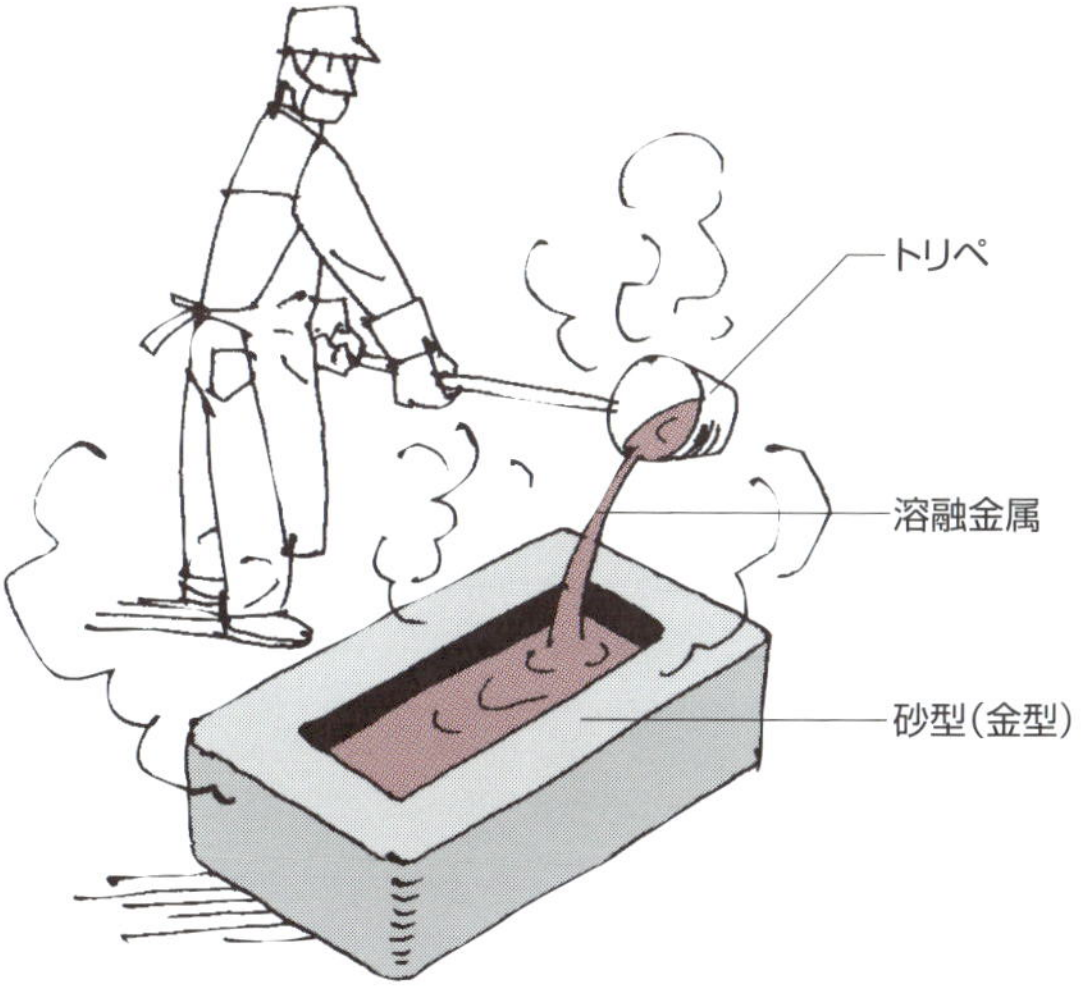

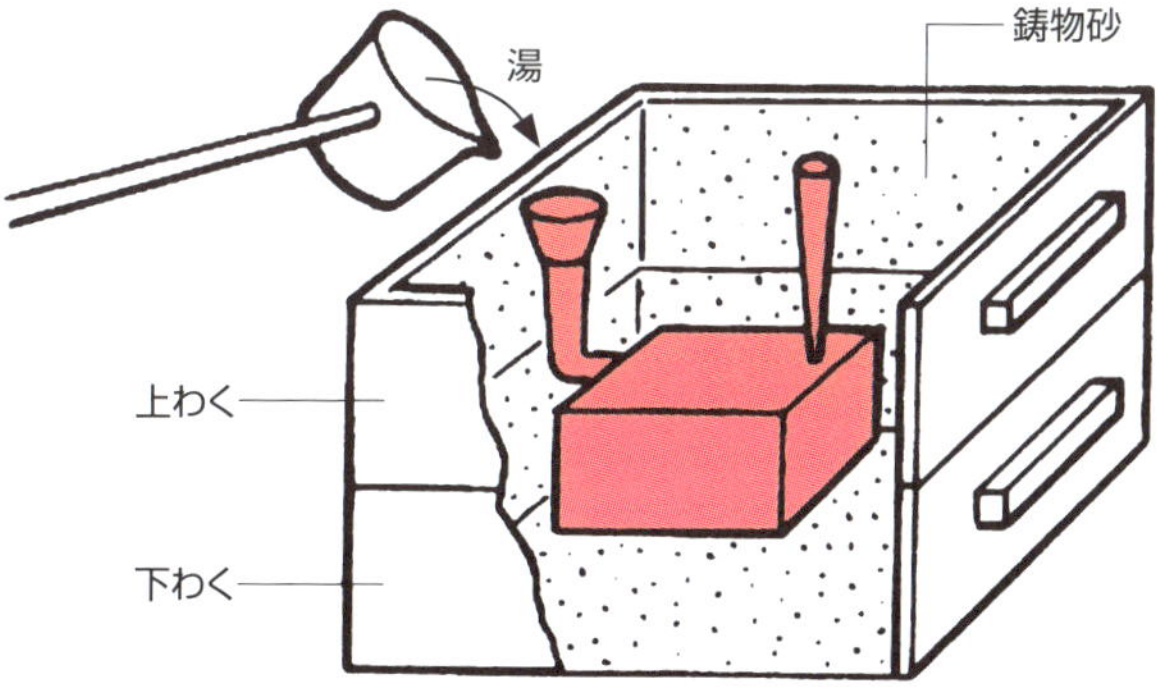

生砂型鋳造法

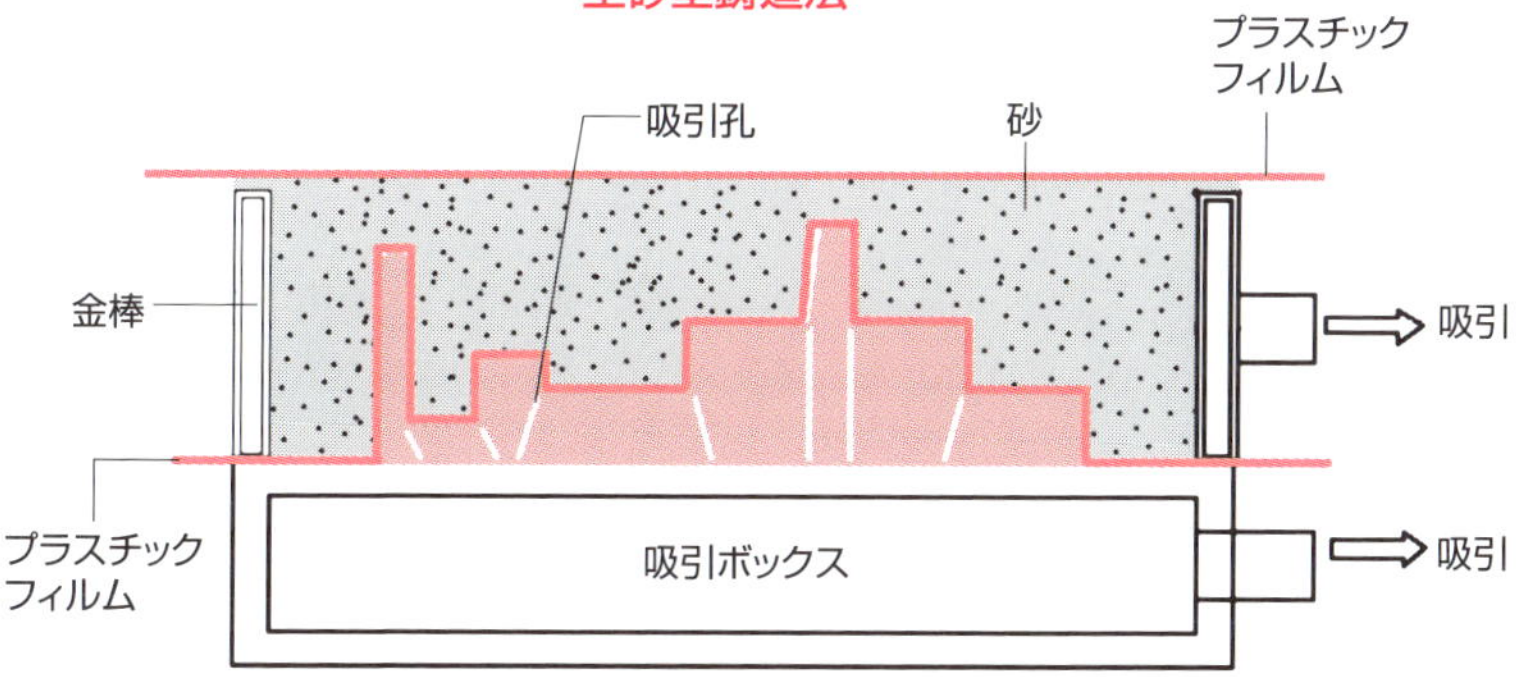

Vプロセス法

14 金型を用いた鋳造法

金型鋳造、ダイカスト、低圧鋳造

金型を用いる鋳造法には、金型鋳造、ダイカストおよび低圧鋳造などがあります。

「金型鋳造」は、鋳鉄や耐熱合金製の鋳型に溶解金属を直接流し込んで、その重力によって成形し、鋳物をつくる方法で、「重力金型鋳造」とも呼ばれています。

この方法の場合は、溶融金属の冷却速度が高いので、結晶が緻密になり、機械的性質の優れた高精度な鋳物ができます。そのため融点の低いアルミニウムや、黄銅部品の製造とともに、ブレーキキャリパやエンジンブラケットなどの自動車部品の製造にも用いられています。

「ダイカスト」は、機械の固定側と移動側に取り付けた金型で構成される空洞部に、溶融金属をプランジャにより高速、高圧で注入して成形し、精度の高い鋳物をつくる鋳造法です。

この方法は、比較的融点の低いアルミニウム合金や亜鉛合金などの精密鋳造に用いられ、自動車や車両などの交通車両、カメラ、電気通信機器および産業機械などの部品製造に多く適用されています。

さらにこの方法は緻密で高精度な鋳物の大量生産にも適しており、肉厚が2～6ミリ程度の薄物部品の製造にも用いられています。

低圧鋳造法は、密閉したるつぼ内にある溶解金属の表面を圧縮空気で加圧し、そして溶湯をストーク（導管）を通じてるつぼの上部にある金型内に注湯し、低圧、低速で鋳物をつくる方法です。

この方法の場合は、金型に注湯した後、一定時間加圧し、湯が凝固したならば加圧を止めて鋳物を取り出します。またこの方法を用いると材料の歩留まり（製品重量／鋳込み重量）がよく、欠陥の少ない高品質で、高精度な鋳物をつくることができます。そのためこの方法はシリンダヘッドやアルミホイールなどの自動車部品の製造などに用いられています

要点BOX

- ●重力金型鋳造は溶融金属の冷却速度が高い
- ●機械的性質の優れた高精度な鋳物ができる
- ●自動車部品の製造にも用いられる

金型鋳造法

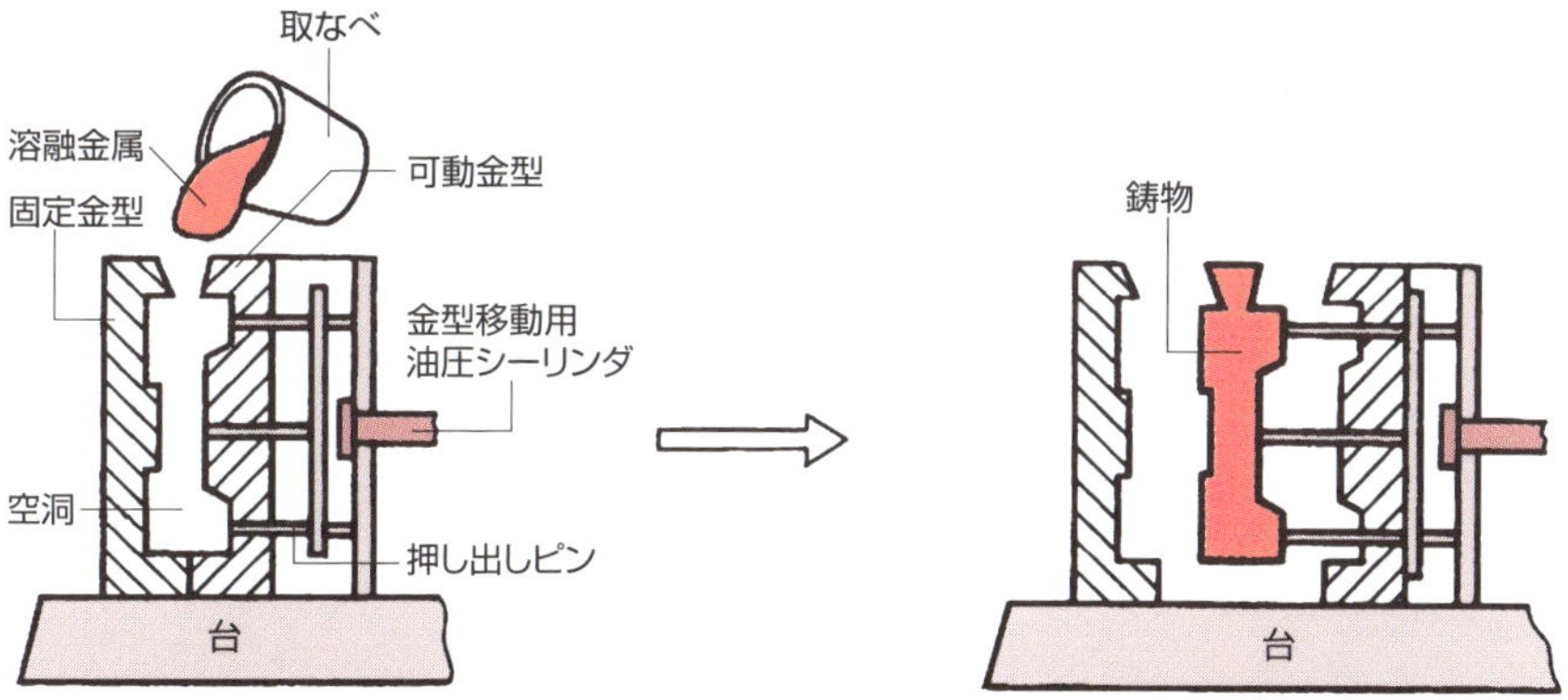

(a)注入　　(b)鋳物の取り出し

ダイカスト法

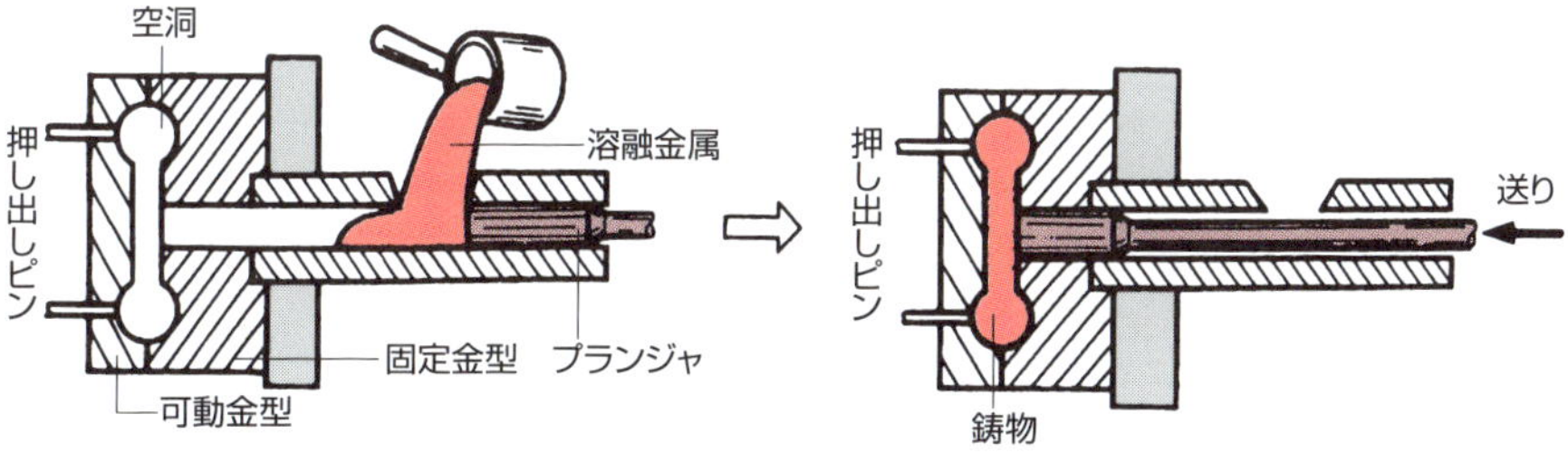

(a)注入　　(b)加圧

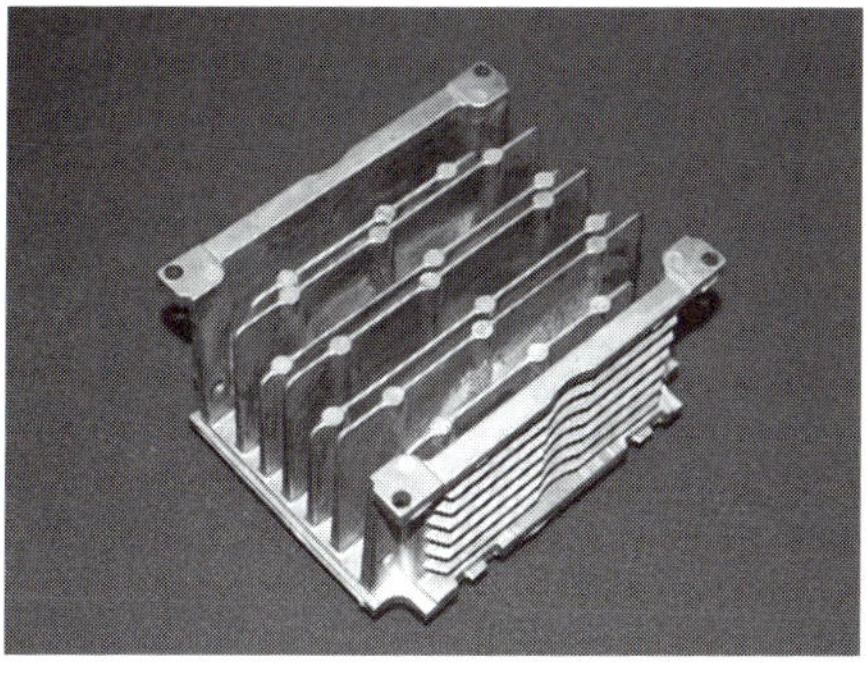

ダイカスト鋳物製品
三和軽合金製作所

15 古代からあったインベストメントモールド法

ロストワックス法とも呼ばれる

「インベストメントモールド法」は、ロストワックス法とも呼ばれ、古代から行われてきた代表的な精密鋳造法です。

この方法では、まず最初にろう型模型をつくります。昔はろうを削って模型をつくりましたが、現在は製品と同一形状の空間をもつ金型などに溶けたろうを圧入し、それを凝固させて模型を製作します。

このろう模型を耐火物性のスラリーの中に浸して、コーティングをした後、同質の粗い耐火物の砂をふりかけます。このろう模型に付ける耐火物を「インベストメント」といい、また砂をふりかける作業を「サンディング」と呼んでいます。

サンディングが終わったならば、自然乾燥をして、またコーティング、サンディングおよび乾燥を何回か繰り返します。この作業により、シェル状の鋳型の厚みが増大します。

鋳型の厚さが所要の値になり、また十分に乾燥したならば、湯口を下にして加熱し、ワックス模型を溶出（脱ろう）します。

この状態ではまだ鋳型の強度が不足しているので、再度、加熱、焼成して強固な型とします。

次にこの鋳型に溶解金属を注湯しますが、その場合は、焼成直後の高温状態にある鋳型に鋳込みます。このような方法で鋳込むことにより、溶湯の冷却が遅れて、鋳型の薄肉部まで湯がよくまわり、精度の高い鋳物となります。

このインベストメントモールド法を用いれば、加工が困難な材料であっても容易に成形が可能で、複雑形状で高精度・高品質の鋳物ができます。

そのためこの方法はガスタービンやジェットエンジンの翼、インペラ、自動車のノズルなどの鋳造に用いられています。

反面、この方法は、作業工程が多くて複雑なので、経済性の問題があります。

要点BOX

- ろう模型に付ける耐火物がインベストメント
- 加工が困難な材料でも容易に成形可能
- 作業工程が多くコスト性の問題がある

インベストメントモールド法

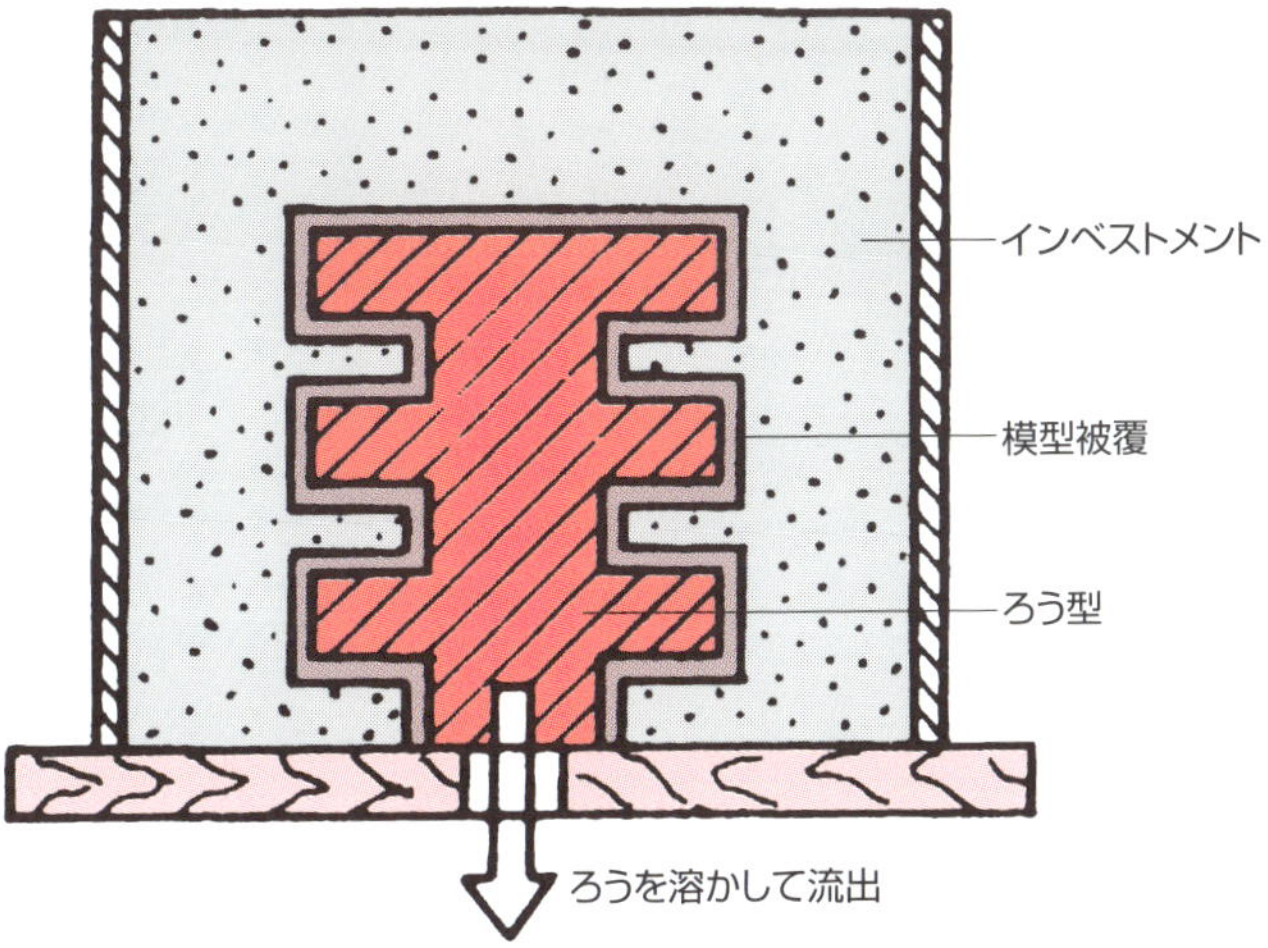

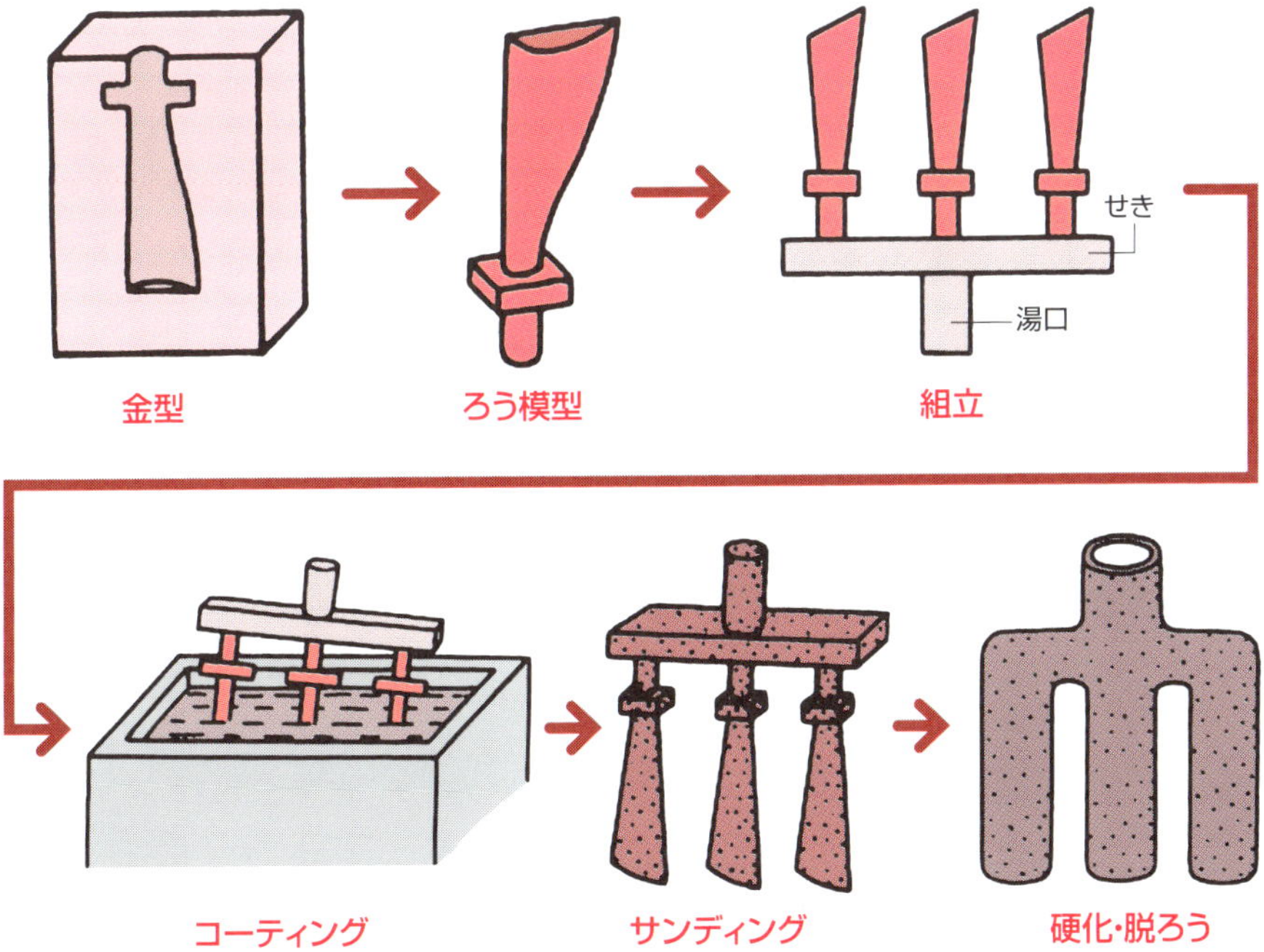

16 ロストワックス法で指輪をつくろう

薄くて複雑な形状の製品づくりに最適

「ロストワックス法」は、紀元前何千年という古い時代から行われている方法ですが、現在でも薄くて複雑な形状の製品ができるので、航空宇宙産業などでは欠かせない先端技術となっています。そこで一度、指輪をつくってロストワックス法を体験し、鋳造技術を身近に感じてみましょう。

まず最初に、チューブワックスを彫刻刀やヤスリで削って原型を製作します。この原型に湯道（溶解した金属が流れる通路）を取り付け、ゴム台に固定します。

原型が付いたゴム台に金枠（鋳型枠）を取り付け、その原型が沈み込むまで、耐火石膏（石膏系結合型埋没剤材）を流し込みます。この埋没材には2種類あり、石膏系結合型のものは、主に金・銀・銅合金に、またシリカ系無結合型のものはプラチナやステンレスなどの鋳造に用いられます。

この埋没作業が終わったならば、石膏を自然乾燥し、鋳型を硬化させます。そして鋳型が十分に硬化したならば、ゴム台を取り外し、湯口（溶融金属を鋳型に流し込む口）をきれいに掃除します。

次に鋳型を電気炉に入れて加熱すると、ワックスが溶けて型から流れ出ます。これが「脱ろう工程」で、この工程でろうが消去するので「ロストワックス」と呼ばれるようになったといわれています。

また同時にこの加熱により、鋳型が焼結され、さらに硬化します。これが焼結工程です。

ロストワックス法では、これら脱ろう工程と焼結工程が非常に大事で、これらの工程が不十分だと、次の鋳造工程で適切な条件を設定しても、よい鋳造品は得られません。

脱ろう工程が終わると、鋳型内に製品と同じ形状の空間ができるので、その空間に溶解金属を流し込み、凝固させます。そして型ばらしと湯道の切り離しをした後、製品の仕上げを行えば、指輪が完成します。

要点BOX

- ●古代から行われているロストワックス法
- ●脱ろう工程と焼結工程が非常に大事
- ●ワックスが溶けて型から流れ出る脱ろう工程

指輪のつくり方

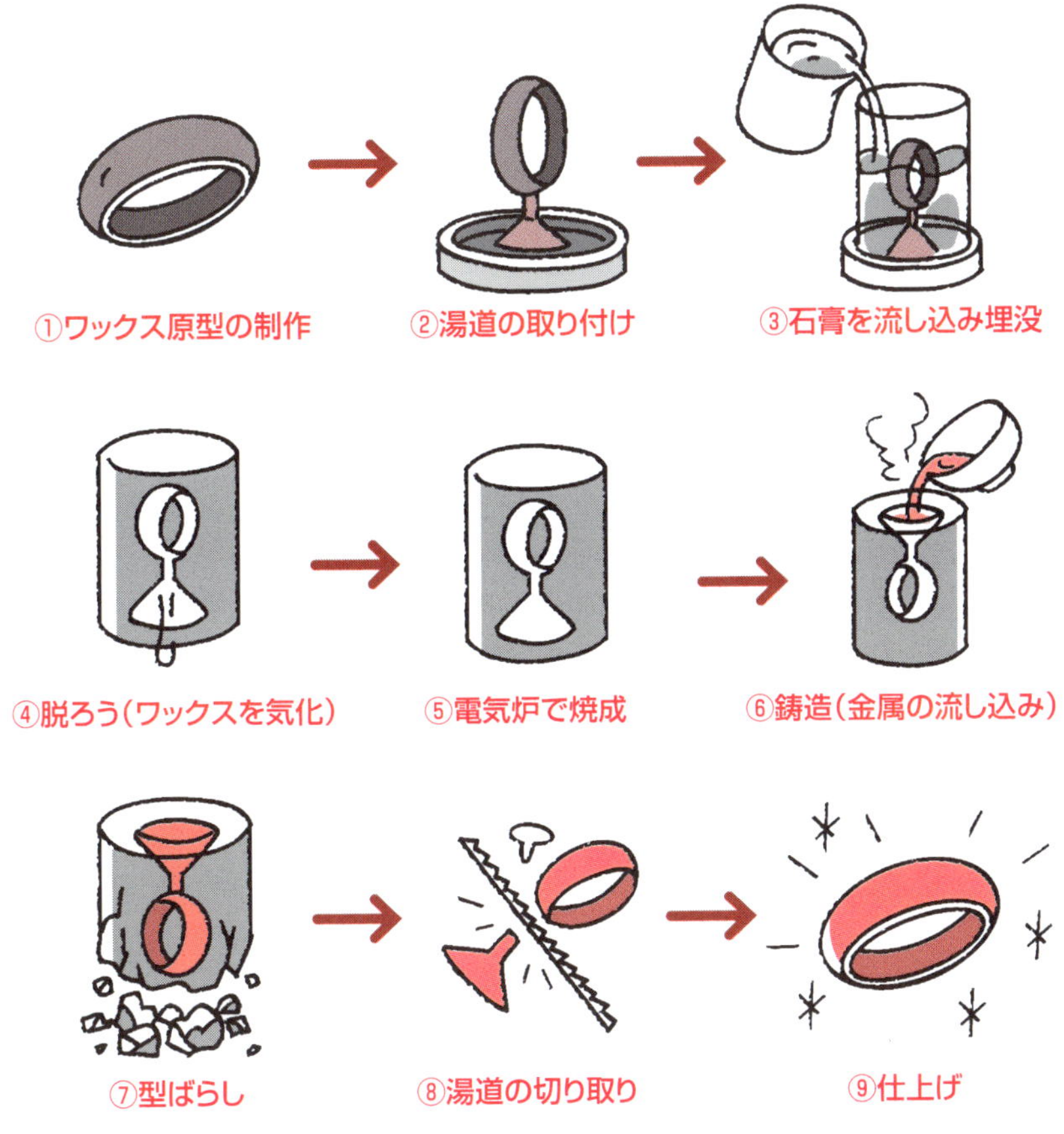
①ワックス原型の制作
②湯道の取り付け
③石膏を流し込み埋没
④脱ろう（ワックスを気化）
⑤電気炉で焼成
⑥鋳造（金属の流し込み）
⑦型ばらし
⑧湯道の切り取り
⑨仕上げ

Column

鋳造は古い技術ではない！

現在、自動車部品の約100点が鋳造加工でつくられており、エンジンブロック、エキゾーストマニホールド、ターボケーシングおよびクランクシャフトなど、複雑形状のものが多くあります。また工作機械のベッドなどの大型部品も鋳物でできており、その鋳物は振動を減衰する特性をもっています。そして鋳物の品質の良し悪しが工作機械の精度や性能に影響します。

このような複雑形状の部品を、大量に生産することは、他の機械加工法では無理で、鋳造以外にはできません。鋳造の場合は、最初に模型と鋳型をつくっておき、その鋳型に溶解した金属を流し込めば、複雑形状の部品でも、容易に、精度よく、かつ大量に生産することができます。

鋳造というと、どうしても古いイメージがありますが、模型の木型や金型をつくる場合にも、CAD／CAM技術が用いられ、コンピュータによる設計や加工が行われています。また、同様に、コンピュータによる流動解析が行われ、パソコンの立体画面で、鋳型内部の溶湯の流れをシミュレーションすることができます。そのため鋳物の試作段階で、不良対策をパソコン画面上で検討することができ、効率のよい鋳物づくりが行われるようになっています。

そして鋳物の製造現場ではIT技術を駆使したロボットが活躍しており、近代的な製造ラインで鋳物部品がつくられています。そのため日本の鋳物の品質のよさが認められ、自動車部品などの鋳物が世界中に輸出されるとともに、高品質の鋳物が日本の製造業を支えています。

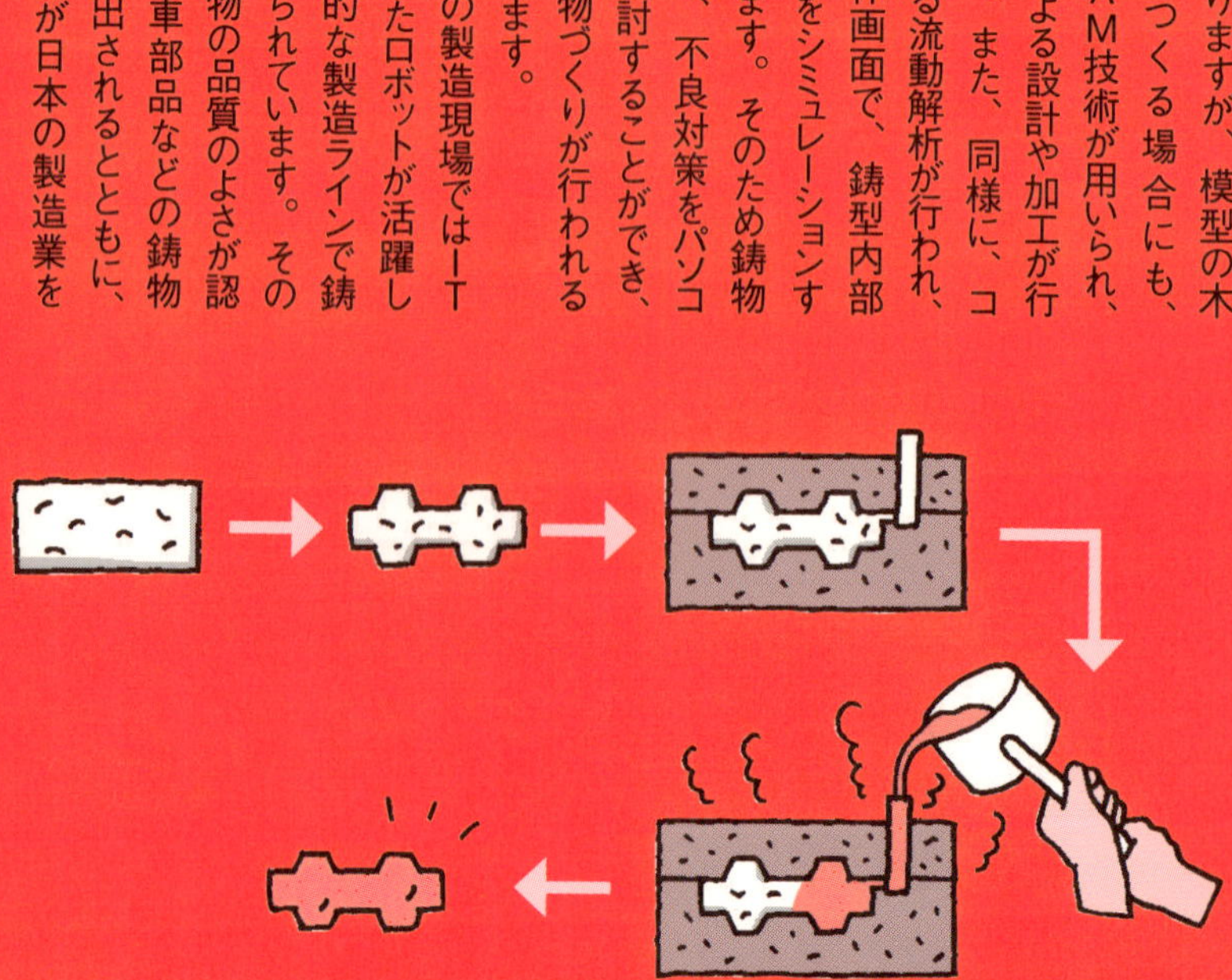

第3章

素形材加工と熱処理

17 ロール間で成形する圧延加工

熱間圧延、冷間圧延、温間圧延

圧延加工は塑性加工の一種で、高温または常温で、回転する平行な1対のロール間に、材料を摩擦によって噛み込ませ、その厚さを圧縮力によって薄くし、また長さ方向に伸ばして、板材、形材、棒材および管材に成形する方法です。

圧延加工において変形が生じると、その組織に歪みが生じ、金属が硬化します。この現象は「加工硬化」と呼ばれています。そして加工中にこの加工硬化が進行し、材料の歪み限界に達すると、割れなどが生じるので、作業の続行が難しくなります。

この加工硬化した材料を加熱すると、結晶が大きくなり、軟化します。

このように加工硬化した材料が、加熱により、その金属組織に蓄積された歪みが消去され、規則正しい結晶に戻ることを「再結晶」といいます。

そしてこの再結晶に必要な熱処理温度は、「再結晶温度」と呼ばれており、圧延加工においては非常に重要なものです。

この圧延加工には、「熱間圧延」、「冷間圧延」および「温間圧延」とがあります。熱間圧延は、金属をその再結晶温度以上に加熱して行う加工で、加熱して大きくなった金属結晶をロールで押しつぶすことにより、微細な結晶にし、そして均質な組織にするものです。

この熱間圧延により機械的性質のすぐれた材料が得られるので、この方法は型鋼や鋼板などの製造に用いられています。

また冷間圧延は、再結晶温度以下で行う加工で、熱間圧延でつくられた「ホットコイル」と呼ばれる鋼帯を薄くするとともに、ふぞろいな板厚を均一にし、また加工硬化した組織を調整するものです。

通常は冷間圧延の後に熱処理がほどこされ、成形しやすい薄板が製造されています。そして温間圧延は、再結晶温度以下で室温以上の温度間で行う加工で、熱間圧延と冷間圧延の不都合を補った方法です。

要点BOX

- ●材料組織の歪みで「加工硬化」が起こる
- ●規則正しい結晶に戻ることが「再結晶」
- ●再結晶に必要な熱処理温度が「再結晶温度」

いろいろな形状の材料を圧延する

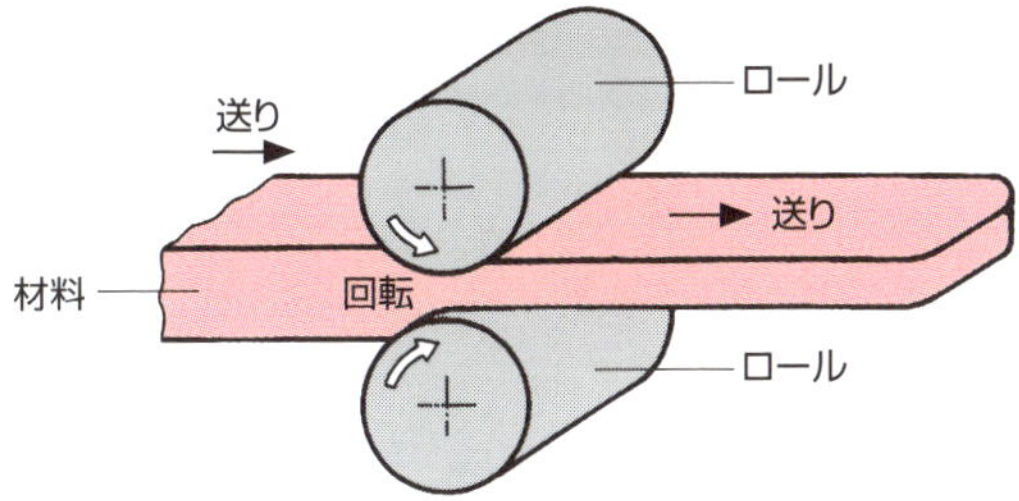

板材の圧延

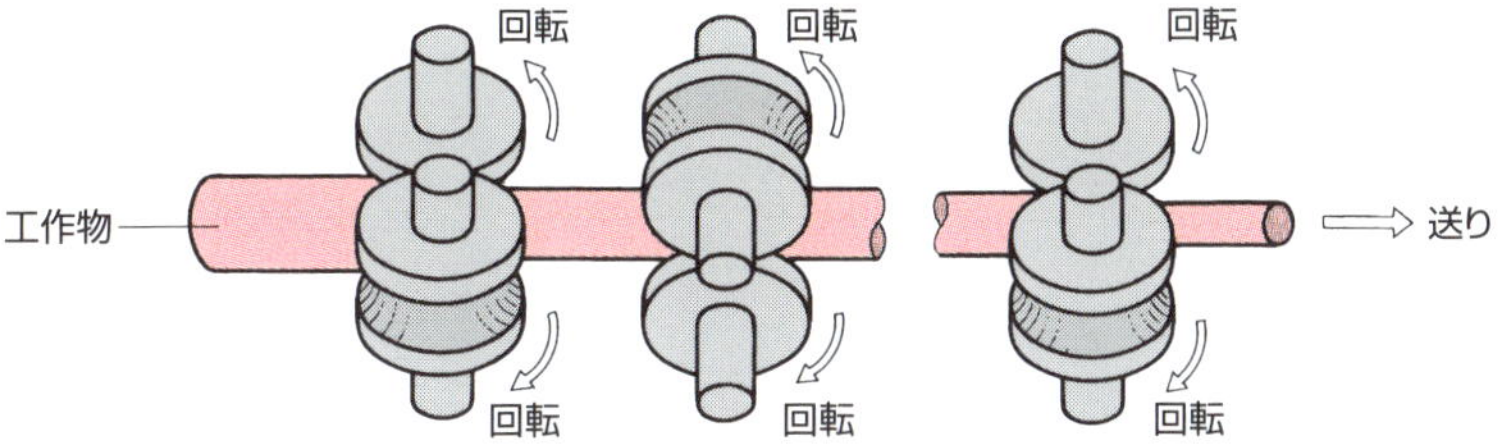

棒材の圧延

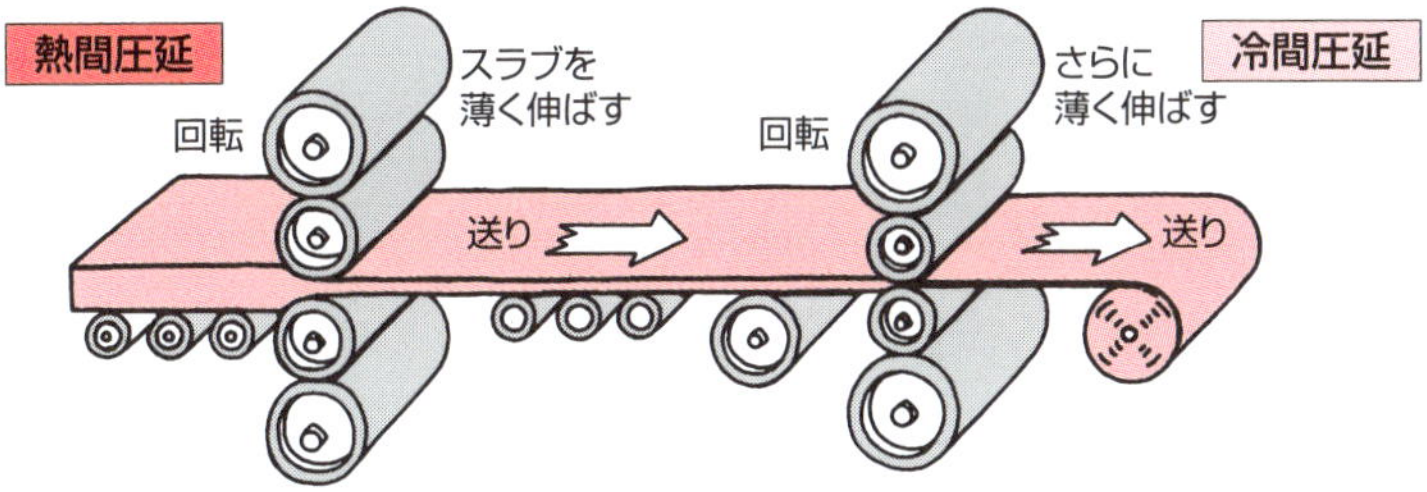

熱間圧延と冷間圧延

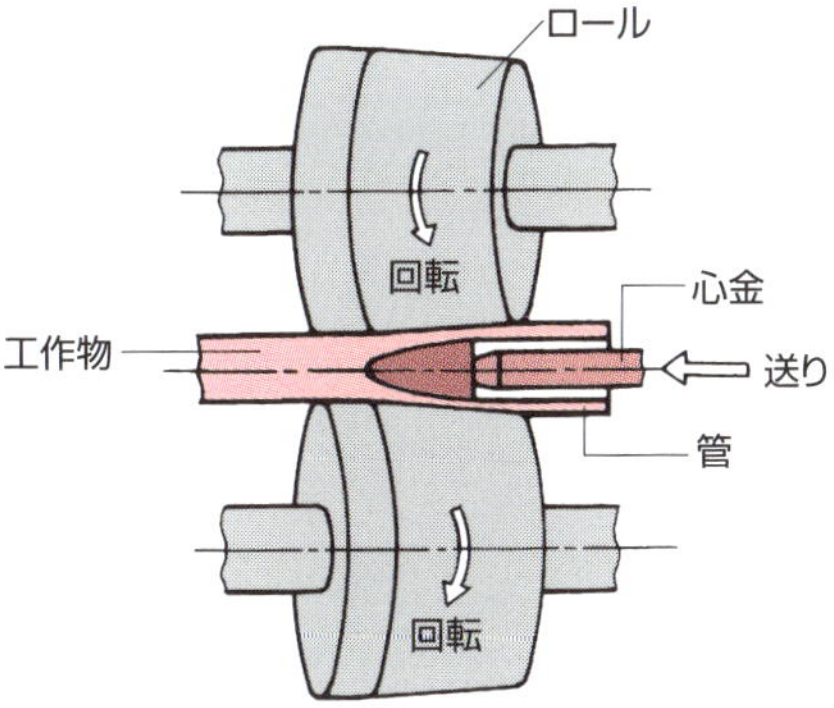

せん孔圧延

18 圧延機とその種類

2段から20段圧延機まで

「圧延機」は圧延加工を行うための加工機械で、材料に変形を与えるワークロール、圧延荷重を支持するバックアップロール（4段圧延機）やロールスタンド、ロール間の間隙を設定する圧下機構、ロール駆動用のモータおよびこの動力を伝達する歯車機構とユニバーサルカップリングなどで構成されています。

この圧延機は、ロール数、ロールの回転方向、ロールの配置および圧延機の配置などにより分類されており、「2段圧延機」は、直径の等しい2本のロールを平行に設置し、そしてそれらのロールで素材の圧延加工を行う最も簡単な形式の機械です。

この圧延機は比較的厚い各種金属素材の熱間あるいは冷間圧延加工に用いられています。

また「4段圧延機」は、直径の小さなワークロールで素材に変形を与え、その圧延荷重を上下の直径の大きなバックアップロールで支持する形式の機械で、主に鋼板の熱間圧延や冷間圧延に用いられています。

帯鋼を大量に生産するような場合には、4段圧延機を数台、1列に近接配置し、1本の素材を連続して一気に圧延する「ストップミル」と呼ばれるタンデム方式の連続圧延機が用いられています。

この「タンデム圧延機」は大規模な生産向きで、高い生産性が得られるので、現在の大規模製鉄所の熱間仕上げ圧延や冷間圧延はこの圧延機によって行われています。

また1台の圧延機で、正転・逆転を繰り返し、何回も往復運動をすることにより、素材を所定の厚みに圧延するリバース圧延機もあります。

そして20段圧延機は、「ゼンジミア多段圧延機」とも呼ばれ、ワークロールを多数のバックアップロールで支えることにより、ロールの扁平を小さくし、かつロールのたわみを低減した機械です。この圧延機は極薄板の加工に多く用いられています。

要点BOX

- ●材料に変形を与えるワークロール
- ●圧延荷重を支持するバックアップロール
- ●ロール間の間隙を設定する圧下機構

いろいろな圧延機と構造

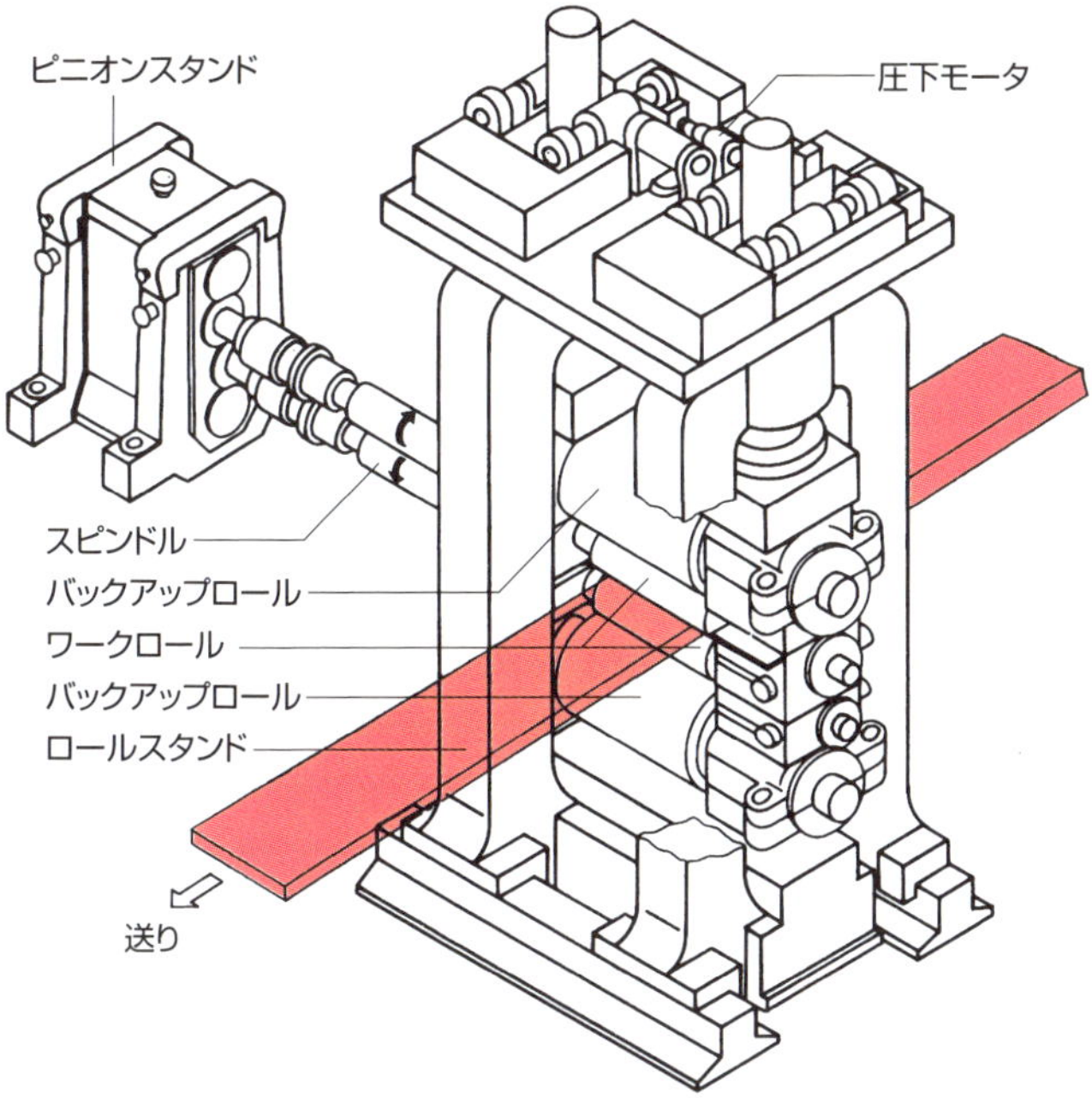

圧延機構造

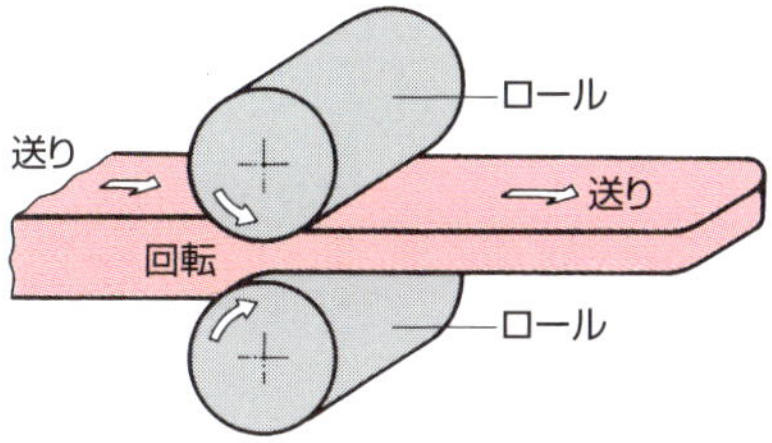

2段圧延機

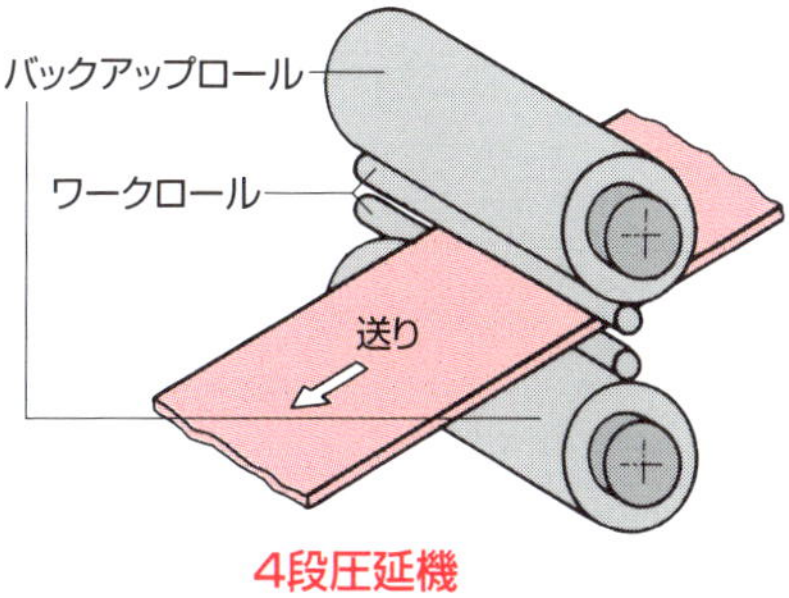

4段圧延機

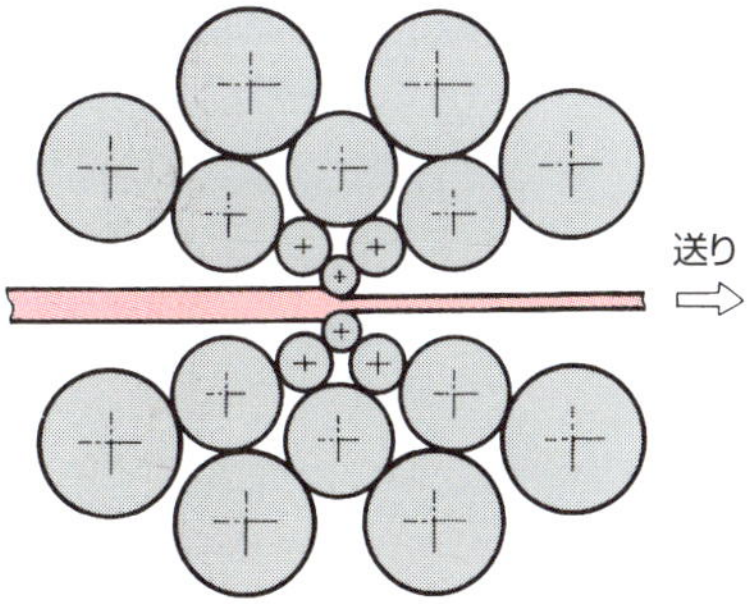

ゼンジミア多段圧延機

19 押出し加工と引抜き加工

直接(前方)押出しと間接(後方)押出し

「押出し加工」は、高温に加熱した素材（ビレット）をコンテナ（耐圧厚肉容器）に入れ、ラム（押棒）に強い力を加えて、所定の断面形状をした穴のあるダイスから押し出して成形加工をする方法です。

この方法は、線、棒、管、角棒および異形材などの成形加工に適用されており、また板や棒状以外のアルミサッシなど、圧延が困難な複雑断面をもつ製品や中空品などの製造にも用いられています。

この押出し加工には直接（前方）押出しと間接（後方）押出しがあり、直接押出しは、加熱したビレットをコンテナに挿入し、ラム（ステム）の進行方向に圧縮して押出し成形する方法です。

この方法の場合は、製品の長さや形状の制約は少ないですが、コンテナとビレット間に摩擦力が生じるので、大きな押出し圧力や強度の大きなコンテナを必要とします。また間接押出しは、ダイスでビレットを直接圧縮し、ラムの進行方向とは逆の方向に素材を押し出す方法です。

この方法は、コンテナとビレット間の摩擦力がないので、押出し圧力が小さくてよいが、製品の長さに制約があり、小物部品の押し出しに限られます。

次に「引抜き加工」は、円錐状の穴のあいたダイスに棒材、線材および管材などを通し、引き抜くことによって、ダイス出口の断面形状と同じで、断面積の小さな製品をつくる方法です。この方法は、通常、冷間で行われ、数回から数十回の引抜きを繰り返すことによって製品を製造します。

この方法の特長は寸法精度と表面仕上げがよく、またダイスを交換すれば、異なる形状の断面加工ができることです。反面、単純な形状しか成形ができず、何回も引抜きを繰り返すと製品表面に割れが発生します。引抜き加工した製品で私達の身近なものとしてピアノ線があります。また半導体用のボンディングワイヤもこの方法でつくられています。

要点BOX

- ●穴のあるダイスから押し出して成形加工
- ●線、棒、管、角棒および異形材などの成形加工に適用
- ●押出し圧力が小さい間接押出し

押出し加工と引抜き加工

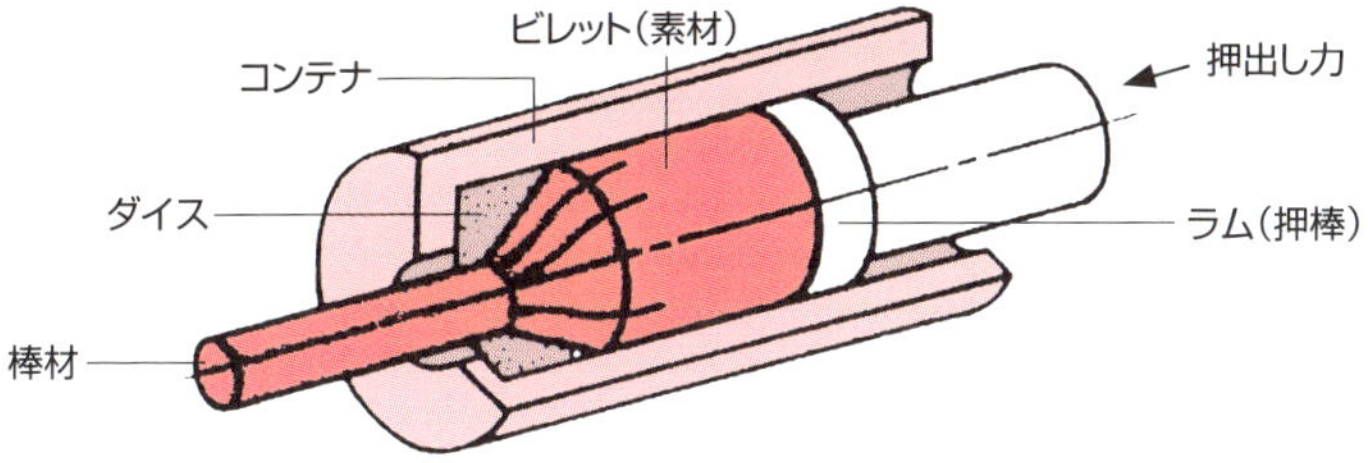

直接（前方）押出し

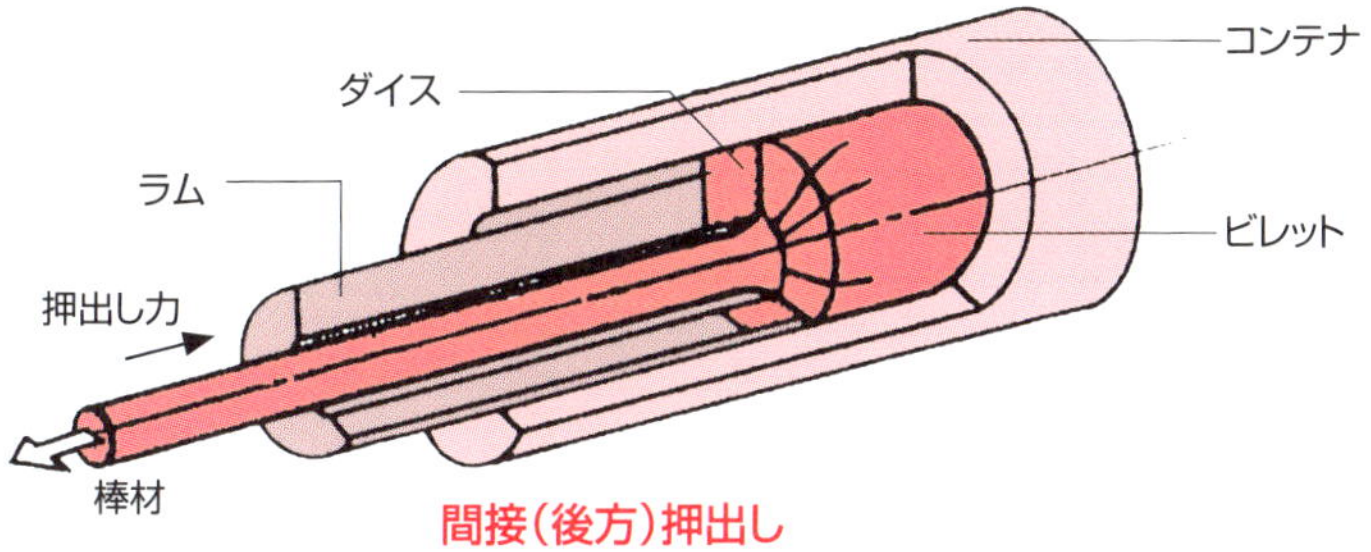

間接（後方）押出し

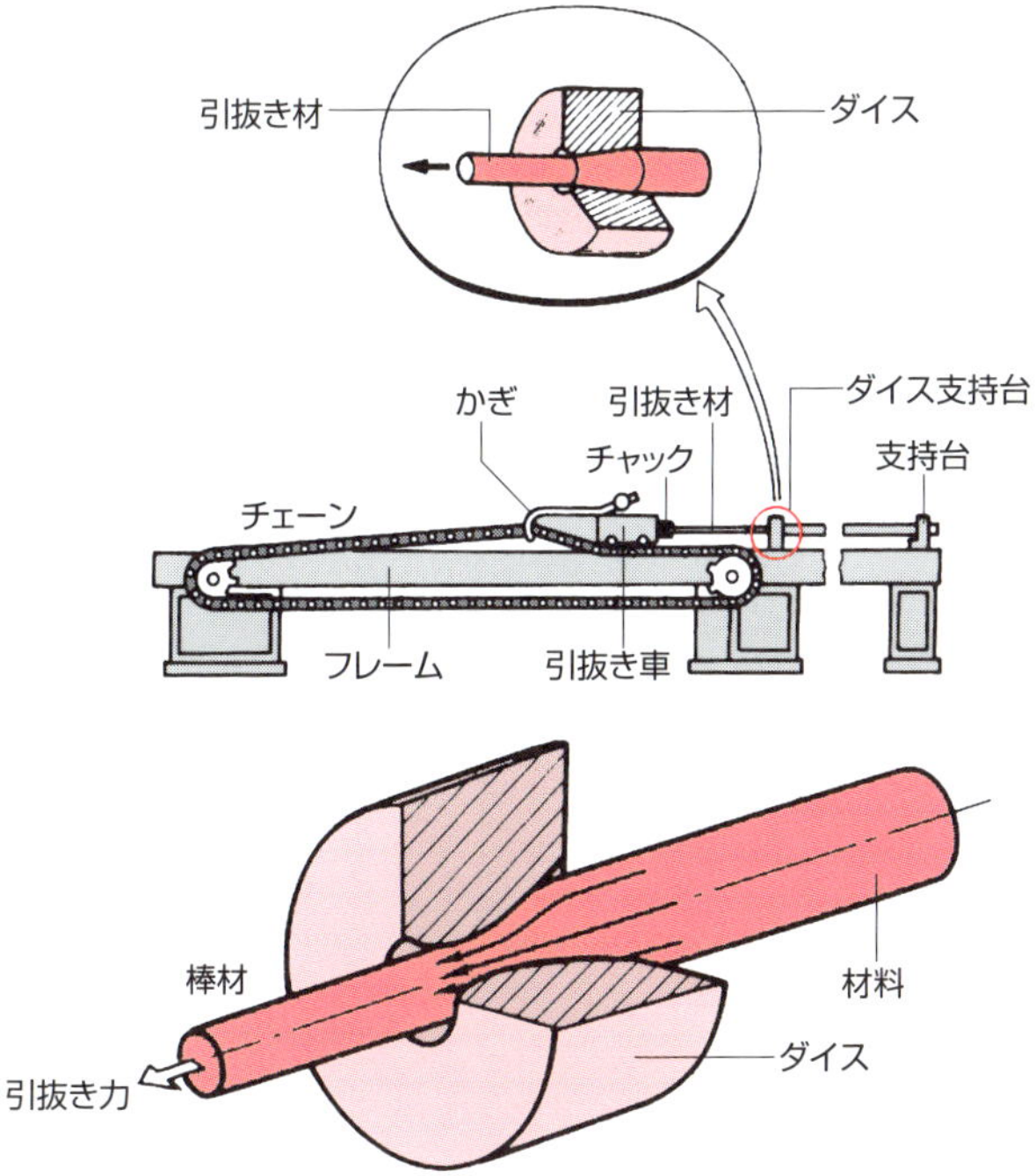

引抜き加工

20 古くて新しい鍛造加工

「鉄は熱いうちに打て」

「鍛造」は紀元前４０００年頃からエジプトやメソポタミアで始まり、自然に産出される金、銀および銅などを叩いたり、押しつぶしたりして、装飾品や日用品をつくっていたといわれています。

日本に鍛造技術が伝わったのは4世紀頃と思われますが、詳しいことはわかっていません。しかしながら鍛造加工は、古くから日本刀など刃物や火縄銃の銃身の製造技法として用いられており、現在もその技術は境の包丁などに受け継がれています。

また「鉄は熱いうちに打て」といわれていますが、これは人は柔軟性のある若いうちに鍛えよというたとえで、鉄は加熱してや軟らかいうちに打てということです。鉄を加熱して叩くことにより、鋳造後の気泡などが圧着され、また結晶も微細化され、機械的性質のすぐれた材料となります。

日本刀は芸術品といわれていますが、その製造技術は素晴らしく、昔から刀工は叩くことによって玉鋼が強靭になることを知っていたのです。

このような金属の特性を利用し、素材をハンマや金型などで圧力を加えて塑性流動させて所要の形状に成形する方法が「鍛造加工」で、この方法にはハンマなどを用いて手作業で行う「自由鍛造」やプレス機械と金型などを用いる「型鍛造」があります。

また再結晶温度以上に加熱して行う「熱間鍛造」や再結晶温度以下の常温で成形する「冷間鍛造」があり、それぞれ目的に合わせて選択されています。

このように鍛造加工は古くて、新しい技術で、鍛造品はあらゆる産業や身の回りにある日常品をつくるために用いられています。

たとえば自動車用のコンロッド、クランクシャフト、ロッカーアームや歯車など、同一形状の製品を効率よく多数製造するような場合には型鍛造が、また多種少量生産品や大型製品などをつくる場合には自由鍛造が用いられています。

要点BOX

- ●鍛造は紀元前4000年から始まる
- ●エジプト、メソポタミア
- ●日本に伝わったのは4世紀ごろ

いろいろな鍛造方法

自由鍛造

鍛造

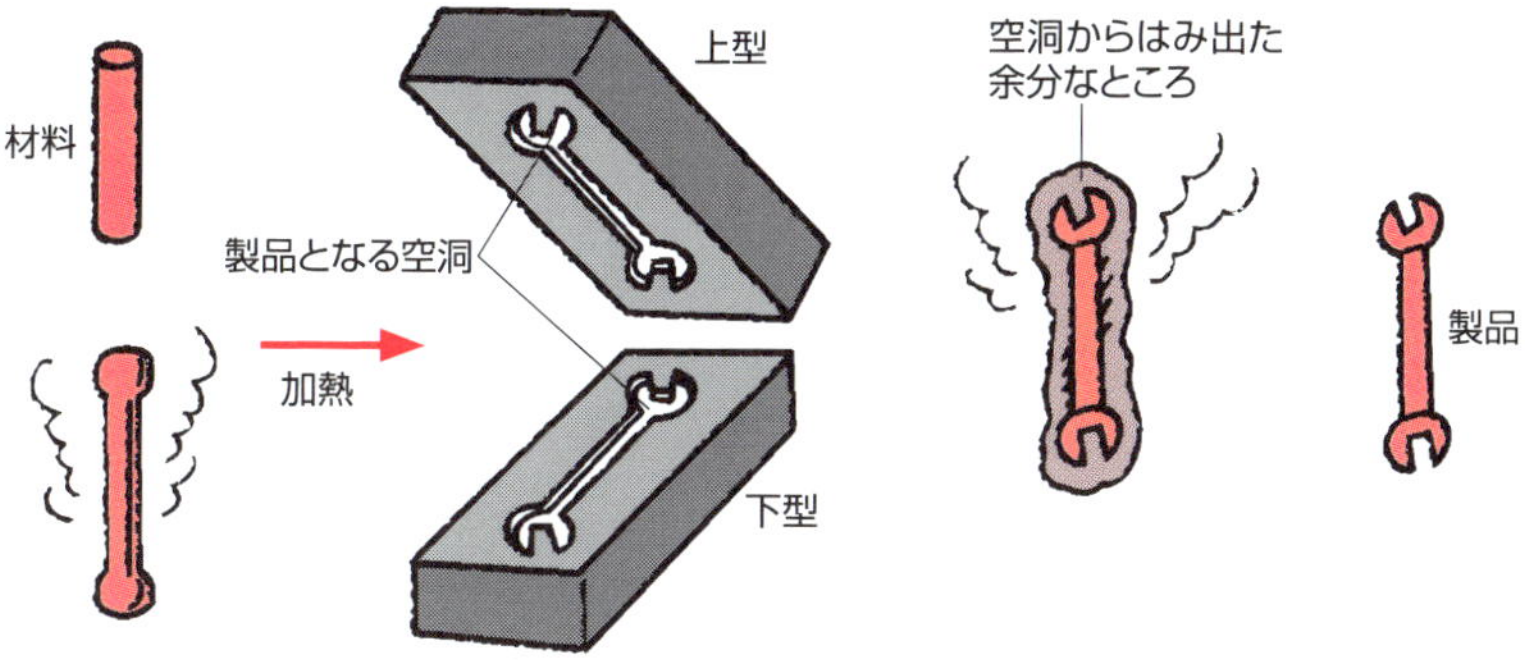

型鍛造

21 試作品制作は自由鍛造で

望みの形に成形してくれる

自由鍛造は、金属材料を加熱、軟化して、プレスやハンマなどで叩いて圧力を加え、所要の形状に成形する作業で、試作品の製作や多品種少量生産品の製造に用いられます。

自由鍛造の「伸ばし」は、鍛造用の工具である「平べし」、「角べし」または「丸べし」を用いて、材料の厚みを圧縮して長さを大きくする方法です。この場合、へしを素材にあて、その上からハンマで叩き、その素材を伸ばします。

また「すえ込み」は素材をハンマで叩き、その軸方向に圧縮する方法で、その長さを短く、また直径を大きくするような鍛造法です。この方法は素材よりも大きな直径の製品をつくるのに用いられます。

「せぎり」はソリッド材あるいは中空材の外側の一部に段を付けて鍛造する場合に、前もって、その段差となるところに切り込みを入れる方法です。この作業には「せぎり」という鍛造工具を用いますが、その形状により、せぎり断面が異なります。

「ひろげ」は素材をハンマで叩いて厚さを減少させて、扁平な板状にする鍛造法で、また曲げは平面的に鍛造された素材を所定の形状に曲げる作業です。

「穴抜き」は、ポンチを用いて材料の一部に穴をあけるもので、また穴広げは、下穴をあけた製品に、それより大きな直径のポンチを通して、内径を所定の寸法まで広げる鍛造法です。

この穴広げには、製品の穴に心金を通し、その外周を加圧することにより、内外径の肉厚を薄くし、またその内外径寸法を大きくし、所定の寸法に広げる方法もあります。

そして「切断」は素材に柄たがねをあて、それをハンマで叩いて、切断する方法です。

このような自由鍛造には、金敷、たがね、おとし、へし、せぎり、心金およびはしなど、多くの鍛造用工具が用いられています。

要点BOX

- 「伸ばし」は材料の厚みを圧縮して大きくする
- 「すえ込み」は素材よりも大きな直径の製品をつくる

いろいろな自由鍛造

（a）伸ばし

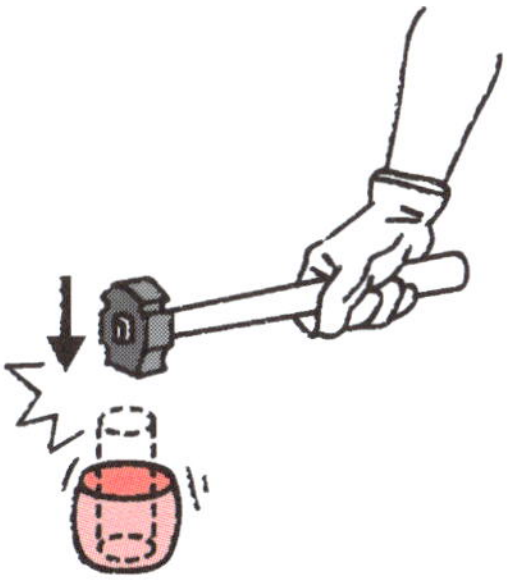

（b）すえ込み

（c）せぎり

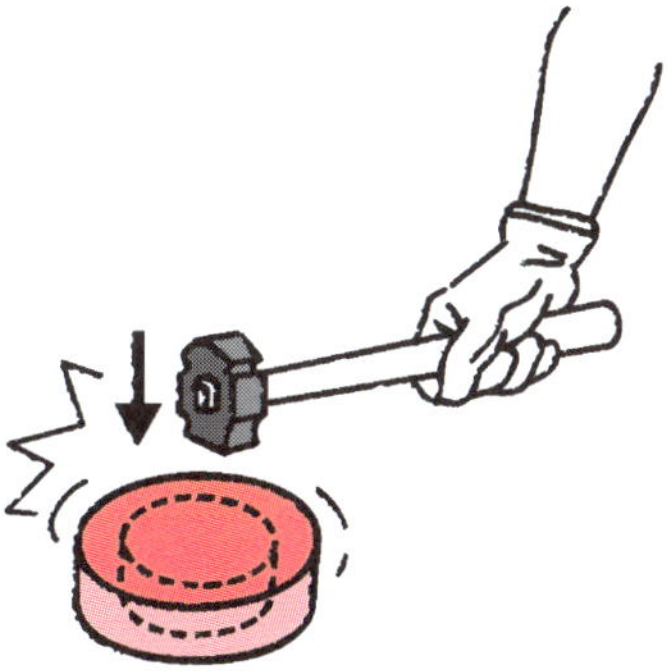

（d）ひろげ

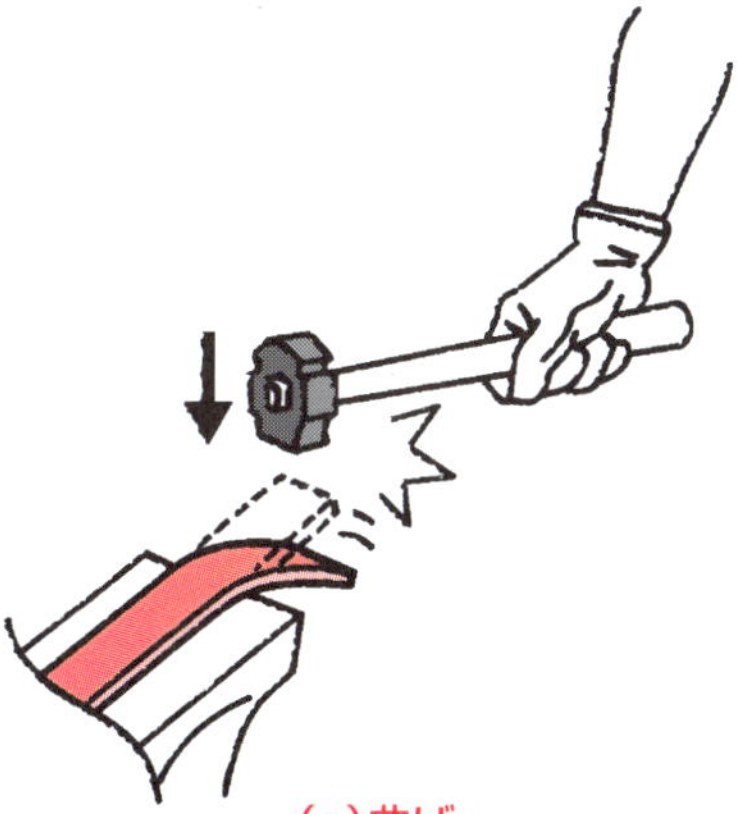

（e）曲げ

（f）穴抜き

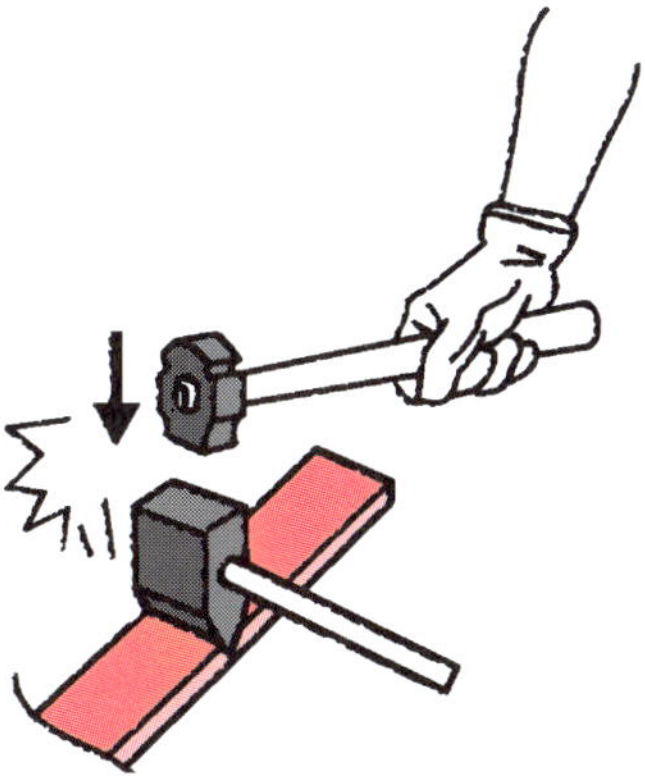

（g）切断

22 いろいろな鍛造機械

プレス機械、ハンマおよび回転鍛造機に区分け

「鍛造機械」は、プレス機械、ハンマおよび回転鍛造機に区分けされており、プレス機械とハンマは、ともに材料に加工力を与える工具（金型）の移動が直線運動のみで行われるもので、また回転鍛造機は工具の回転をともなう機械です。

「プレス機械」は、加工にともなう反力を機械自体で支える構造で、またハンマはこの反力を基礎で受ける構造の機械です。これらの機械は、一般に自由鍛造や型鍛造に用いられています。

このプレス機械には、モータの回転運動をクランク機構などを用いてスライドの往復運動に変える「機械プレス」と、このスライドの移動を液圧（油圧、水圧）によって行う「液圧プレス」とがあります。

機械プレスには、クランクプレスやナックルプレスなどがあり、「クランクプレス」は、スライドの往復運動にクランク機構を用いたものです。この機械はこれらのプレスのうちで最も代表的なもので、熱間・冷間鍛造のほか、各種のプレス加工に用いられています。

「ナックルプレス」は、スライドの往復運動にナックル（トグル）機構を使用した機械で、通常、冷間加工によるコイニング（圧印加工）やサイジングに用いられています。

また「液圧プレス」は、液圧ポンプでシリンダへ作動液を供給してスライドを移動する機械で、スライドストロークを長くでき、また加圧能力に優れているので、主として大型品の熱間鍛造に用いられています。

そして「エアドロップハンマ」は、金床に設置した金型に加熱した材料を入れ、そして金型の付いたハンマで打撃し、所要の形状に成形する機械です。

これらプレス鍛造とハンマ鍛造を比較した場合、コスト面ではハンマ鍛造が、また品質の面ではプレス鍛造が優れており、プレス鍛造は大きな製品で、大ロット向きで、またハンマ鍛造は多品種小ロット向きと言えます。

要点BOX

- ●プレス機械:機械プレスと液圧プレスとがある
- ●プレス鍛造は大きな製品
- ●ハンマ鍛造は多品種小ロット向き

いろいろな鍛造機械

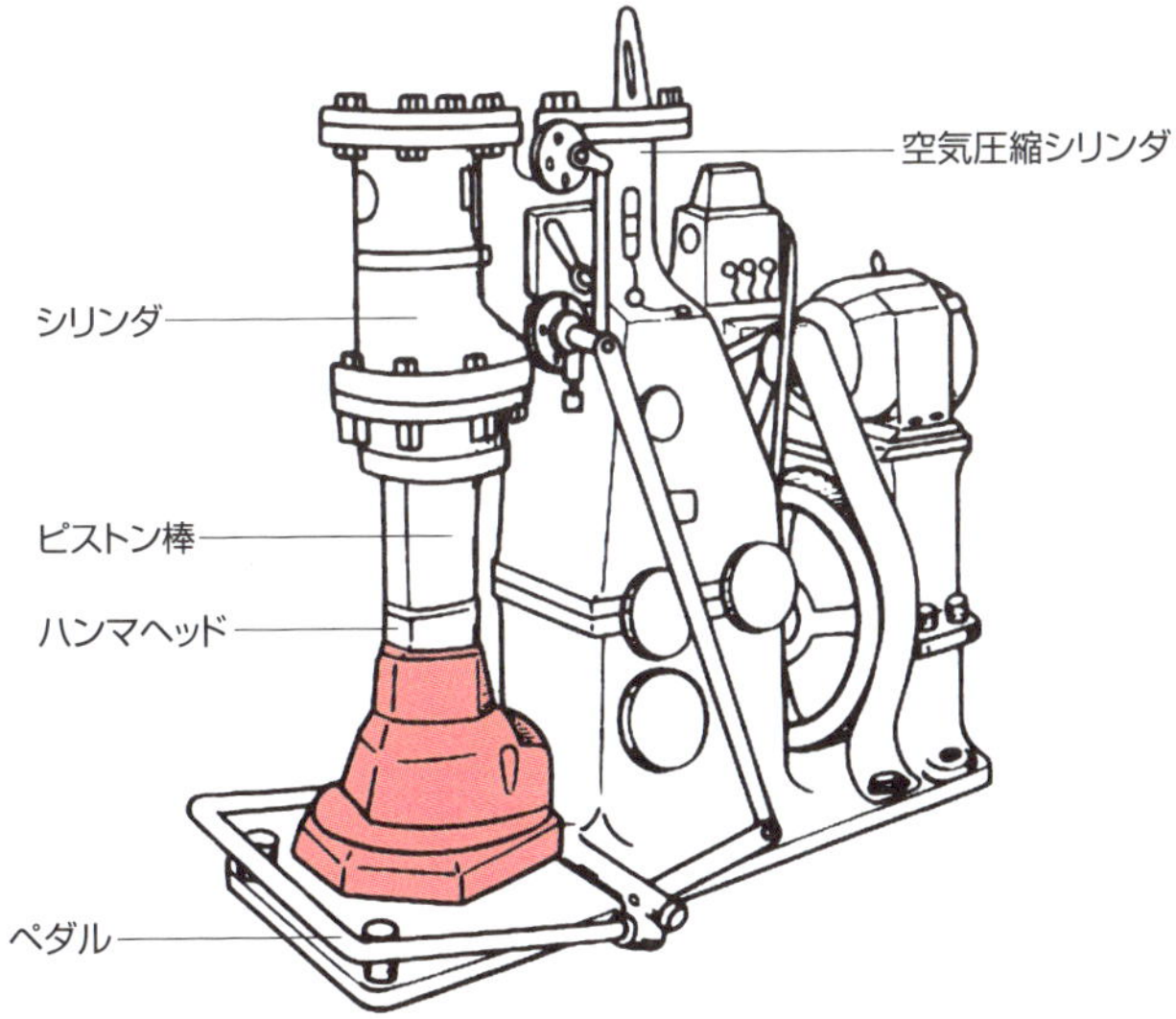

エアドロップハンマ

スプリング（クランク）ハンマ

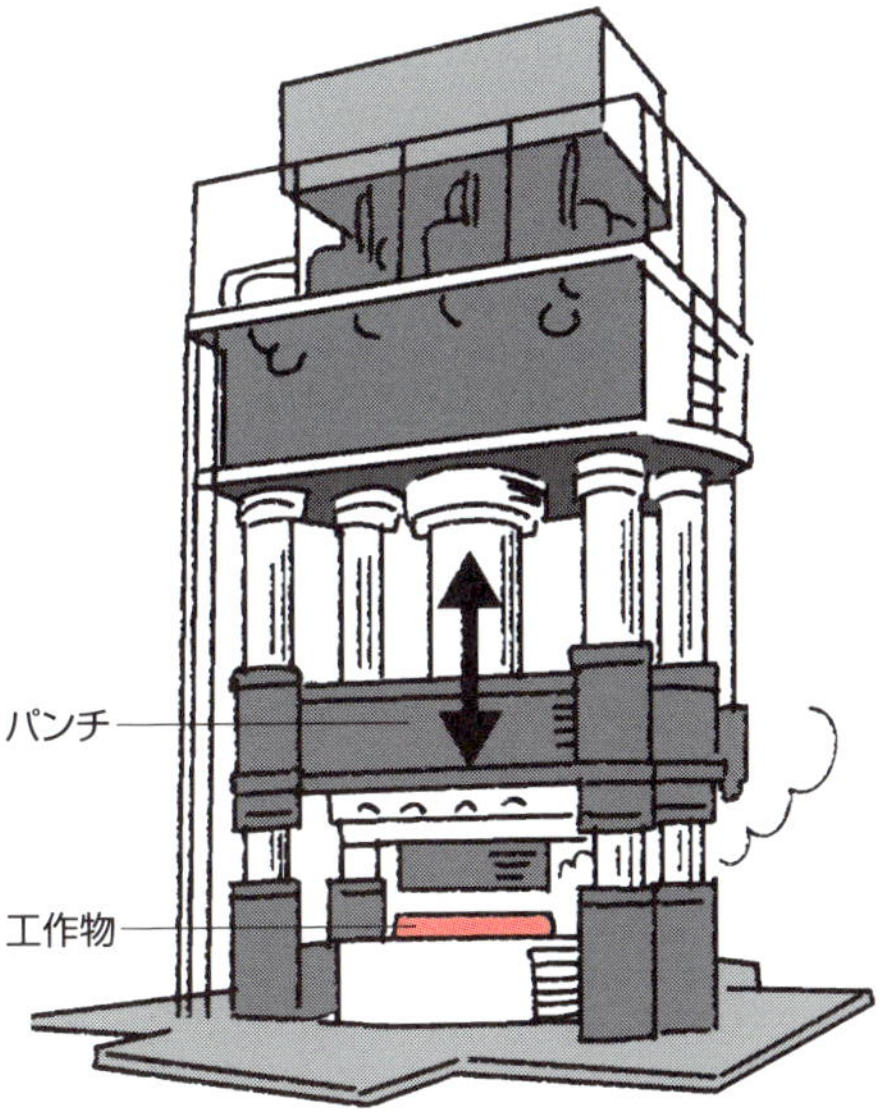

鍛造プレス

23 型鍛造と部品ができるまで

ドロップハンマ型鍛造、すえ込み型鍛造、プレス型鍛造

「型鍛造」は、型彫りされた上下1対の金型を機械に取り付け、そして加熱した材料を下型の上に置いて、上型で打撃を与えるか、圧縮して成形する方法です。

この型鍛造には、「ドロップハンマ型鍛造」、「すえ込み型鍛造」および「プレス型鍛造」があります。

この型鍛造は寸法精度が高く、複雑な同一製品を迅速に製造できるので、比較的小さな部品の大量生産に向いています。

歯車、ピストン、コネクティングロッド、カムシャフトおよびクランクシャフトなどの自動車部品などがこの方法で製造されています。

一方、金型を製作するのに、時間とコストがかかるので、多品種少量生産には向いていません。

通常、型鍛造部品の製造工程は次のようになります。まず最初に、図面を見て、3次元CAD／CAM（コンピュータ支援設計・製造）システムにより、モデリング（模型の形状作成）とNC（数値制御）データの作成を行います。

そしてマシニングセンタ（NC工作機械）などを用いて鍛造金型を製作します。

次に材料を決められた長さに切断し、所定の温度で加熱します。またその加熱した材料を粗型の上に置き、そしてエアドロップハンマなどで打撃を与え、棒材をつぶして所要の形状に成形します。

また荒打ち（型鍛造で仕上げ打ち前の予備成形）により、最終製品の形状に近いもの（荒地）に成形します。

この型鍛造では、通常、金型のすき間からはみ出した薄い紙のような部分、すなわちバリが生じるので、これを除去するためにトリミング（余分な部分を切り取ること）を行います。

以上で鍛造工程は終了ですが、通常はその後、熱処理やショットブラスト（砂や鋼粒を工作物に吹き付け、表面を仕上げる方法）による表面仕上げが行われます。

要点BOX

- 型鍛造は寸法精度が高い
- 複雑な同一製品を迅速に製造できる
- 比較的小さな部品の大量生産向き

型鍛造工程

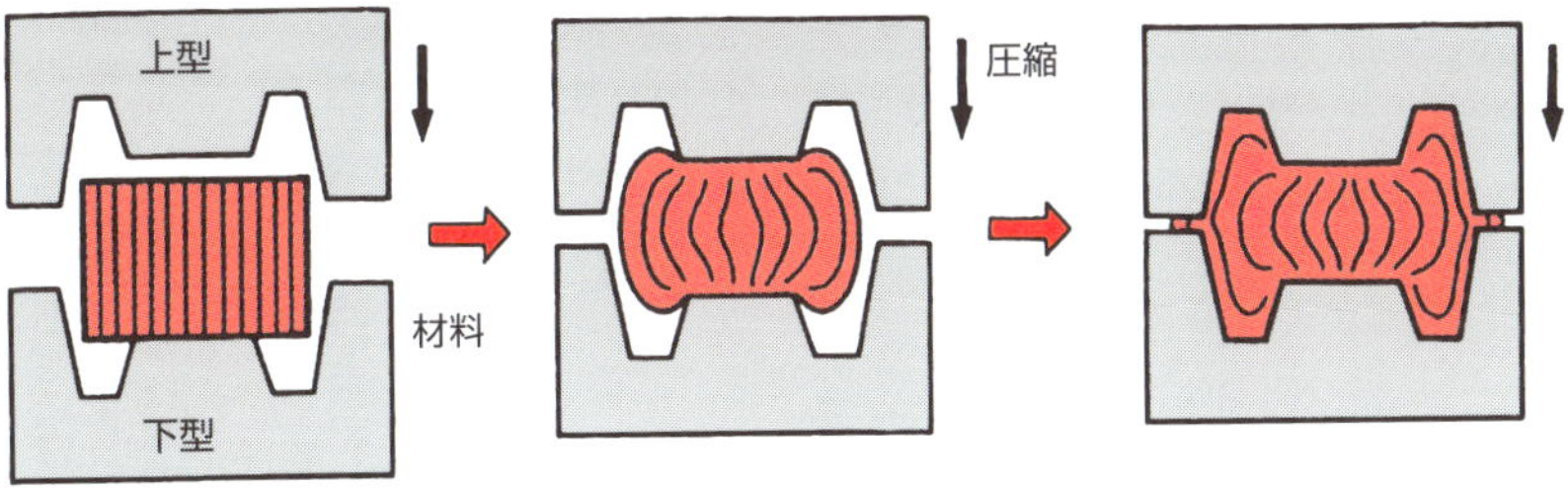

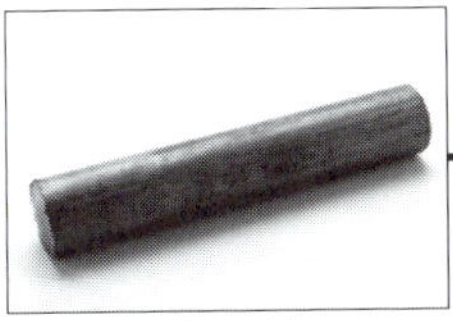

①切断

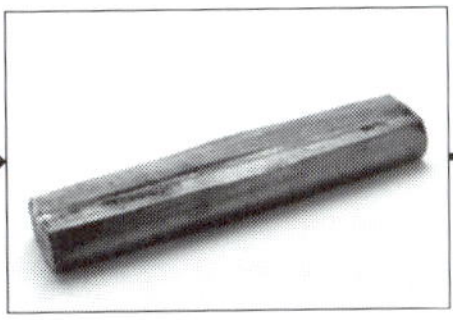

②加熱・つぶし

③荒打ち

④型打ち

⑤トリミング

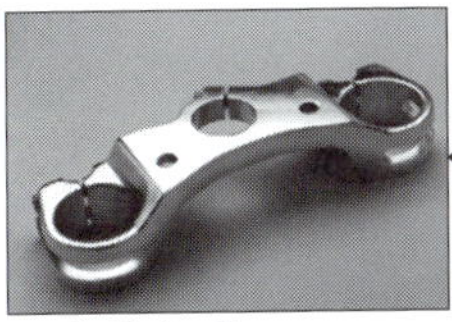

⑥仕上げ（浪速鍛工）

型鍛造歯車（東亜鍛工所）

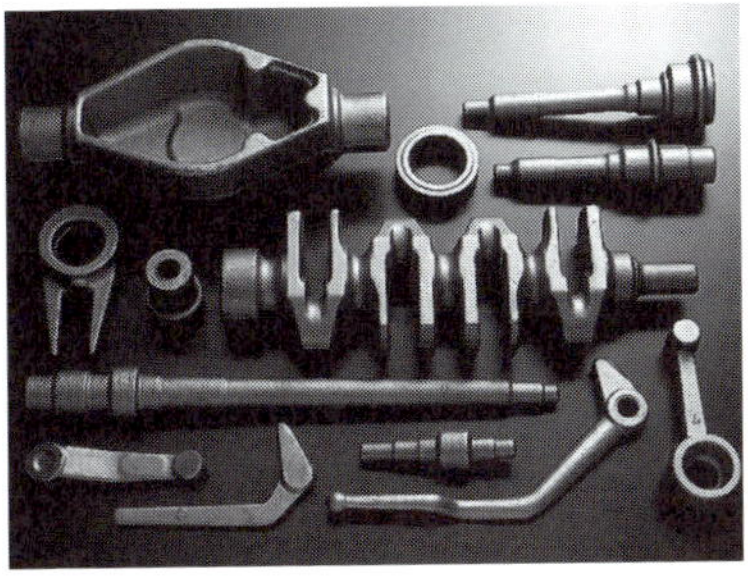

ドライシャフト
クランクシャフト
レバー・アームなど
（菊水フォージング）

24 ねじ・歯車の転造加工

平ダイス式、丸ダイス式、ロータリ式

ねじや歯車の製作に用いられる「転造加工」は、素材を回転し、そしてそれに型（転造ダイス）で強い力を加えてその表面を盛り上げ、所要の形状に成形する方法です。

「ねじ転造」は、当初、おねじの加工用に開発されたもので、2個または数個の組になったねじ転造ダイスの間に、素材を転がし、ねじ山を成形する方法です。

この方法では、材料が繊維組織（結晶が圧延の方向に並んだ組織）になるので、強度が大きく、精度の良いねじがばらつきなく、また高能率にできます。そのため大部分の普通ねじは、この方法で製造されています。ねじの転造方式には、「平ダイス式」、「丸ダイス式」および「ロータリ（プラネタリ）式」があり、一般的なねじの量産用には平ダイス式とロータリ式が用いられています。

また丸ダイス式は精度の高いねじ、形状の不規則な部品およびウォームなどの加工に適用されています。

「歯車転造法」には、プランジ（押し込み）転造法や「スルーフィード転造法」などがあり、またプランジ転造法には、ラック形ダイスを用いる方法、ピニオン形ダイスを用いる方法およびホブ形ダイスを用いる方法があります。

ラック形ダイス式は、往復運動をする1組のラック間で、素材を回転して、歯形を成形する方法で、スプラインの加工によく用いられています。

また歯車の転造によく適用されているのは、2ロールダイスを用いたプランジ転造法で、その原理はねじ転造と同じです。

これらの転造加工は、ねじや歯車のほか、スプラインやウォームなどの加工にも用いられます。そしてこの方法は、切削加工と異なり、材料にムダがなく、また加工時間も短かいので、高能率な加工法といえます。ただし歯車転造の場合は、ねじ転造と比較し、成形しにくいので、作業がむずかしくなります。

要点BOX

- ●ねじ転造は、おねじの加工用として開発
- ●歯車転造にはプランジ転造法、スルーフィード転造法など

ねじの転送加工

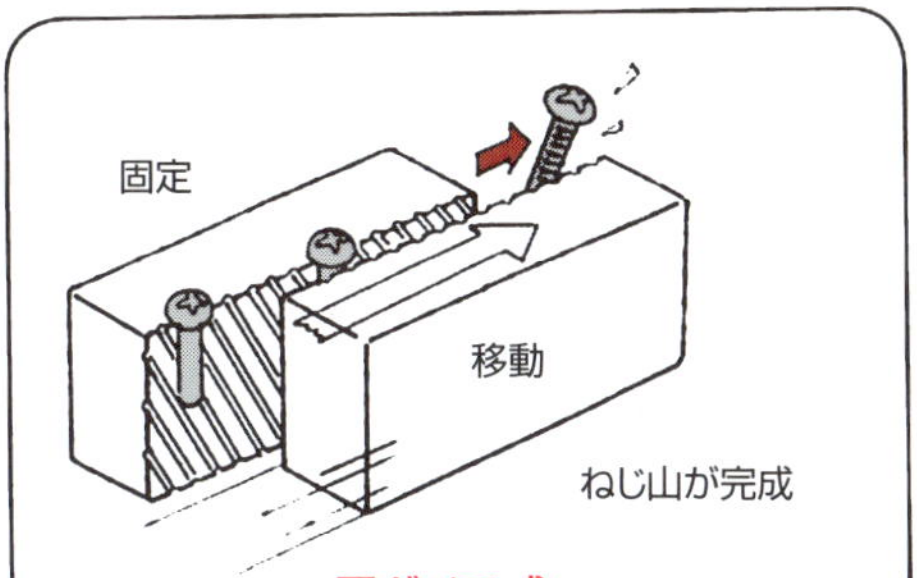

平ダイス式

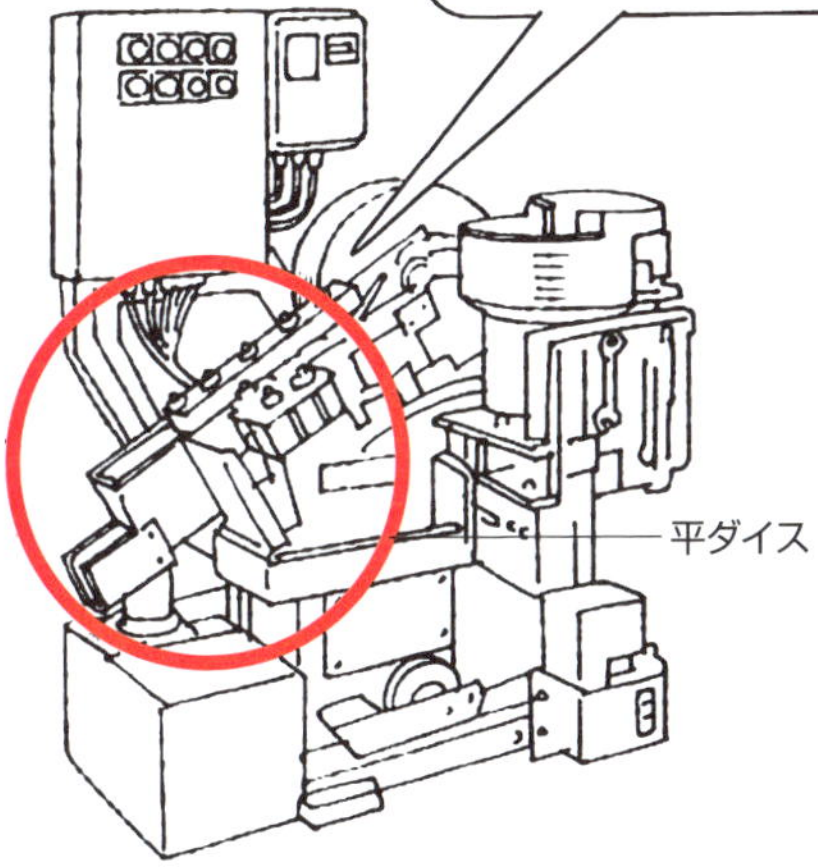

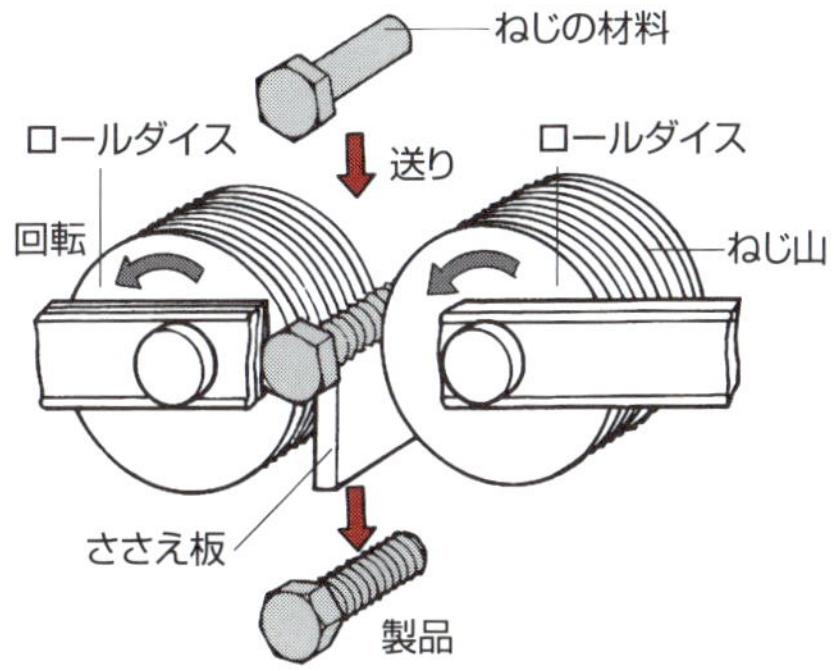

丸ダイス式

歯車の転送加工

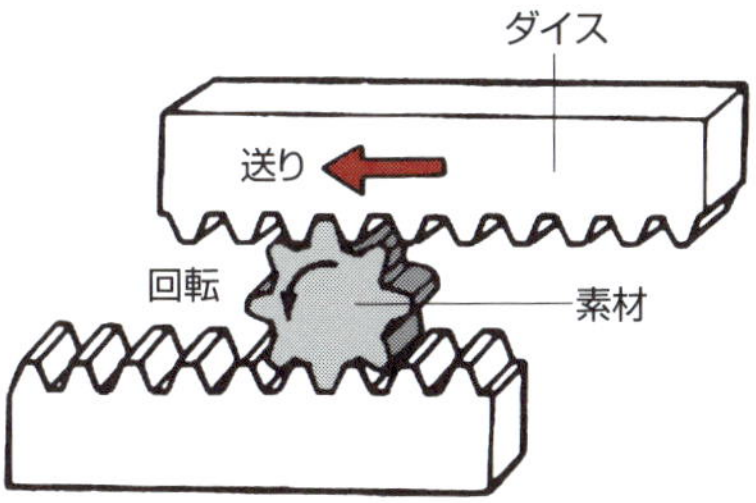

ラック型ダイス式

プランジ転造法

25 4つに分類される熱処理

焼き入れ、焼き戻し、焼きなまし、焼きならし

炭素鋼を適切な温度で、オーステナイト組織からマルテンサイト組織に変態し、その機械的性質を所要の目的に変える作業を「熱処理」といいます。そしてこの熱処理は、「焼き入れ」、「焼き戻し」、「焼きなまし」および「焼きならし」の4つに分類されます。

鋼材を電気炉に入れ、格子変態温度（結晶格子が変化する温度）より30～50℃高い温度に加熱し、オーステナイト組織にします。そして一定時間保持した後、鋼材を冷却します。この冷却の仕方により、結晶の大きさが異なり、材料の機械的性質が変化します。

オーステナイト組織になった鋼材を電気炉中でゆっくりと冷やすと、結晶が大きく成長し、鋼材が軟化します。この処理が「焼きなまし」で、塑性加工や機械加工で硬化した組織を軟化し、また内部応力を除去するために行う作業です。

またオーステナイト組織になった鋼材を空気中で放冷すると、炉冷よりも早く冷えます。このように加熱した材料を空気中で放冷する処理が「焼きならし」で、材料中の内部応力を除去し、微細化した標準の組織にするために行う作業です。

そしてオーステナイト組織になった鋼材を油や水を用いて急冷すると、結晶が小さくなり、硬化します。この場合、冷却する速度は水中の方が高く、油中の方が低くなります。

材料を水中で冷却する方法が「水焼き入れ」で、油中で冷却するのが「油焼き入れ」です。この場合、冷却速度が高い水焼き入れの方が、油焼き入れよりも材料が硬くなります。

焼き入れを行うと、鋼材は硬くなりますが、反面、脆くなります。そのため通常、焼き入れ後には、すぐに焼き戻しを行い、材料の硬さやじん性（ねばさ）を調整し、また内部応力を除去します。この作業が「焼き戻し」で、目的によって、低温焼き戻し（硬さ優先）と高温焼き戻し（じん性優先）があります。

要点BOX

- ●加熱した材料を空気中で放冷する焼きならし
- ●焼き入れを行うと鋼材は硬くなるが、脆くなる
- ●硬さ優先の低温焼き戻しと、じん性優先の高温焼き戻し

熱処理の4つの分類

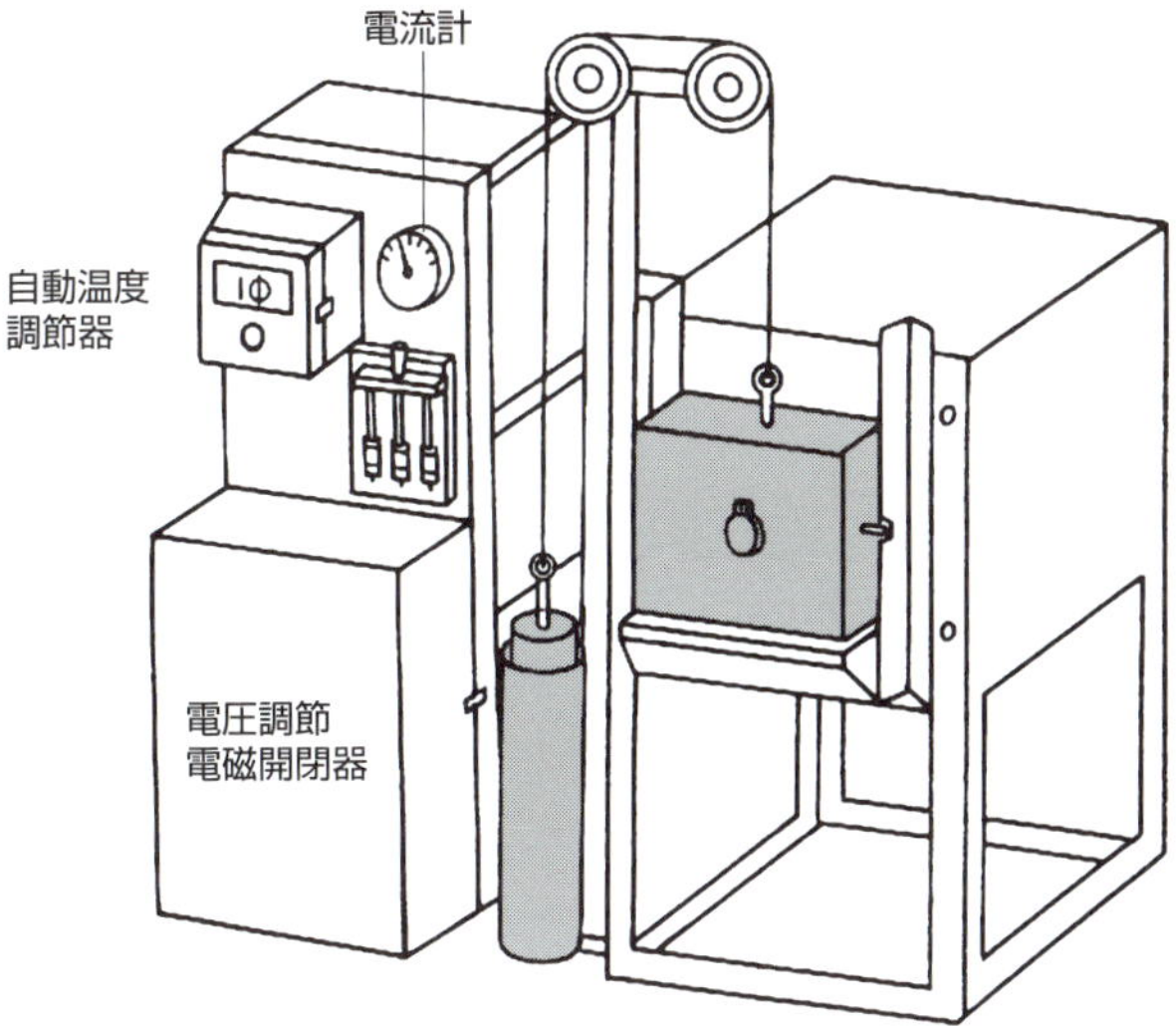

電気炉による加熱

焼き入れ

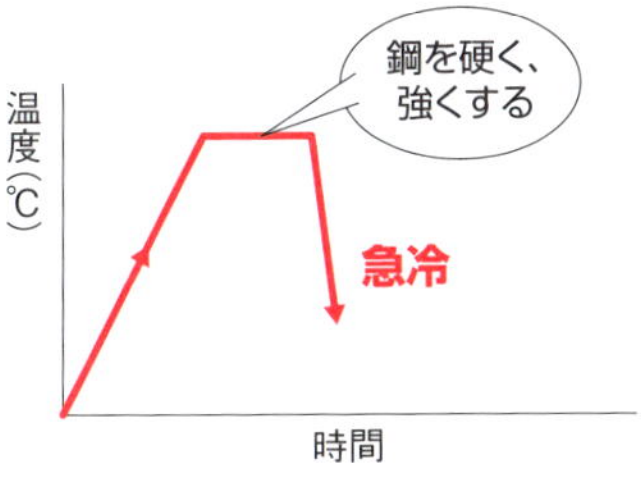

焼き戻し

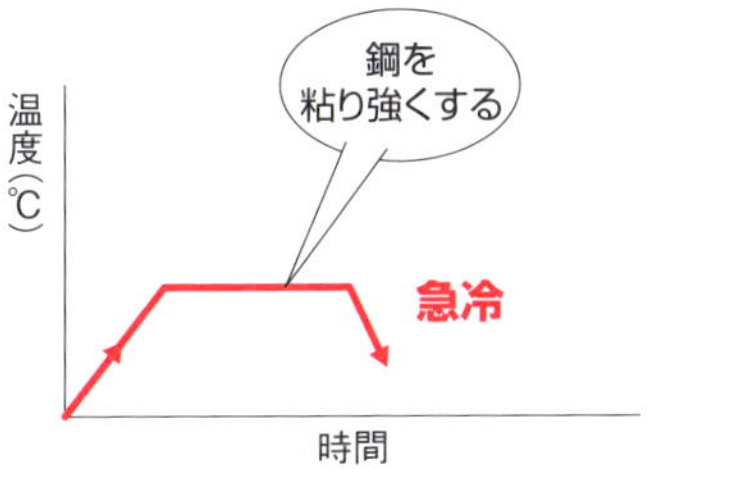

焼なまし

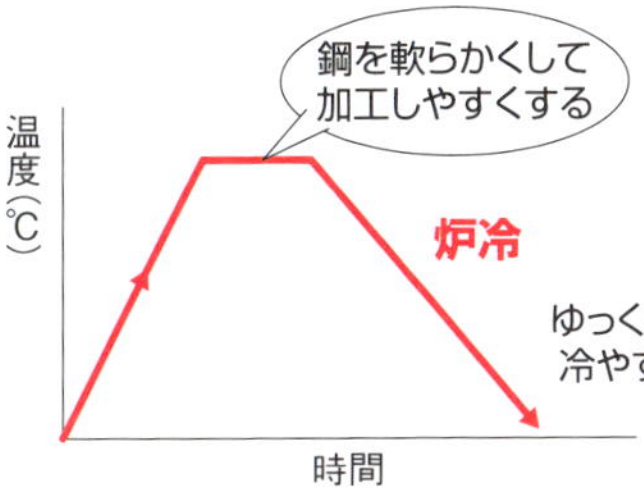

焼ならし

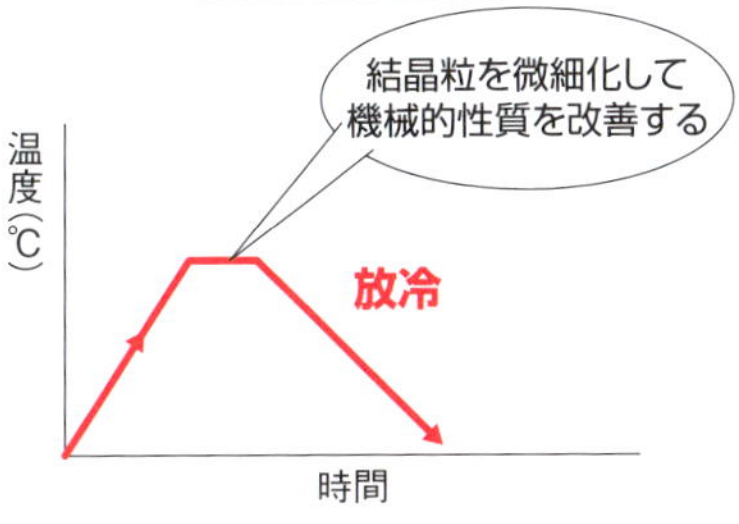

Column

大量生産は鍛造で

鍛造というと、日本刀や境の包丁を思い出しますが、日本の製造業を支える重要な加工法で、ビレットと呼ばれる素材を、熱間、あるいは冷間で金型を用いて加圧し、所要の寸法、形状の部品を高精度に、かつ大量につくる方法です。

この鍛造品の場合は、切削と異なり、製品形状に沿ったメタルフロー（鍛流線）が得られるので、強度が高く、また加工時に大きな圧力を加えるので、結晶構造が緻密で、内部欠陥が少ない製品が得られるという特長があります。また鍛造加工の場合は、その後の機械加工の必要性がない、あるいは低減できるので、高能率な機械部品の製造が可能で、また強度が同じ機械部品ならば、肉厚を薄くできるので、軽量化も可能です。

そのためエンジン部品、足回りの強度の高い安全保安部品、歯車、コネクティングロッドやクランクシャフトなど、多くの自動車部品が鍛造加工によってつくられています。

しかしながら鍛造加工というと、どうも古くさいイメージがありますが、現在は計測と制御を行う自動化鍛造ラインの開発も進んでおり、環境にやさしい加工法となっています。また鍛造加工の中核をなすものは金型ですが、現在はCAD／CAMシステムを用いて、高精度、高能率な金型設計や加工が行われており、高精度で高寿命の金型が短納期で製造されています。

このように日本の鍛造業界は、鍛造設備の自動化が進み、また関連する材料メーカーや金型産業との協力関係が成り立っているので、高精度な鍛造部品の迅速な納期対応ができる点が大きな強みとなっています。

第4章
板金加工とプレス加工

26 身近にたくさんある板金製品

自動車のボデー・シェルは板金部品

私たちの身の回りには、多くの板金製品があります。たとえば自動車のボデー・シェルは板金部品のかたまりといえます。

車の前の方から見ると、フード、フロント・フェンダー・パネル、フロント・ドア、リヤ・ドア、ラゲージ・コンバートメント・ドアおよびルーフ・パネルなど、すべて薄い鋼板を成形加工することによりつくられています。

このように大きな板金部品を、非常に薄い鋼板を用いて、しわやき裂を生じることなくプレス成形する技術は本当に素晴らしいものです。

家の中には、冷蔵庫、洗濯機、電子レンジ、エアコン、テレビなど、多くの家電製品がありますが、これらの大部分の部品が板金加工でつくられています。

また最近はシステムキッチンが流行っており、ステンレス製の流し台、ビルトインコンロ、レンジフード、ビルトイン食洗機など、板金加工した製品のオンパレードといえそうです。

屋外には、大きな物置があり、これも大部分が板金製品でできています。物置は風雨にさらされるので、すき間のないように、ドア、屋根、壁などの部品を高精度につくる必要があります。大きな薄い金属板を、切ったり、曲げたり、穴をあけたりして、これらの部品を精度よくつくるのは大変なことです。

また駅に行けば、電車が来ますが、この車両にも多くの板金部品が使用されています。とくに新幹線のあの滑らかな曲線をした車両先端部が板金加工されていることにはびっくりさせられます。

もちろん飛行機やロケットなどにも板金加工された部品が多く用いられていますが、とくにロケットの先端部などの板金成形加工はむずかしいと言えます。

このように板金加工は私たちの日常生活のみならず、航空・宇宙などの先端産業を支えています。

要点BOX

- ●家電製品の部品の多くが板金加工でつくられる
- ●屋外の物置も大部分が板金製品
- ●新幹線の車両先端部も板金加工

板金でつくられる製品

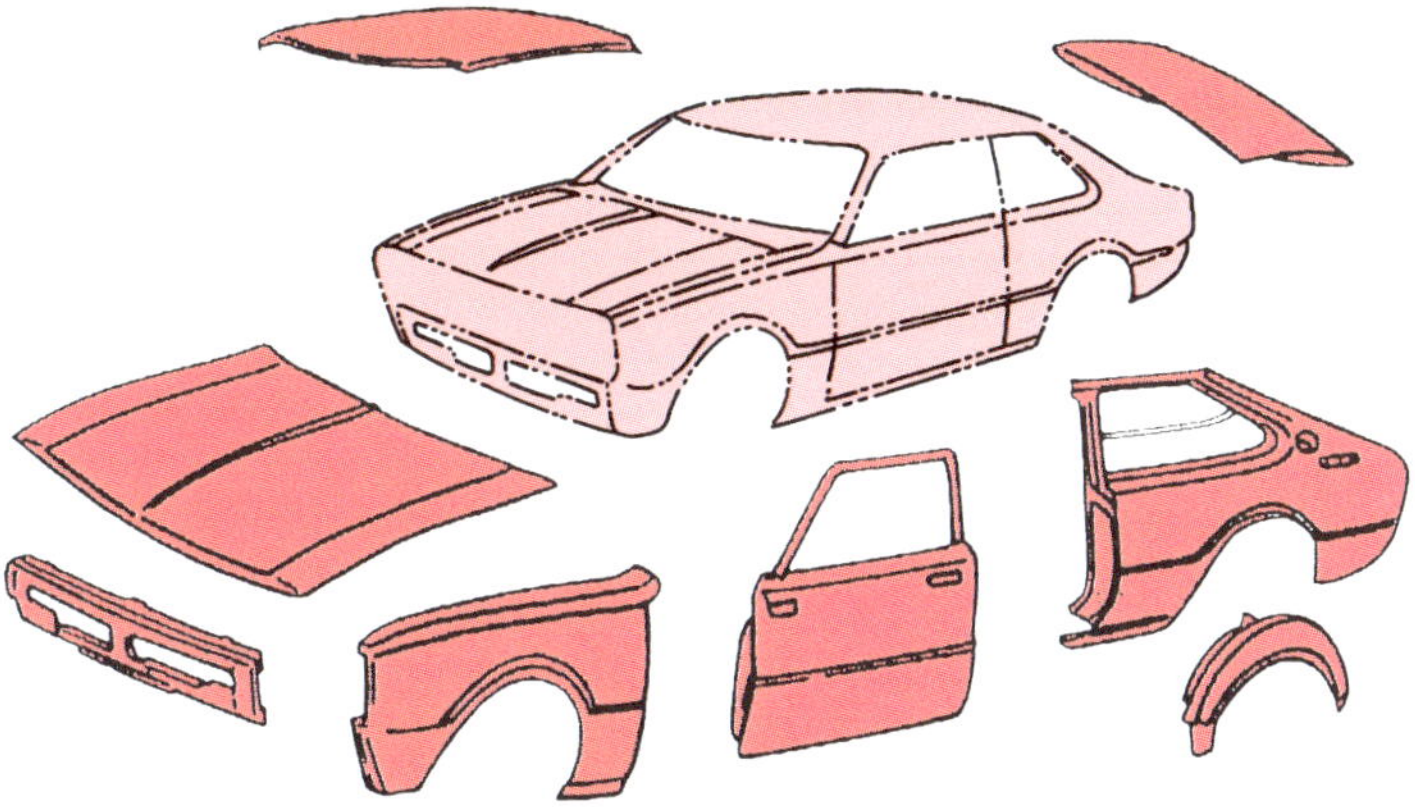

自動車シャーシ

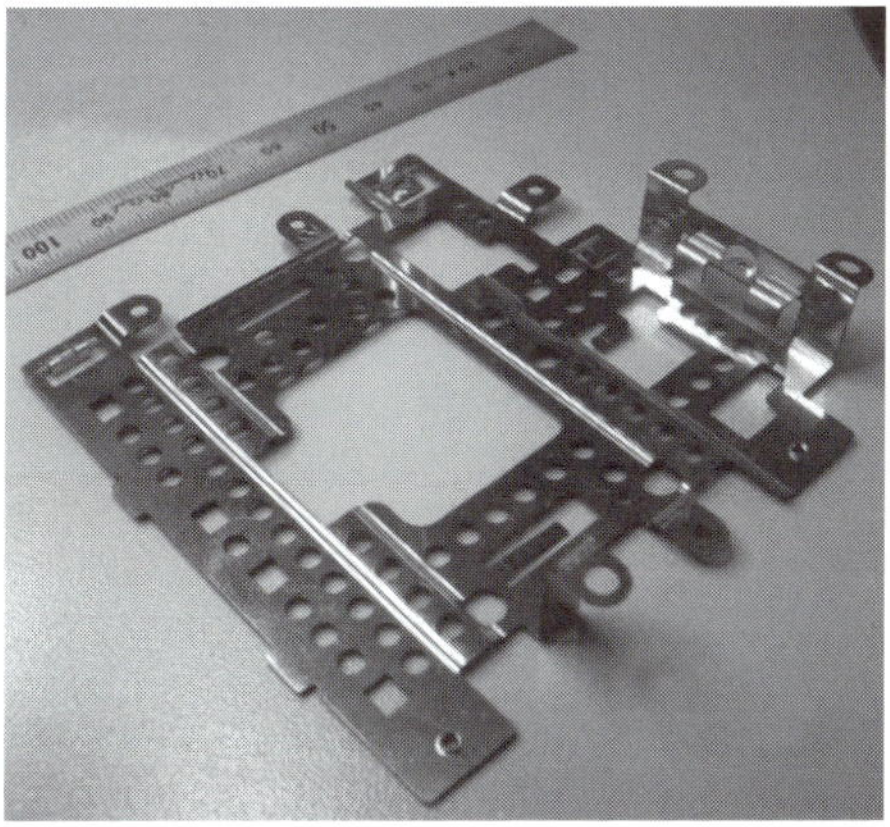

パソコン部品（時吉工業）

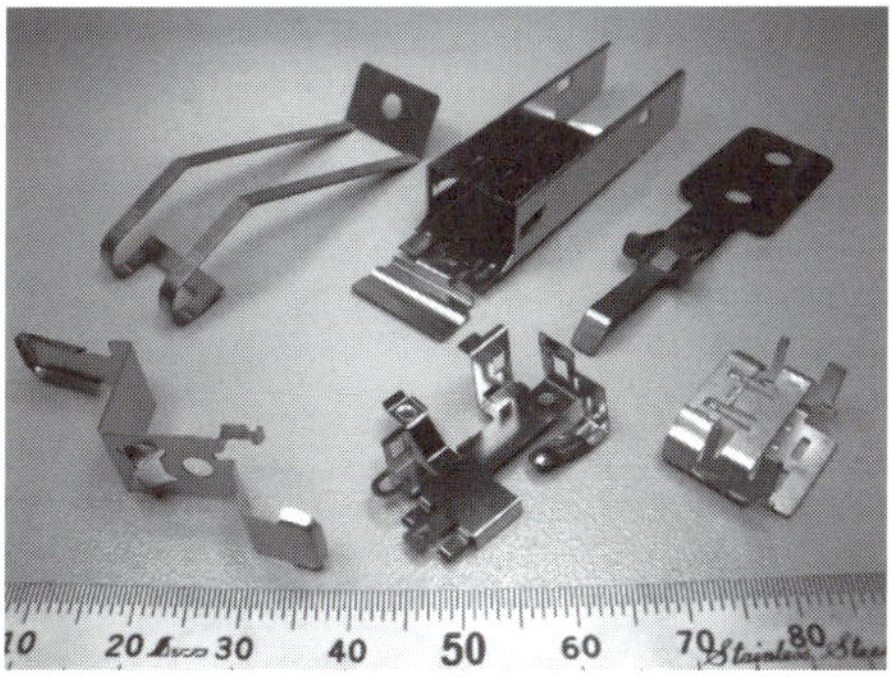

コネクタ部品（時吉工業）

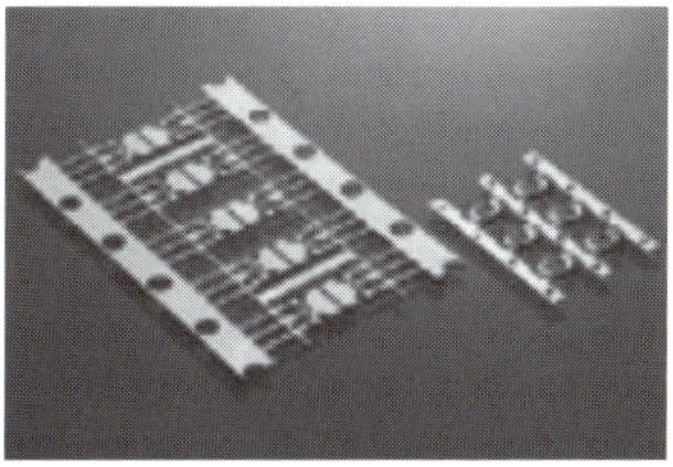

携帯電話（アマダ）

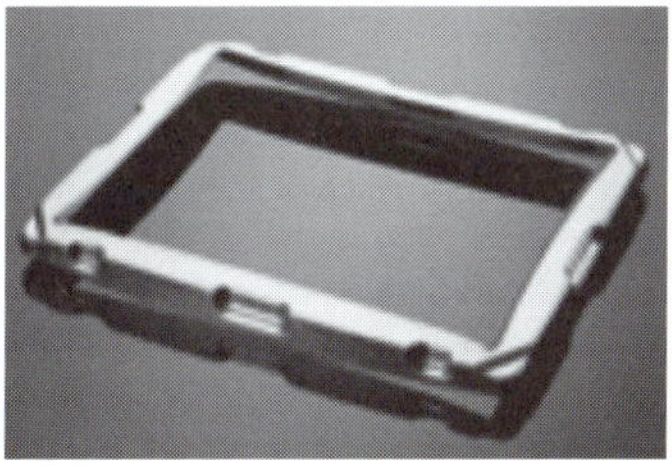

パソコン（アマダ）

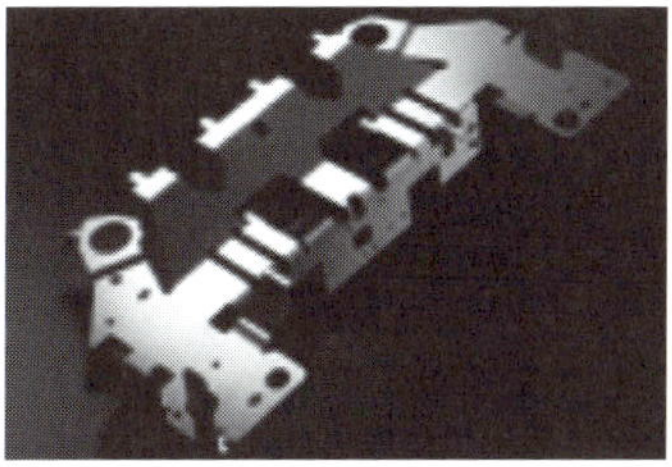

エアコン（アマダ）

27 いろいろな板金作業

板金は試作開発に欠かせない

板金作業には手で行うものと工作機械を用いるものとがあり、手で行う板金作業は、自動車の修理工場などでよく見られます。パネルのへこんだ部分をあて板とハンマで両側からはさみ、そしてその箇所を叩いて上手に直しています。

このような「自動車板金」は薄い鉄板を各種ハンマなどを用いて、叩き伸ばして所要の立体をつくるもので、車のボデーの主役で、とくに試作開発には欠かせないものです。この試作開発の場合は、その過程でたびたび手直しが行われるので、その対応には熟練した技能が必要とされます。

板金作業には、「打ち出し」、「絞り」および「曲げ」などがありますが、これらの技能者育成のために曲げ板金、打ち出し板金および機械板金作業など、工場板金の技能検定が実施されています。

「打ち出し板金」は、厚さ1ミリから6ミリ程度の金属板をハンマで叩きながら伸び縮みさせて、所要の形状に成形する作業です。

そしてこの方法は鉄道車両などの部品製造によく用いられており、とくに新幹線の先頭車両のあの滑らかな立体形状が熟練技能者の手でつくられていることに驚かされます。

また日用品の雪平鍋《ゆきひらなべ》は、坊主ならしという工具の上にアルミ板をあて、それを職人がハンマで叩きながら所要の形状に、手作業で成形し、つくったものです。

このように打ち出し板金は、試作開発などの極少量生産向きで、金型を必要としないのが特長です。

また「曲げ板金」は、通常、シャーリングで切断し、パンチ加工した金属の薄板を曲げ加工機（ベンディングマシン）を用いて、あるいは手作業により、所要の立体形状にするものです。とくにこの曲げ板金では、カール曲げやU字曲げが難しく、これらの曲げ加工をいかに上手に行うかによって製品の良し悪しが決まるといわれています。

要点BOX

- 打ち出し、絞り、曲げなどがある
- 工場板金の技能検定が実施されている
- 金型を必要としないのが特長

板金作業のいろいろ

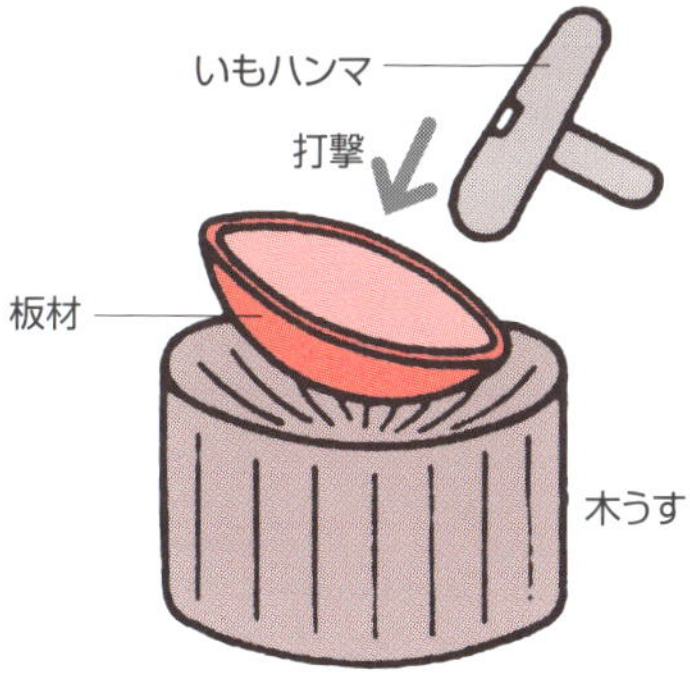

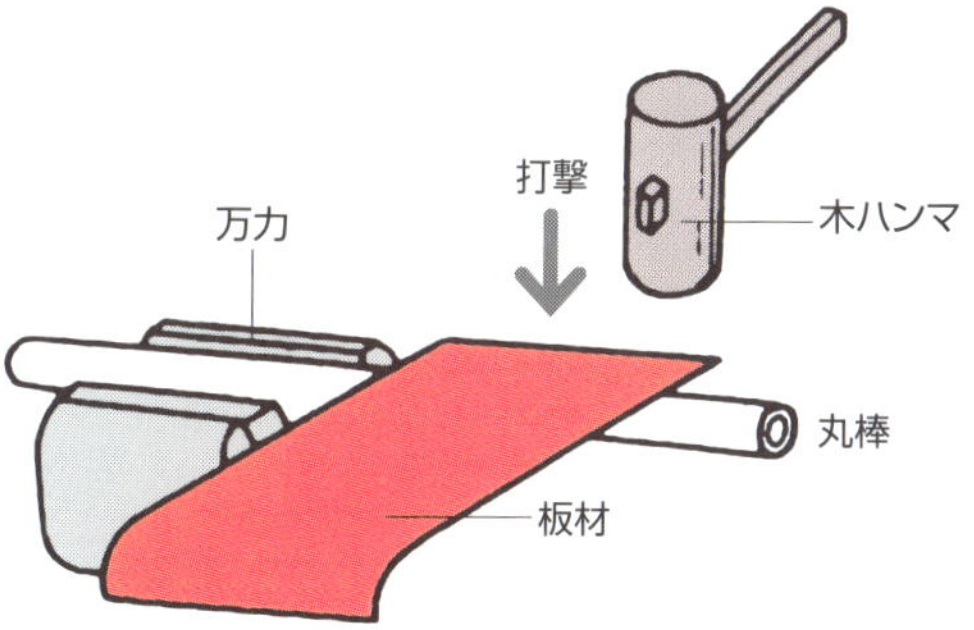

打ち出し

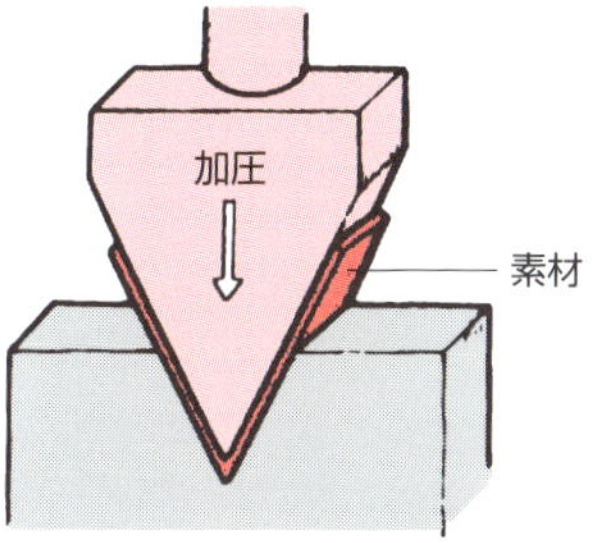

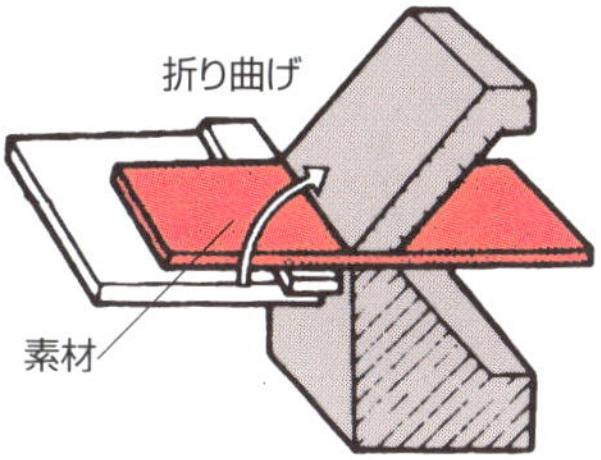

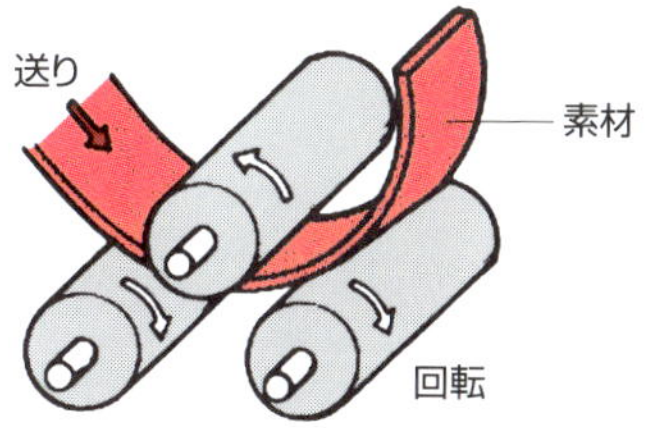

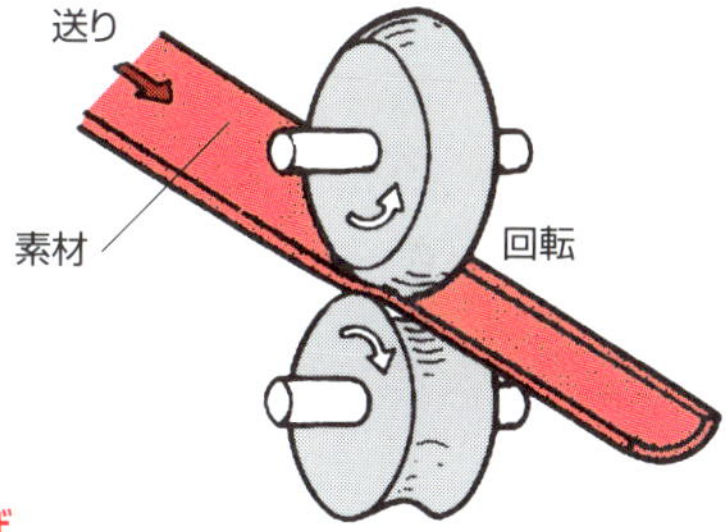

各種曲げ

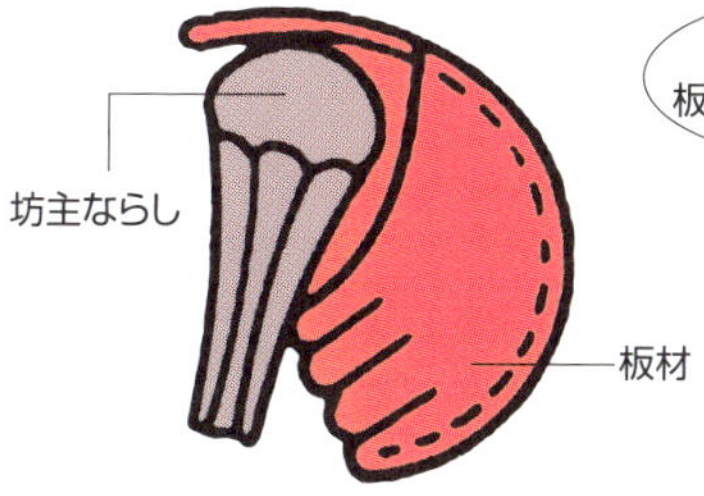

絞り出し

新幹線

28 工場の花形「板金加工用マシン」

専用の金型を必要としない

機械板金作業には、シャーリングマシン、タレットパンチプレスおよびプレスブレーキ（ベンダー）が用いられます。

「シャーリングマシン」は、通常、定尺板（一定の寸法の板材）を一定の幅（長さ）で切断したり、スケッチ材（所定の幅・長さの切板）を切り出すのに用いられるもので、機械式と油圧式があります。

機械式のものは、フライホイールを回転し、その回転運動を偏心軸により直線運動に変換し、ラム（往復運動をする台）を上下に移動するもので、また油圧式の機械は、油圧ポンプで高圧を発生し、その圧力をシリンダに伝達し、ピストンを上下に動かして、ラムを往復運動するものです。

「タレットパンチプレス」にも、機械式と油圧式とがあり、NCタレットパンチプレスは、形状の異なった多数の金型を円状または扇状の金型ホルダ（タレット）に配置し、数値制御（NC）により、任意の金型で、板材の所定の位置に、所定の打ち抜きや成形加工を行う機械です。

この機械を用いると、汎用金型（丸型や角型など）を組み合わせることにより、専用の金型を必要とせずに、大きな定尺板などに任意形状の連続打ち抜き・成形加工を行うことができるので、単品から大ロット生産まで、広範囲の作業が可能となります。

そして通常の板金作業では、板材を切断し、所要形状の打ち抜きや成形を行った後で、曲げ加工をします。この曲げ加工に用いる機械が、ベンダーと呼ばれる「プレスブレーキ」です。

このプレスブレーキにも、機械式と油圧式がありますが、いずれもパンチとダイを用いて幅の広い板材の曲げ加工を行うものです。

幅の広い板材を精度よく曲げるのは非常に難しく、スチール家具などでは、この曲げ精度が製品のできばえに影響します。

要点BOX

- ●シャーリングマシン
- ●タレットパンチプレス
- ●曲げ加工に用いるプレスブレーキ（ベンダー）

いろいろな板金加工用マシン

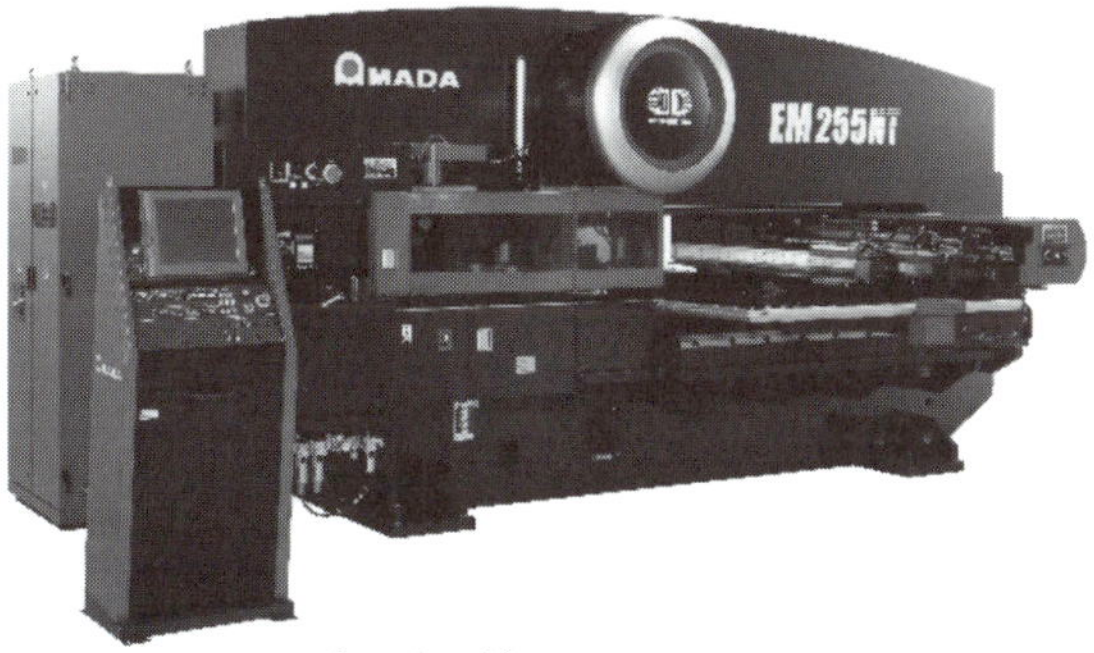

パンチングマシン(アマダ)

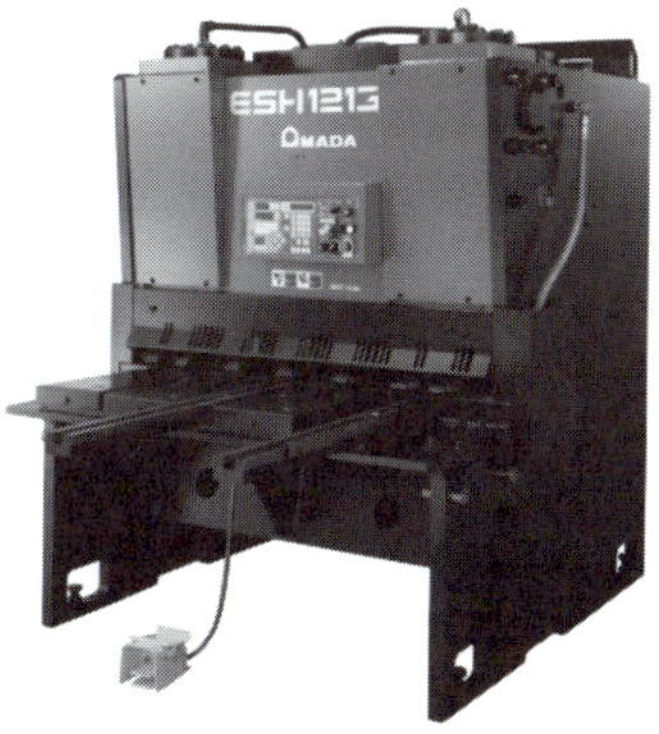

シャーリングマシン(アマダ)

ベンディングマシン(アマダ)

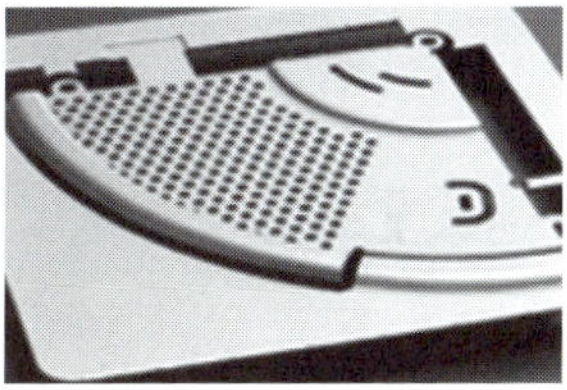

板金加工サンプル

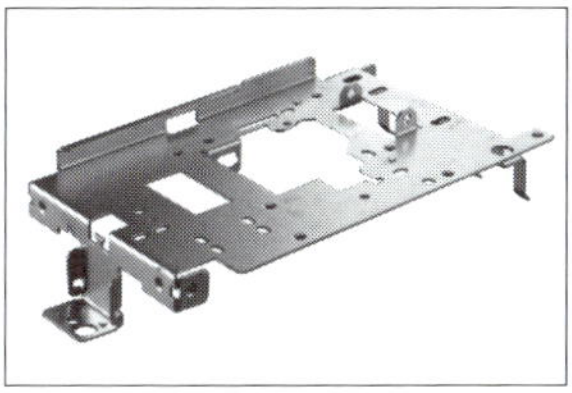

曲げ加工サンプル

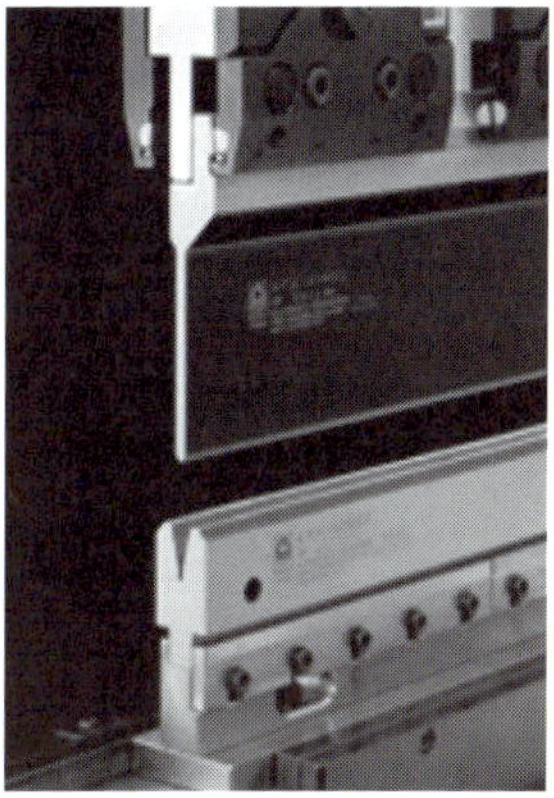

曲げ加工金型(アマダ)

29 ヘラで押しつけるスピニング加工

工具としてヘラを用いる

「スピニング加工」は、旋盤と同様の構造をした工作機械の主軸に装着した型となるマンドレルに、板状または管状の素材（ブランク）を取り付けて回転した後、ローラやヘラで押しつけながら所要の形状に成形する方法です。

この方法は素材を回転するので、回転成形とか、工具としてヘラを用いるので、「ヘラ絞り」などと呼ばれています。

通常は、円盤状の素材を材料押さえを用いてマンドレルに取付け、そしてその素材がずれない状態で回転し、ローラまたはヘラで擦りながら所要の形状に成形します。

このヘラは工具鋼で製作されており、摩耗が少ないように、その先端は焼き入れされています。

成形時は、素材とヘラの先端部をグリースなどで潤滑し、回転中心から外側に向かって、ヘラを型に沿うように滑らかに動かし、そして素材が破断しないように注意しながら成形するのがポイントです。

このスピニング加工には、素材の壁面厚さを低減しないように成形する絞りスピニングやその厚さを積極的に薄くするしごきスピニングなどがあります。

通常、絞りスピニングは多パス加工で、またしごきスピニングはワンパス加工で行われます。

スピニング加工の特徴は、プレス加工と比較し、金型費が安価で、複雑形状の加工ができ、また材料の歩留まりがよいことです。そのためこの方法は、多品種少量生産に向いています。

一方、手作業の場合は、加工中に座屈や破断が生じやすいので、とくに熟練した技能が必要となります。

私たちが毎日使っているやかん、鍋、ボール、フライパン、ポットおよび洗面器などはこのスピニング加工でできており、またロケットやブースタの先端部、パラボラアンテナなどの大形高度先端製品もこの方法で製作されています。

要点BOX

- ●ヘラは工具鋼で製作されている
- ●熟練した技能が必要
- ●鍋、ボール、洗面器などはスピニング加工で

スピニング加工

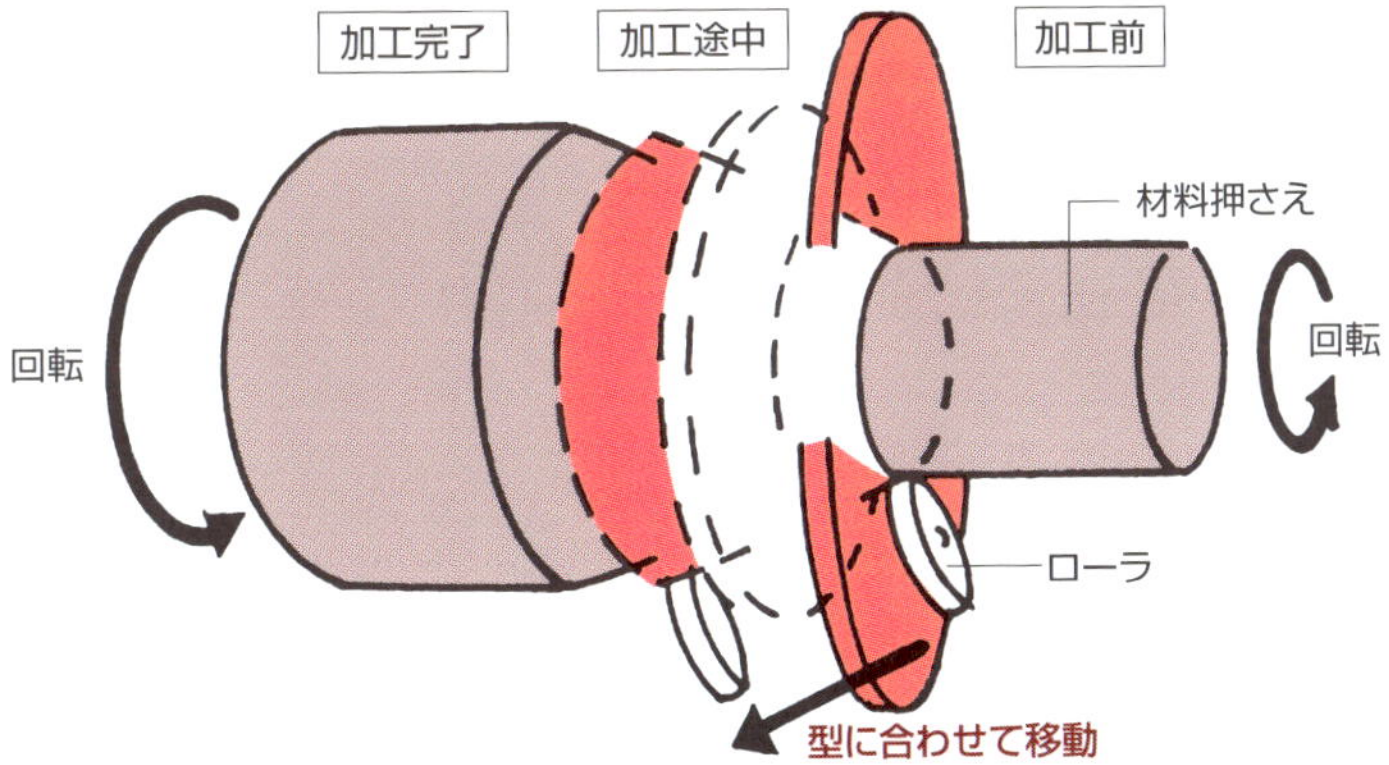

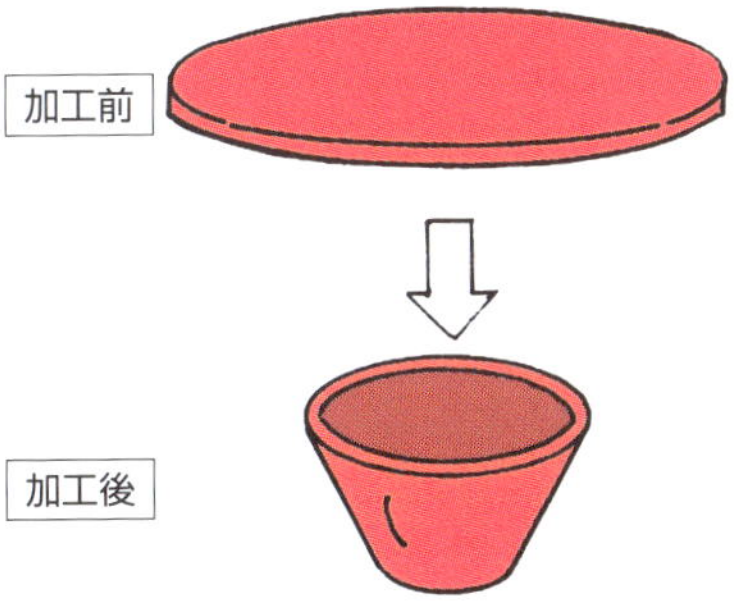

ステンレスボール

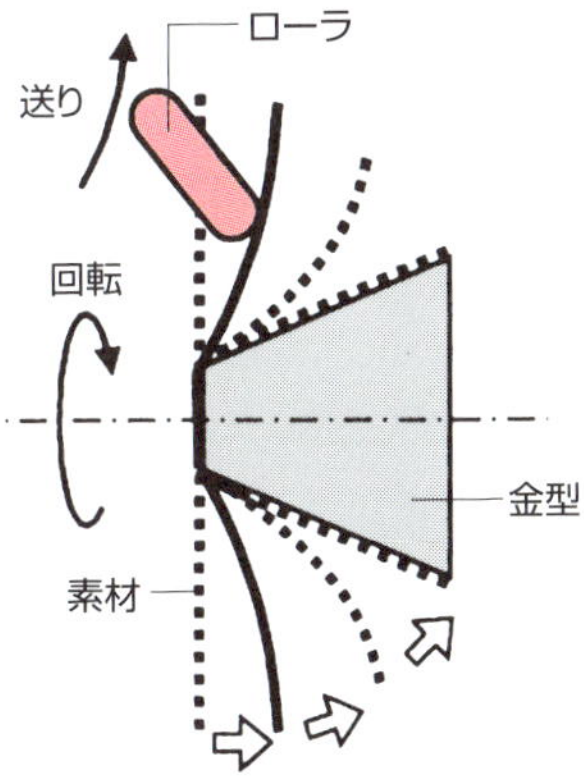

絞りスピニング

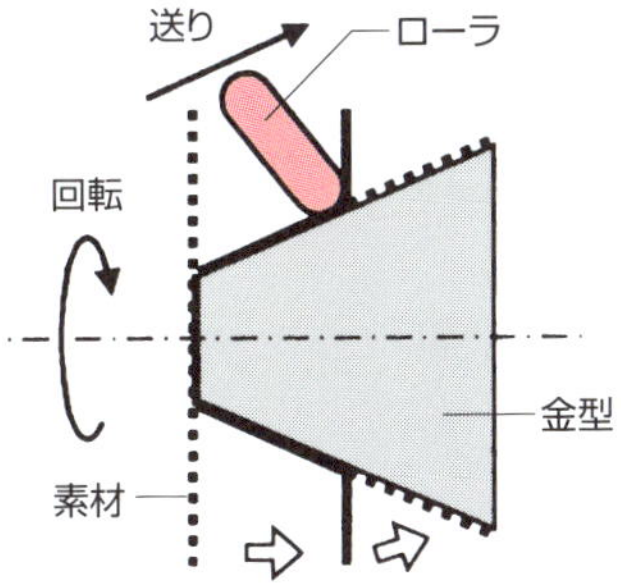

しごきスピニング

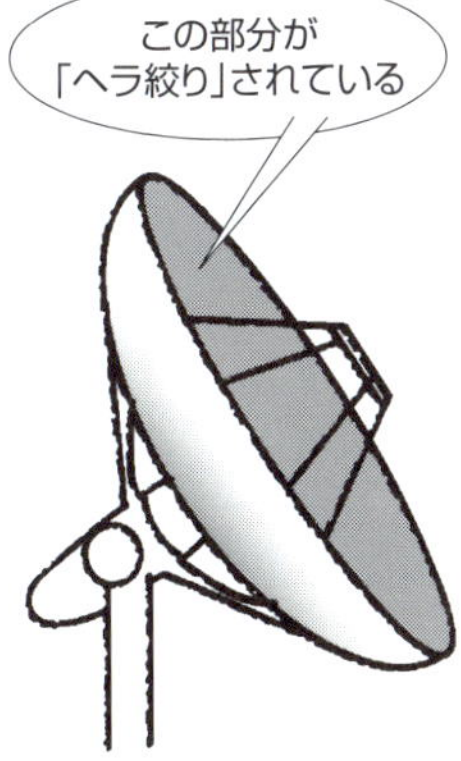

30 プレス機械とプレス型の役割

型を使い所要の形状に成形

「プレス機械」は、型と呼ばれる1対の工具間に素材を置き、そしてスライドの上下運動により、その素材に強い力を加え、所要の形状に成形する機械です。

プレス機械には機械式と液圧式があり、機械プレスはそのスライド方式により、クランクプレス、ナックルプレス、フリクションプレスおよびスクリューまたはラックプレスに区分けされています。

また液圧プレスは油圧や水圧によって駆動されるもので、それぞれ油圧プレスおよび水圧プレスと呼ばれています。

現在、最も多く使用されているのは、機械式のクランクプレスで、このプレスの場合、自動車エンジンの逆動作のように、モータの回転運動は、クランクシャフトに伝達され、コネクティングロッドを介して、スライド(ラム)の往復運動に変換されます。

このスライドの上下運動により素材に大きな力を加えるわけですが、その反力を受けるのがフレームで、これが基礎で受ける鍛造ハンマとプレス機械が異なる点です。このフレームの下部にはボルスタ(ベッドの上に取り付けられている厚い上板)があり、下型が取り付けられます。また上型はフレームに装着され、これらの型の間に素材が置かれます。

これら上型と下型で1対の金型を構成し、この金型が素材に加圧力を与える工具となります。

プレス加工を目的として製作される型の総称がプレス型で、打ち抜き加工、曲げ加工および成形加工などによって加工部分の形は異なりますが、素材の位置決め部や機械への取付け部など、基本的な構造は同じです。

このようにプレス加工の場合は、素材に直接、力を加え成形するのが金型なので、この金型がなくてはプレス加工はできません。そして金型の良し悪しが製品の精度や品質に影響するので、金型はプレス加工の命といわれています。

要点BOX

- ●プレス機械には機械式と液圧式がある
- ●最も多いのは機械式クランクプレス
- ●製作される型の総称が「プレス型」

プレス機械と型

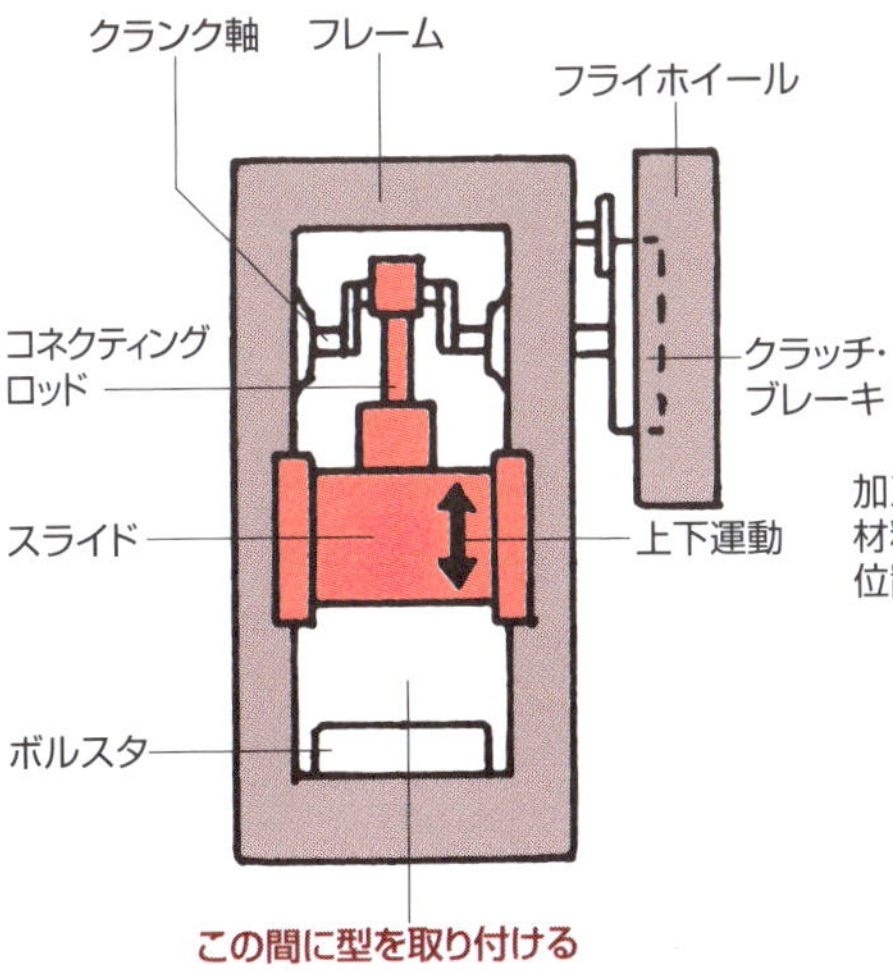

プレス機械の構造

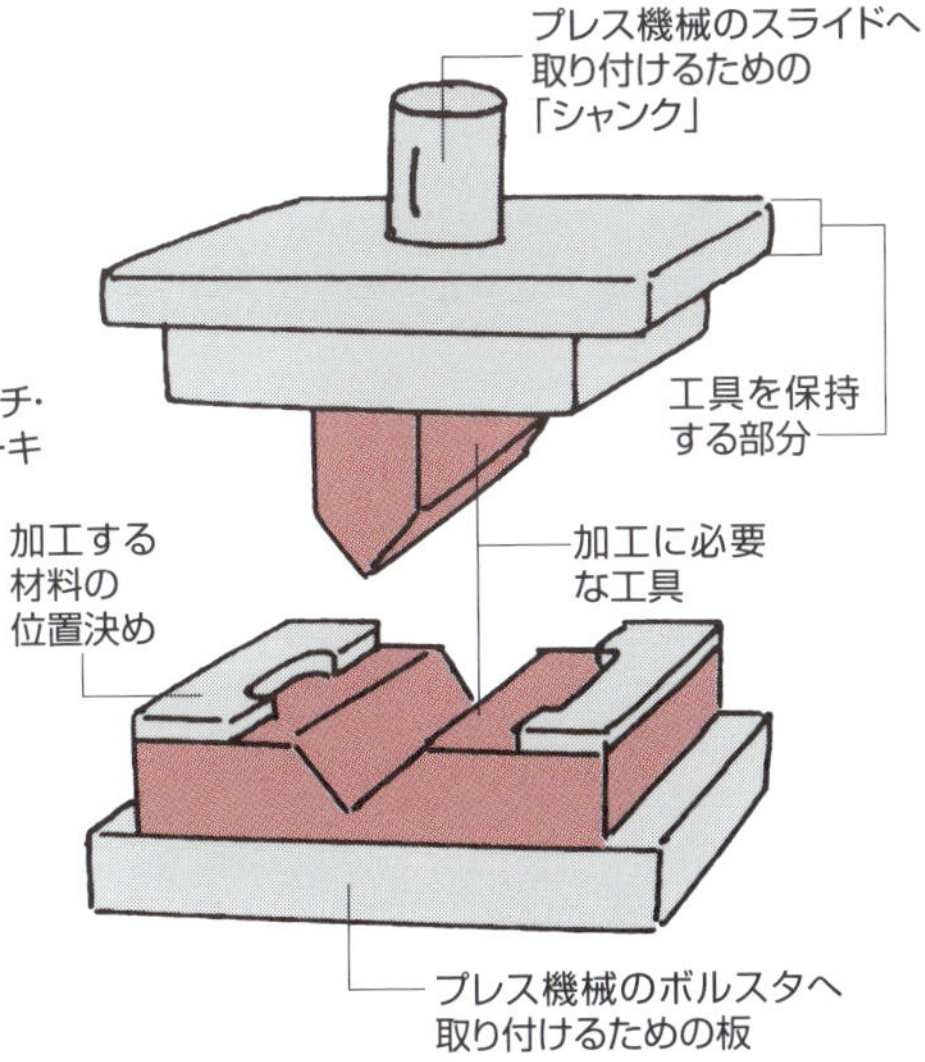

プレス型

電動サーボプレス(アマダ)

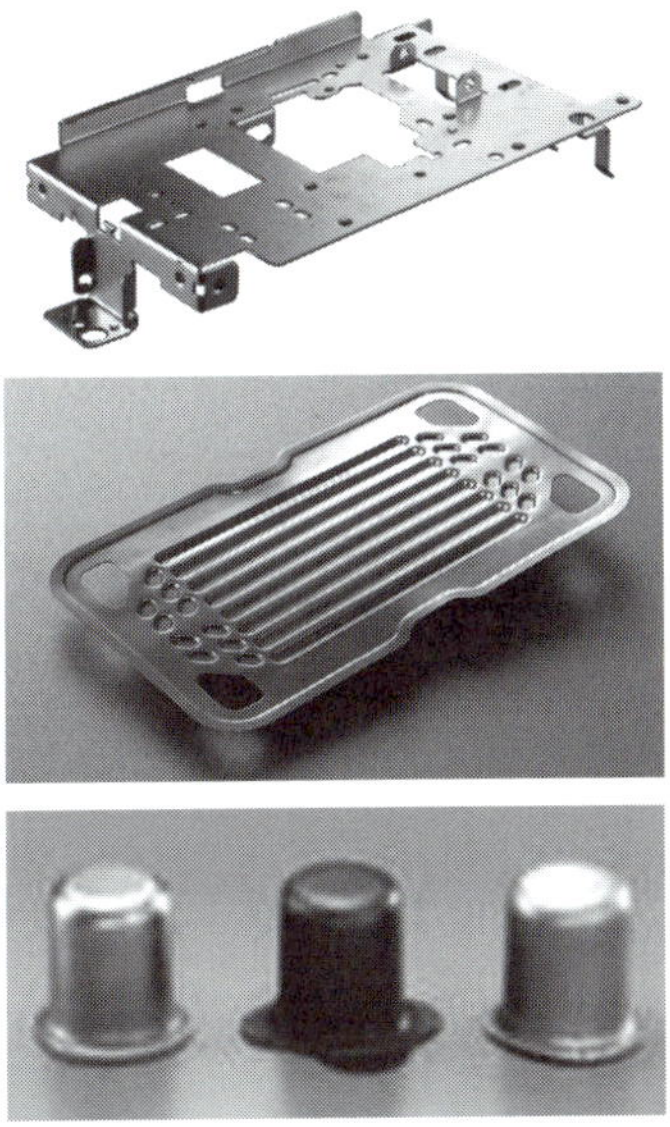

プレスされた製品(アマダ)

31 せん断加工の原理とダイセットの役割

打ち抜き加工、穴あけ加工、縁切り加工

プレス機械を用いた「せん断加工」には、「打ち抜き加工」、「穴あけ加工」および「縁切り加工」などがあります。

打ち抜き加工（ブランキング）は、プレス機を用いて薄い素材から所要の形状の製品をパンチとダイにより打ち抜くもので、この方法において、ダイを通過し、そしてパンチで打ち抜かれたものを製品にする場合を外形抜き加工といいます。

また穴あけ加工（穴抜き加工、ピアシング）は、板材に穴を打ち抜くもので、ダイに残るものを製品とする場合です。

そして切り欠き加工（ノッチング）は、外形全体を抜くのではなく、板材の縁の一部分を凹状に切り取るもので、また縁切り（縁取り）加工（トリミング）は成形品の口縁部の不要な部分を切り落として、その形状を整える方法です。

これらのせん断加工において、パンチとダイのすき間を「クリアランス」といい、その値が大きすぎると、だれやバリが発生し、製品の品質が悪くなります。またその値が小さすぎると、工具の寿命が短くなります。そのため打ち抜き加工においては、このクリアランスを適正に保つことが大切です。

また、通常、このような打ち抜き加工には「ダイセット」が用いられています。このダイセットはプレス加工における治具の1つで、板材から同じ形状・寸法の製品を抜く時に使用されます。

そしてこれは金型の刃部となるパンチとダイの位置関係を正しく保った状態でプレス機に取り付けるためのもので、上型と下型の位置決めを精度よく行うための治具です。

このダイセットは、パンチとダイホルダ、ダイとパンチプレートおよび支柱（ガイドポスト）で構成されるユニット部品で、段取り時間の短縮や製品精度の維持などの補助的な役割をしています。

要点BOX

- 打ち抜き加工は製品をパンチとダイにより打ち抜く
- 穴あけ加工は、板材に穴を打ち抜く
- 切り欠き加工は、板材の縁を凹状に切り取る

打ち抜き加工とダイセット

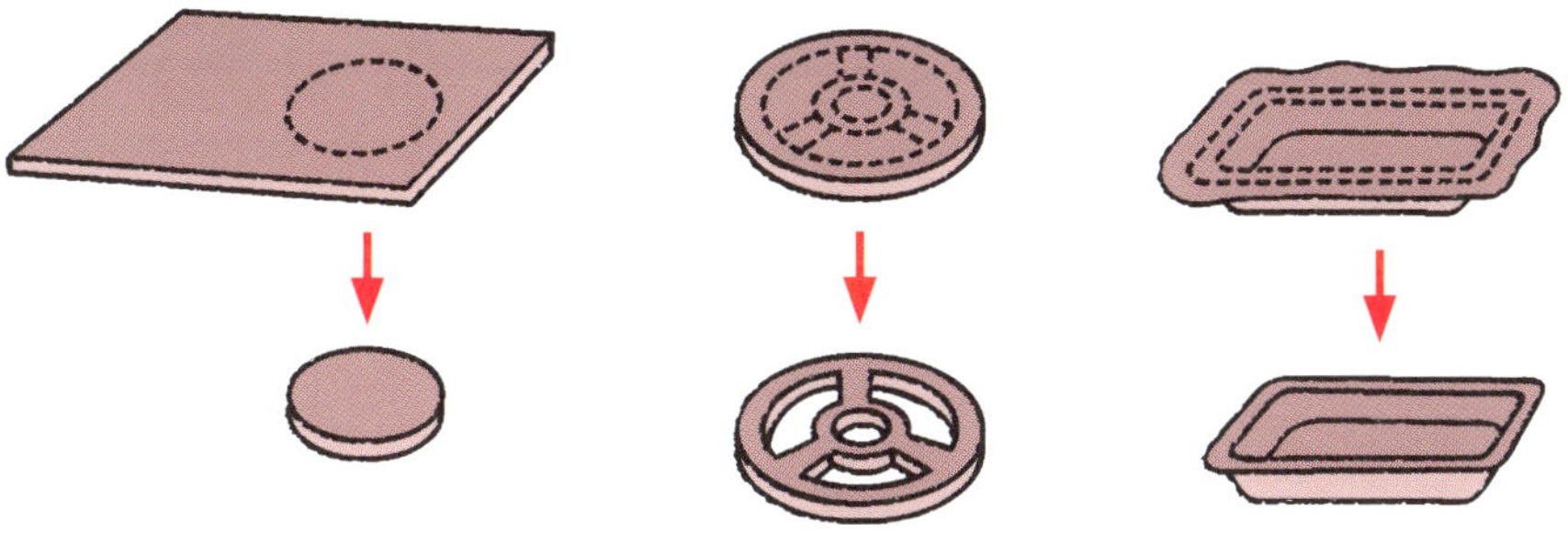

打抜き加工　　穴あけ加工　　縁取り加工

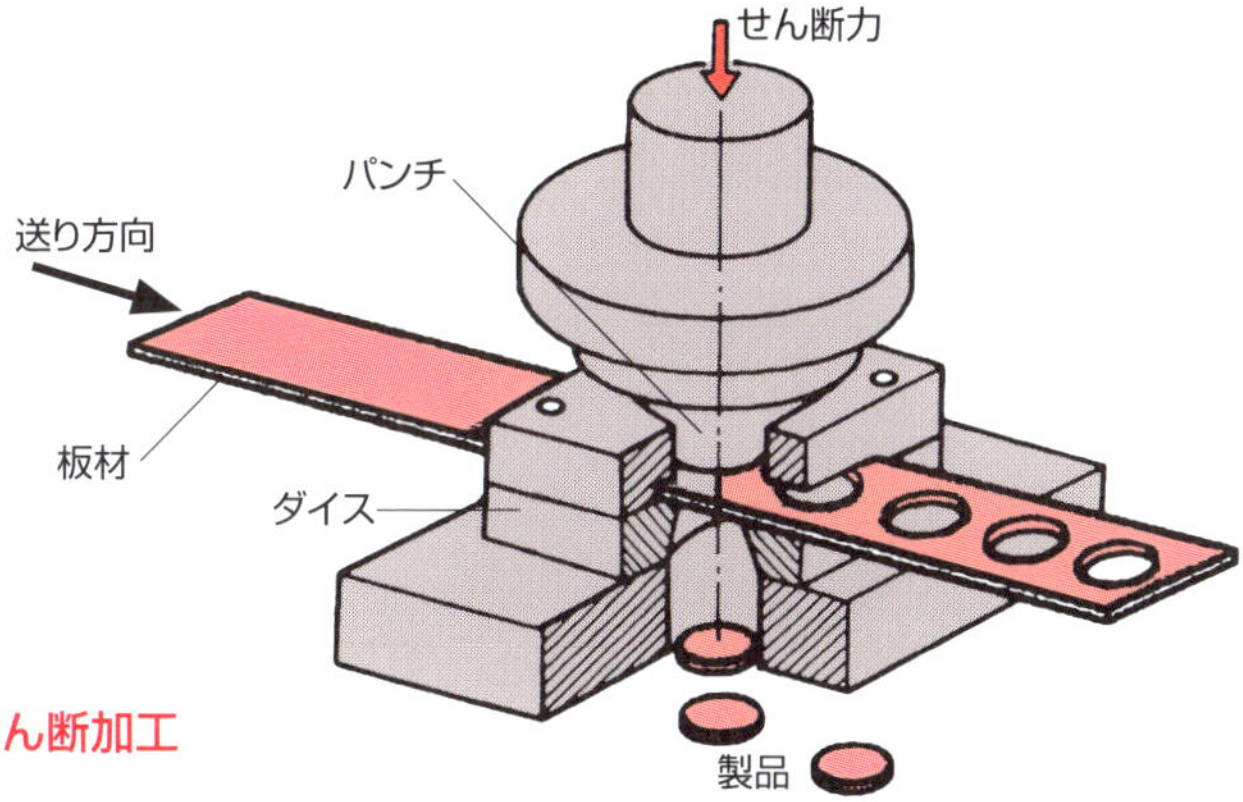

せん断加工

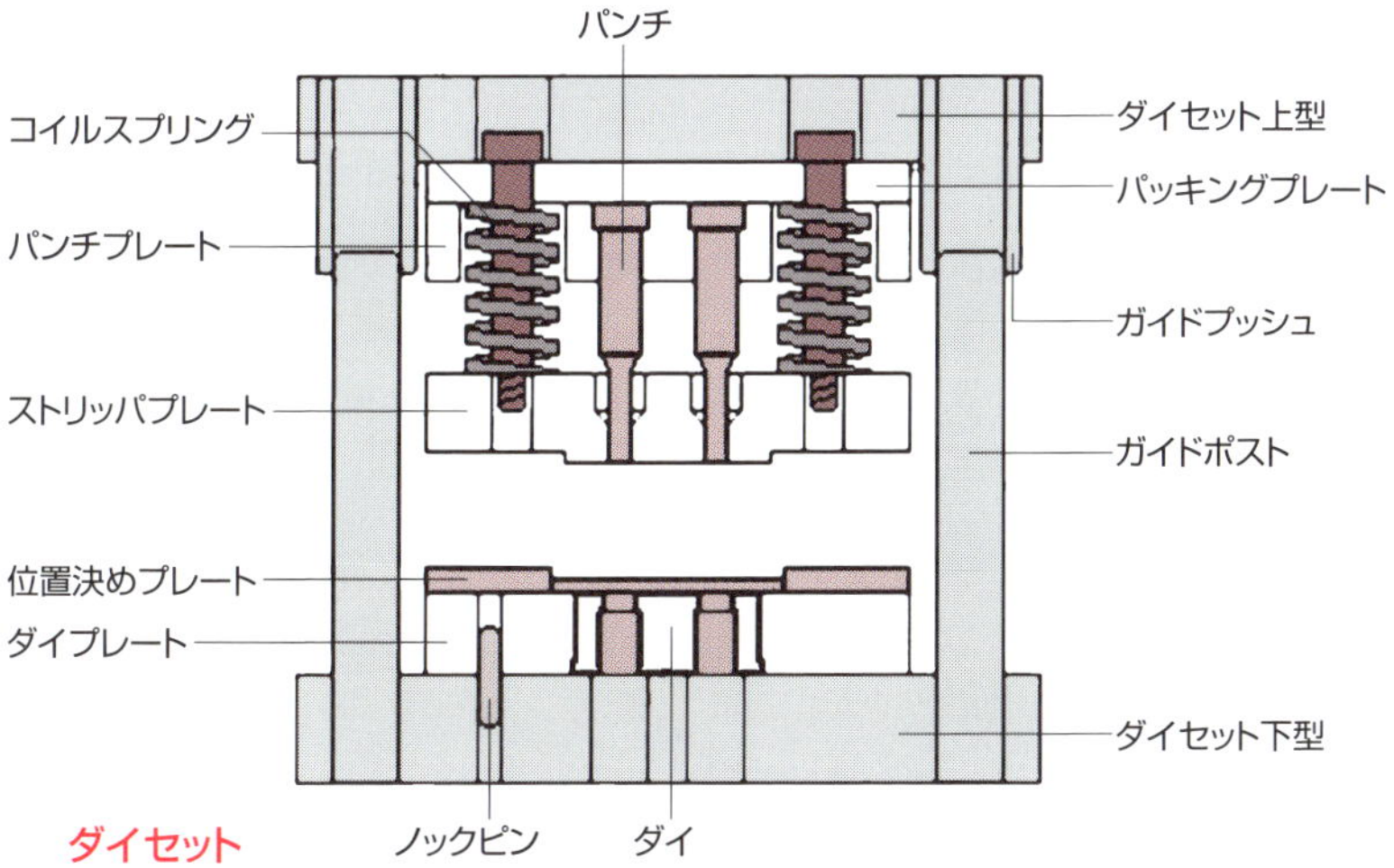

ダイセット

32 プレス機械を用いた曲げ加工

簡便な方法なので、多くの分野で用いられる

プレス機械を用いた「曲げ加工」は簡便な方法なので、多くの分野で用いられています。この基本的な方法には、型曲げ（突き曲げ、V曲げ）、折り曲げ（押さえ曲げ、L曲げ）および逆押さえ曲げ（U曲げ）があります。

プレス機で板材をV字形に曲げるには、それを支えるダイと、その板材に力を加えるパンチが必要で、そしてパンチとダイをあらかじめ加工したい形状につくっておき、それらの間に板材を置いて、パンチで押しつけて、パンチ・ダイの形状を転写します。

このようにパンチとダイを用いて、材料押さえがない状態で行う曲げ加工が「型曲げ」で、突き曲げやV曲げとも呼ばれています。

また「折り曲げ」は、板材の曲げる箇所をダイの端面に合わせ、またダイ上の板材を材料押さえでしっかりと固定し、そしてその突き出し部をパンチで押しながら曲げる方法で、材料押さえを必要とするので押さえ曲げ、またはその加工断面がL字状なので「L曲げ」と呼ばれます。

「逆押さえ曲げ」は、ダイの中に逆押さえを組み込み、パンチと逆押さえによる加圧力で板材をU字状に曲げる方法です。この方法は、加工断面がU字状なので「U曲げ」ともいわれ、板材の両端がダイに引き込まれる状態で成形されるので、材料押さえを必要としません。

これらの曲げ加工では、加工の後、工具が材料から離れる時に、弾性回復が生じ、その材料が跳ね返ることがあり、その現象は「スプリングバック」と呼ばれています。曲げ加工においてはこのスプリングバックが問題となり、それをなくすいろいろな方法が考案されています。

またこれら基本となるV曲げ、L曲げおよびU曲げなどの加工法が工夫され、組み合わされて、いろいろな形状の曲げ製品がつくられています。

要点BOX

- 型曲げ（突き曲げ、V曲げ）
- 折り曲げ（押さえ曲げ、L曲げ）
- 逆押さえ曲げ（U曲げ）

いろいろな曲げ加工

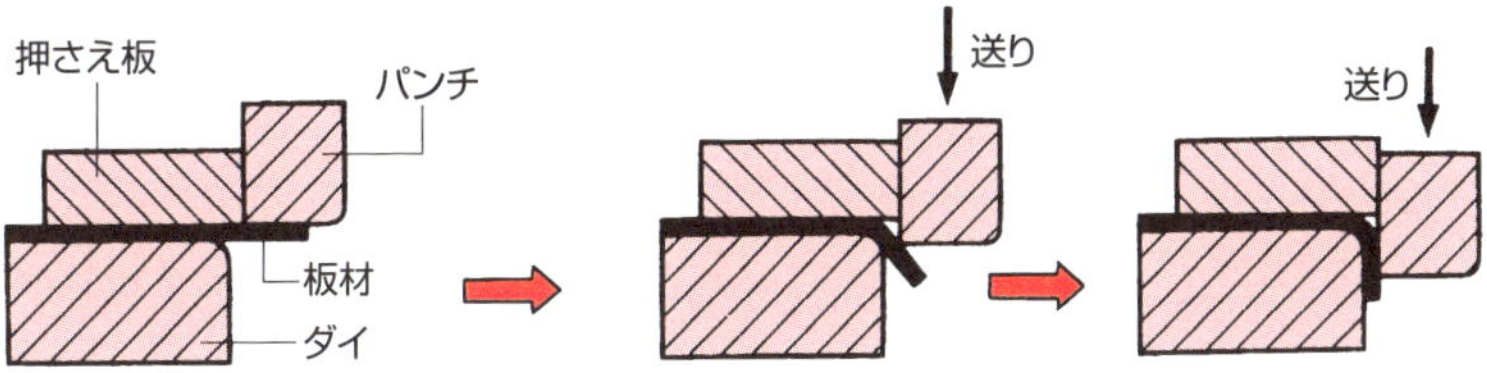

(a)折り曲げ

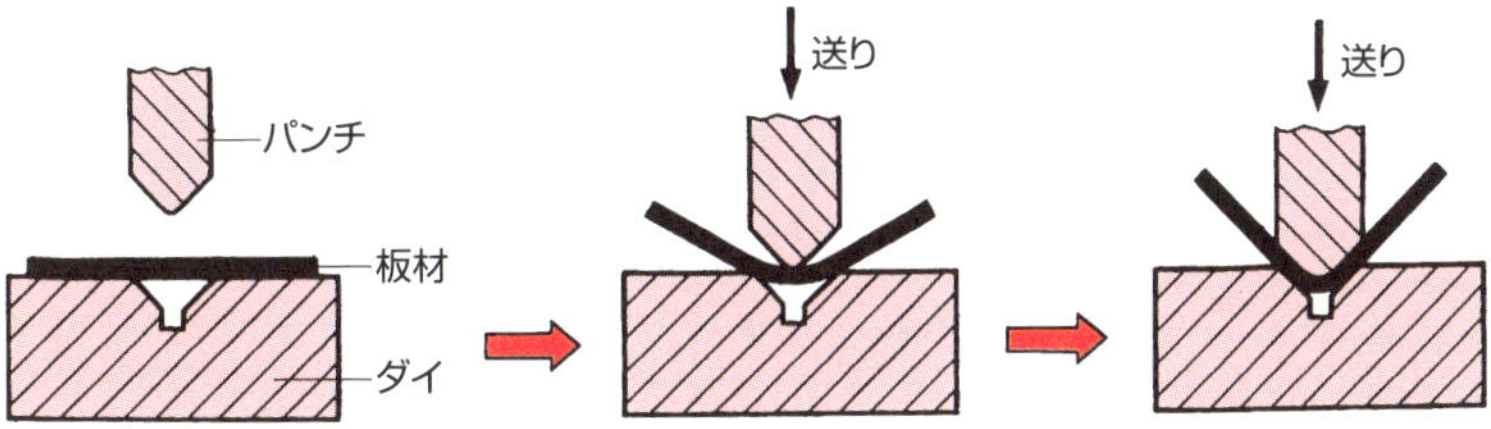

(b)型曲げ

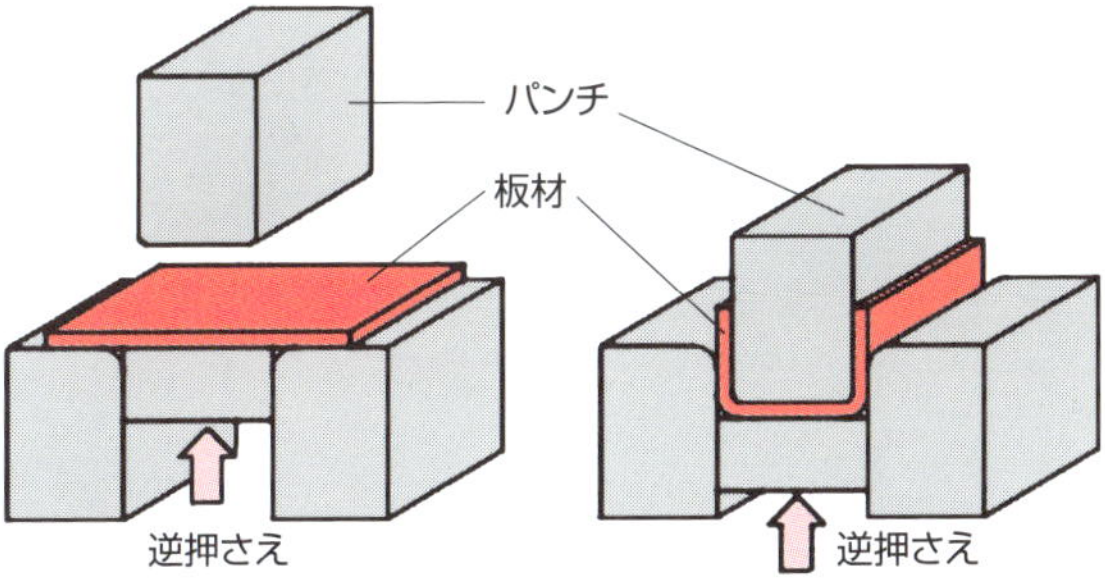

U字曲げ

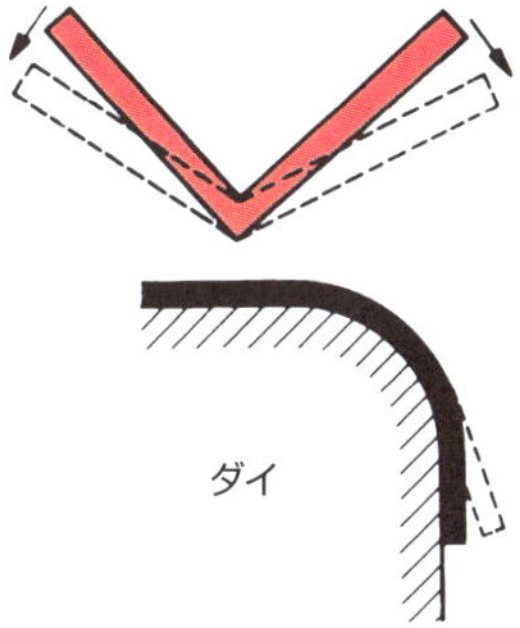

スプリングバック

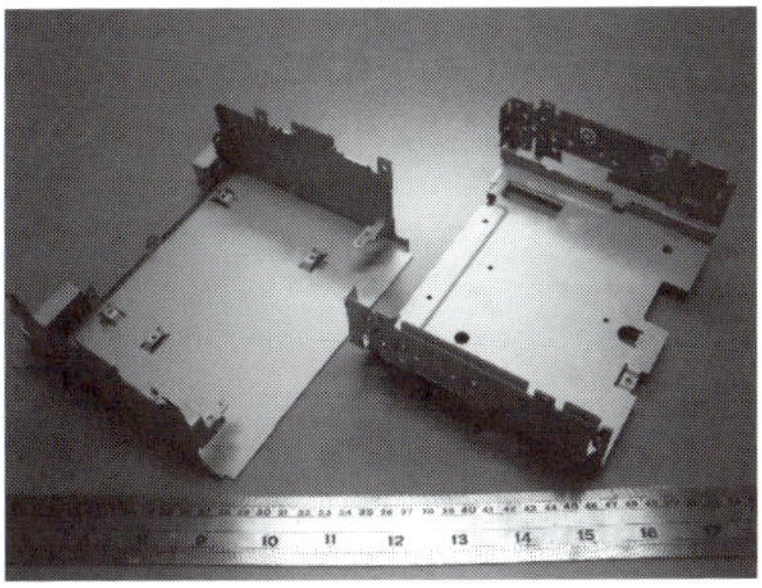

カーオーディオカバー
（時吉工業）

33 日用品をつくる絞り加工、エンボス加工

絞り加工された日用品や工業製品は多い

私たちの身の回りには絞り加工された日用品や工業製品が多くあります。この「絞り加工」は、板状の素材（ブランク）をパンチとダイを用いて、底付き容器状の製品をつくる方法です。

日用品のなべやボールなどは、丸い形状をしているので円筒絞り加工、また台所のステンレスの流し台は四角形をしているので角筒絞り加工、そして円筒や角筒ではないその他の形状のものは異形絞り加工と呼ばれています。

金型を用いてアルミ缶などを絞り加工する場合には、パンチとダイのほかにしわ押さえ（ブランクホルダ）が必要で、アルミ板からせん断加工された円形のブランクをダイスの上に置き、ダイスの平面部としわ押さえではさみます。

そしてパンチを下降して、ブランクを加圧しながら、ダイの中に押し込んでいくと、その外側のフランジ部も滑りながら引き込まれ、底のある円筒状の容器ができあがります。

アルミ缶のように非常に深い容器の場合は、一度の絞り加工では深さが不十分なので、再度の絞り加工が必要になります。これが再絞り加工です。

再絞り加工後のアルミ缶は、壁面の厚さが不均一なので、内径を多少、小さくしたダイスを用いて、その壁面の厚さを薄くするとともに、均一にします。これがしごき加工で、この方法で厚さが薄く、また均一な壁面をもつ深いアルミ缶がつくられます。

このように円筒の直径よりも、深さが大きな絞り加工を「深絞り」と呼んでいます。

また自動車のナンバープレートのように、板厚をあまり変化しないで、その板材に浅いくぼみや突起を成形する加工を「エンボス加工」と言います。

このエンボス加工は壁面などを飾る金属化粧パネルなどに多く用いられています。

要点BOX

- ●鍋やボールは、丸形状なので円筒絞り加工
- ●アルミ缶のように深い容器は再絞り加工
- ●浅いくぼみや突起を成形するエンボス加工

絞り加工とエンボス加工

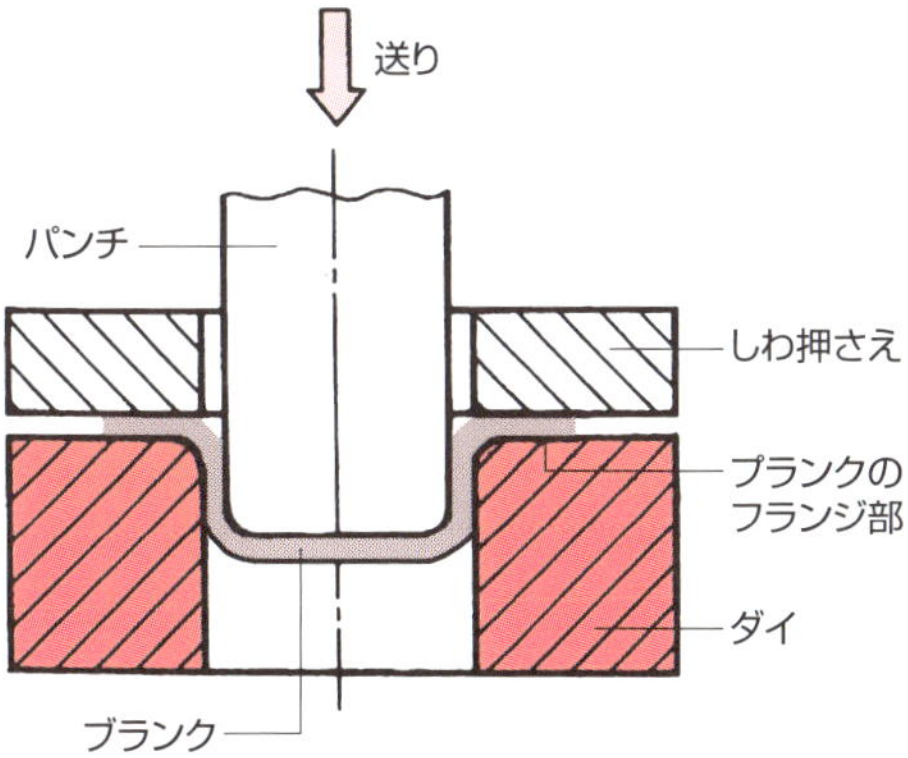

絞り

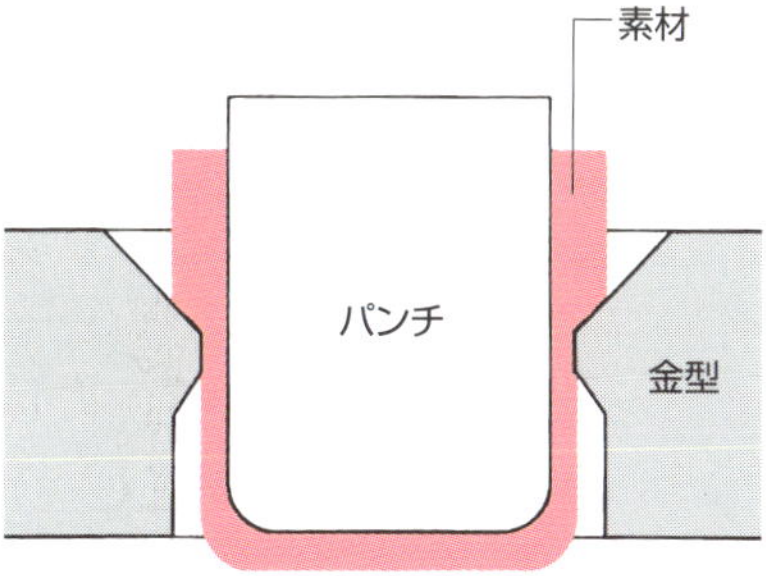

しごき

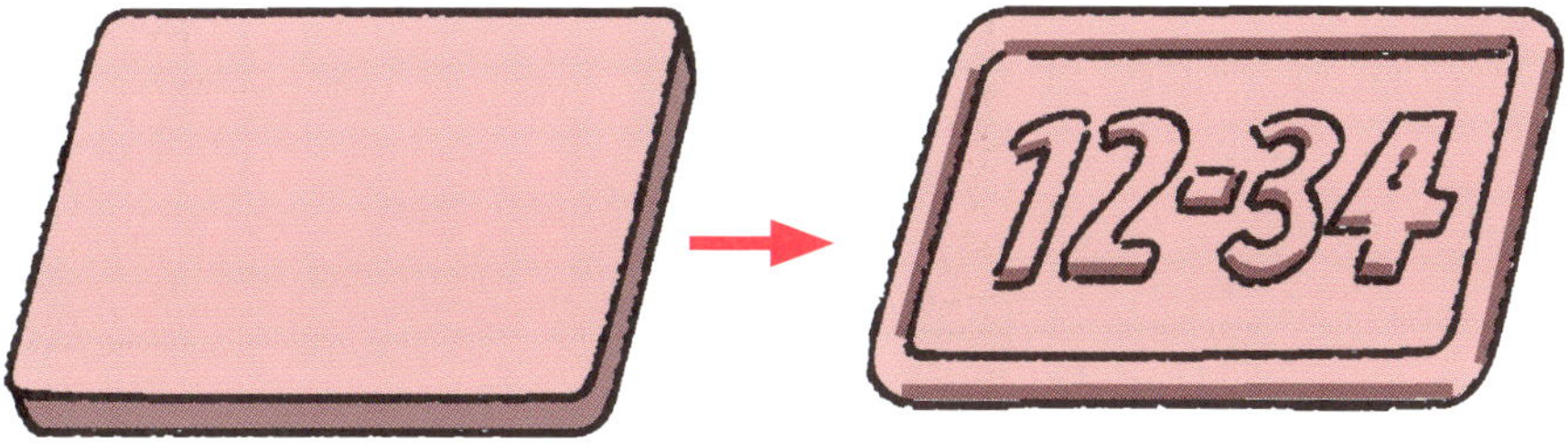

加工前(材料)

加工後(製品)

エンボス加工でつくられるナンバープレート

直径6mm

装飾パネル(稲田金網)

34 薄い板に厚みをもたせるバーリング加工

用途に応じた成形法

「バーリング加工」は、薄い板状の素材に下穴をあけ、その穴のあいた素材をダイとストッパの間にはさみ込み、そしてパンチをその穴の中に押し込むようにして、穴の縁を円筒状に立てる加工法です。

素材の板厚が不足していてねじ立てができない場合に、バーリング加工で下穴の縁を立て、フランジをつくることにより、タップでねじ立てができるようになります。また素材にピンを圧入したり、管をはめ込んだりする場合などにもバーリング加工が用いられています。さらに「フランジ成形加工」は、板材の縁を立てることで、直線フランジ成形、縮みフランジ成形および伸びフランジ成形加工に区分けされ、直線フランジ成形加工は、曲げ加工と同じで、直線に縁を立てることです。

「縮みフランジ成形加工」は、平板ブランクから曲線状の曲げ縁に沿ってフランジを成形する際に、曲げ縁方向に圧縮を受けて縮むような形状に加工する方法です。

また伸び「フランジ成形加工」は、反対に引っぱりを受けて伸びた形状にフランジを成形する加工法です。

これらのフランジ成形加工は、成形品の強度を高めることを目的として多く用いられています。しかしながら直線的な曲げ加工と比較して、この方法は加工が難しいという問題があります。

そして「バルジ成形加工」は、膨らまし加工ともいわれ、絞り加工などでつくられたパイプ状の材料を型にセットし、そして、その内部に液体を注入することにより膨らまし、型と同じ形状に成形する中空成形法です。このバルジ成形法は、昔の自転車に使用されていた鋼管素材のラグ（継手）の製作に用いられていた方法で、現在はハイドロフォーミングとして、自動車部品などの製造にも適用されています。このハイドロフォーミングは各種合金のパイプを素材とした塑性加工法で、複雑形状の成形が可能という特長があります。

要点BOX

- ●管をはめ込んだりする場合はバーリング加工
- ●板材の縁を立てるフランジ成形加工
- ●膨らまし加工といわれるバルジ成形加工

バーリング成形

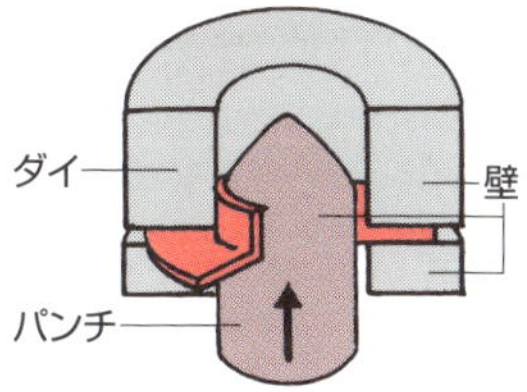

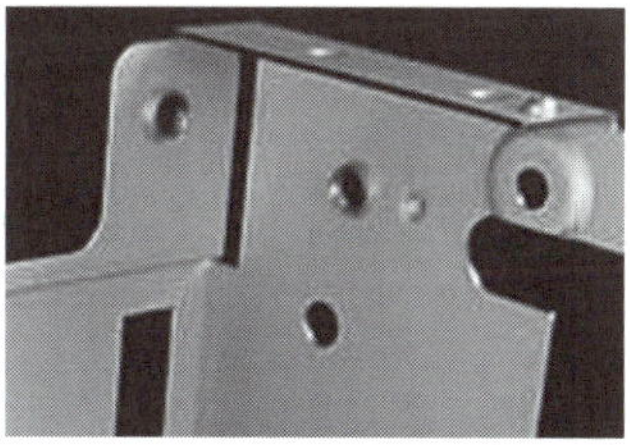
（ウシオ）

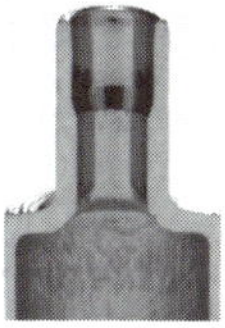
バーリング

バーリング
（旭精機工業）

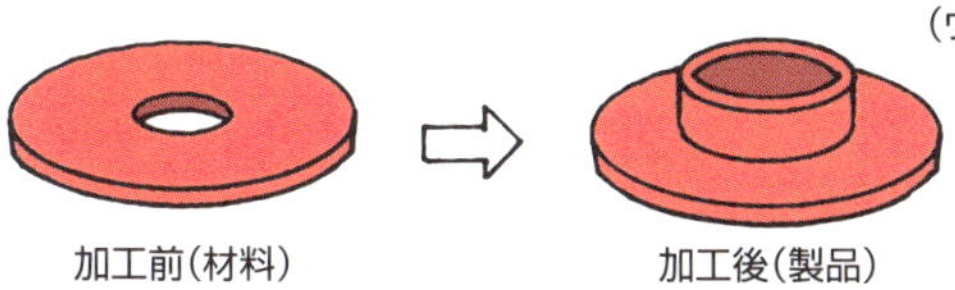

フランジ成形

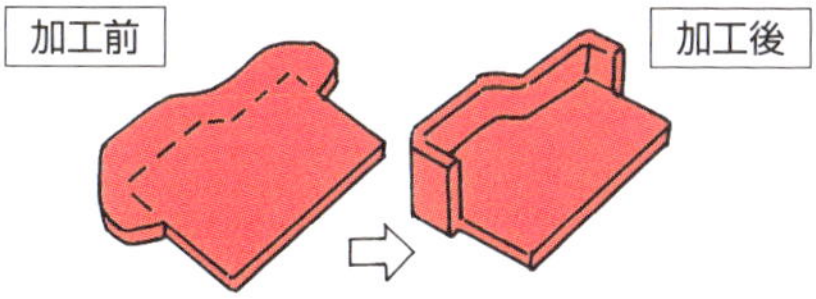

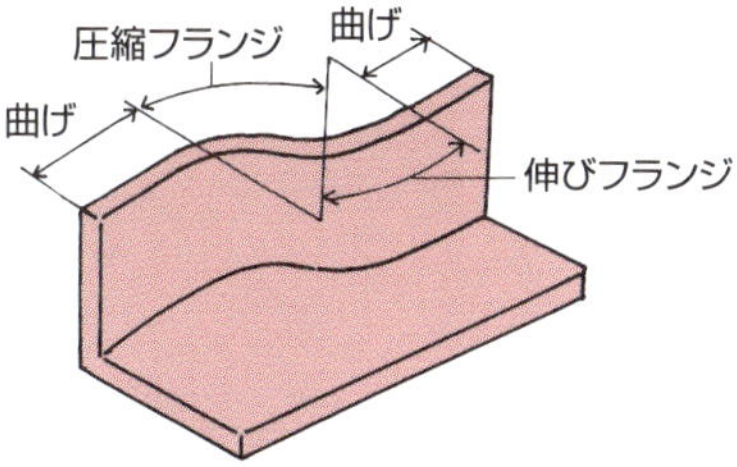

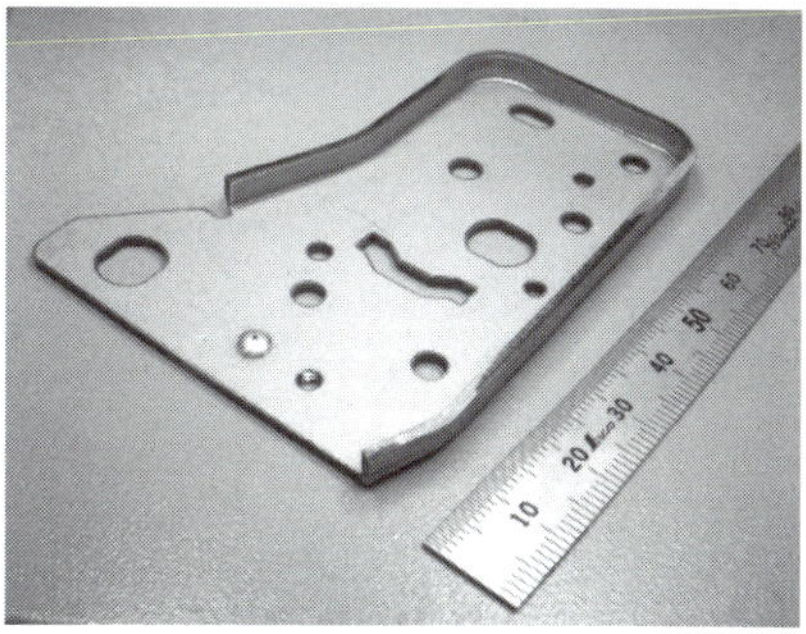
プリンタ部品（時吉工業）

バルジ成形

バルジ成形（日工産業）

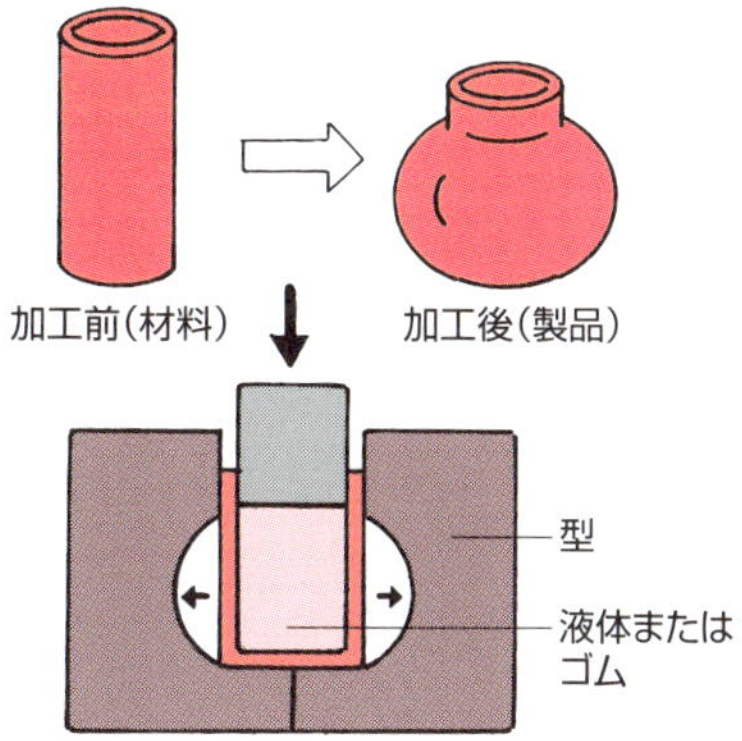

35 接合加工とつぶし加工

1970年ごろまでの缶詰に応用

プレス加工を利用して部品をつぶして継ぎ合わせる方法を「接合加工」、また素材をつぶして、所要の製品をつくる圧縮加工を「つぶし加工」と呼んでいます。

日本では1970年頃まで、缶詰用の缶では、その胴体のサイドシーム部の接合方法として、ロックシーム接合と呼ばれた「はぜ組み」が用いられていました。

この方法は缶胴材の両側端部を折り返し曲げたロックシームを、はんだ付けするものです。

「シーミング」と呼ばれる曲げ接合加工は、1枚の板の両縁を折りたたみ曲げによって接合し、円筒形状をつくる場合や、2枚の板のそれぞれの縁を折り曲げてつなぐはぜ折りで、「からみ合い接合法」です。

また「フランジ接合加工」は、フランジ成形加工を用いて2枚の薄板などを接合する方法で、そしてかしめ接合加工は材料の一部をつぶして2つ以上の部品を接合する方法で「コーキング」と呼ばれる場合もあります。

飲料缶のふたの部分とリップルとの組立はかしめ接合で行われています。この方法はふたの板材の一部分に突起をつくり、そこに引き金（タブ）の穴を差し込み、つぶして接合するものです。

またつぶし加工（圧縮加工）にはヘッダー加工、コイニング加工および刻印加工があります。冷間圧造加工（ヘッダー加工）は棒材を型の中に挿入し、そしてパンチで上から圧縮して、元の棒材の直径よりも太い部分をつくる方法です。この方法はねじや釘などの製造に多く用いられています。

圧印加工（コイニング）は金属板材を上下1対の模様の彫られた密閉型に挿入し、強圧することにより、型の模様を素材に転写する方法です。コインやメダルなどはこの方法でつくられています。

そして刻印加工（マーキング）文字や模様などが彫られた型を素材の表面に押しつけて、それらの文字や模様などを転写する方法です。

要点BOX

- ●部品をつぶして継ぎ合わせる接合加工
- ●素材をつぶし、所要の製品をつくるつぶし加工
- ●コインやメダルをつくる圧印加工

接合加工とつぶし加工

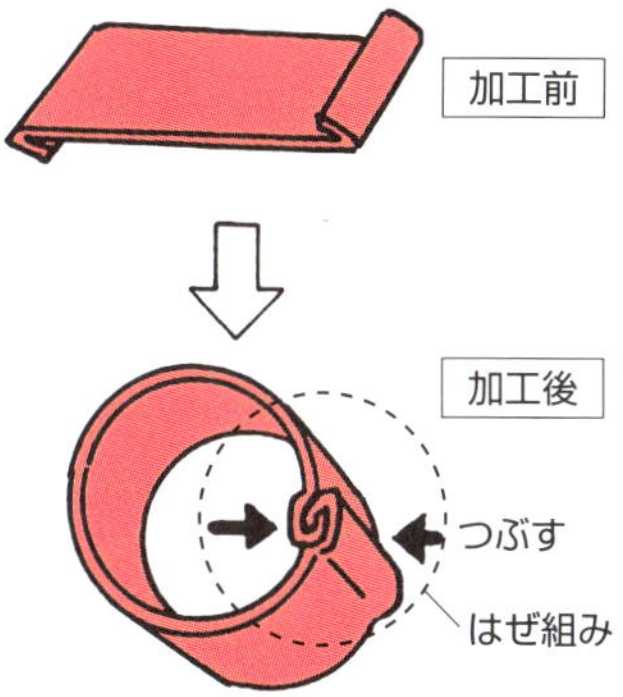

ロックシーム接合

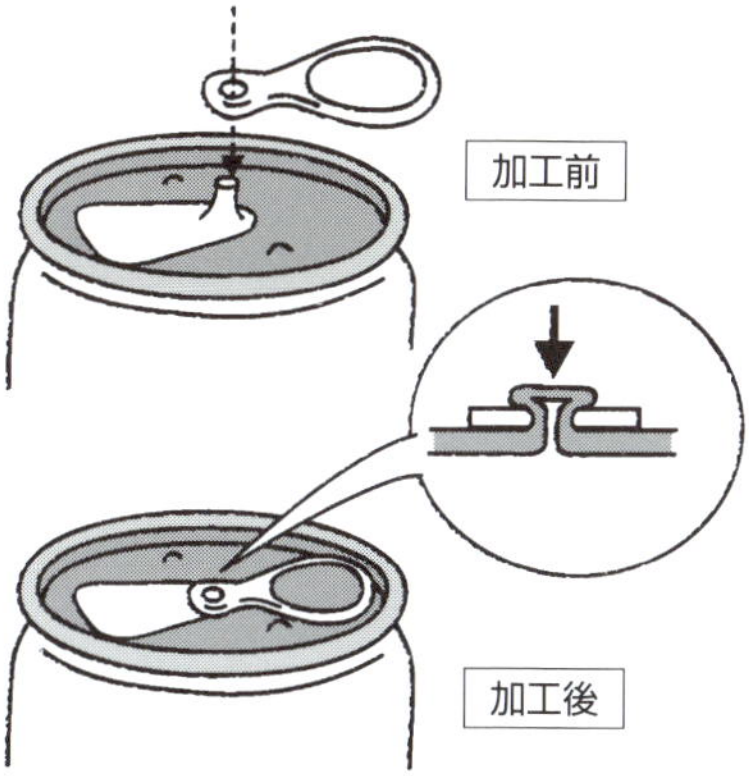

かしめ接合

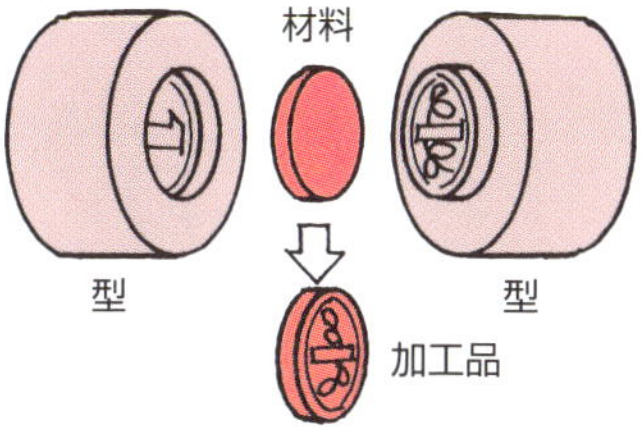

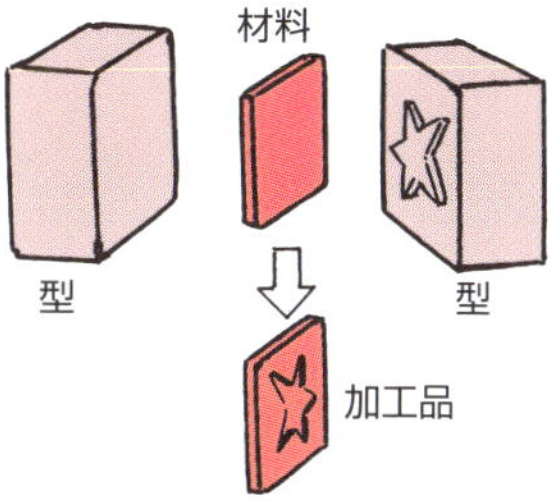

コイニング加工製品（旭精機工業）

刻印加工製品（旭精機工業）

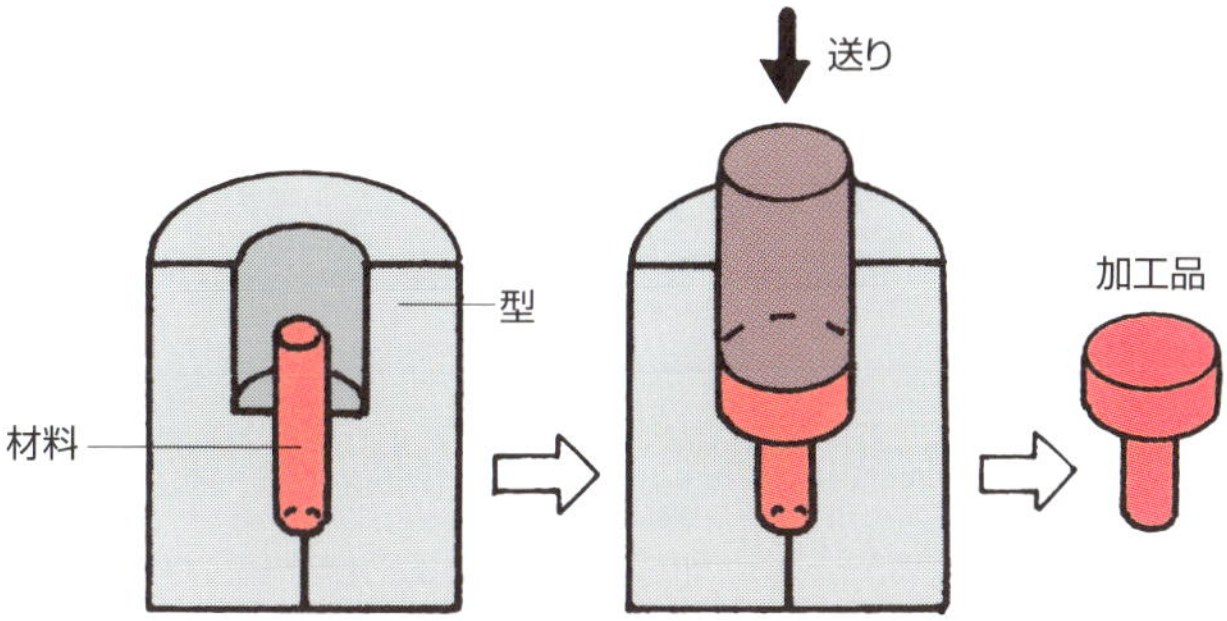

ヘッダー加工

36 小さな製品づくりに適する粉末成形

超硬工具のような切削工具に応用

「粉末成形」、または「粉末冶金」は、金属などの粉末を金型の中に充填し、プレスで圧縮成形した後、その圧粉体を焼結し、比較的、小さな製品をつくる方法です。

金属を微粉末にすると、その表面積が大きくなるので、低い温度で焼結することができます。そのため粉末成形は、タングステンなどのように融点の温度が高く、鋳造するのが困難な金属の成形加工に多く用いられています。

たとえば工作機械の旋盤やフライス盤などには、切削工具としてバイトや正面フライスなどが用いられていますが、それらの刃先部分には炭化タングステンなどをコバルトで結合した交換式の超硬チップが多く使用されており、このチップは粉末成形されています。

これらのインサートチップは自動車や工作機械産業などの自動化に大きな役割を果たしています。

この粉末成形では、まず最初に原料となる金属微粉末をつくり、それを結合剤となる金属と混錬します。そして混錬した原料を噴霧乾燥（ドライスプレイ）し、丸い形状の粉末とします。原料を丸い形状の粉末にするのは、流動性をよくし、金型の中に均一に充填しやすくするためです。

原料粉末を金型に充填した後、上下方向からパンチで圧力をかけ、圧縮成形します。圧縮成形されたものは「グリーンコンパクト」と呼ばれており、比較的強度の低い成形体です。このグリーンコンパクトを適切な温度で焼結すれば、製品ができあがります。

この粉末成形には、常温で一軸方向に圧力をかける方法、高温で加熱しながら加圧する方法、全方向から加圧する静水圧プレス（ラバープレス）法などがあります。

この粉末成形は、超硬工具のような切削工具のほか、軸受けや比較的、小さな複雑形状をした自動車部品などの大量生産に適用されています。

要点BOX

- 粉末を金型の中に充填し、圧縮成形後、圧粉体を焼結
- 鋳造が困難な金属の成形加工に最適

粉末形成プロセス

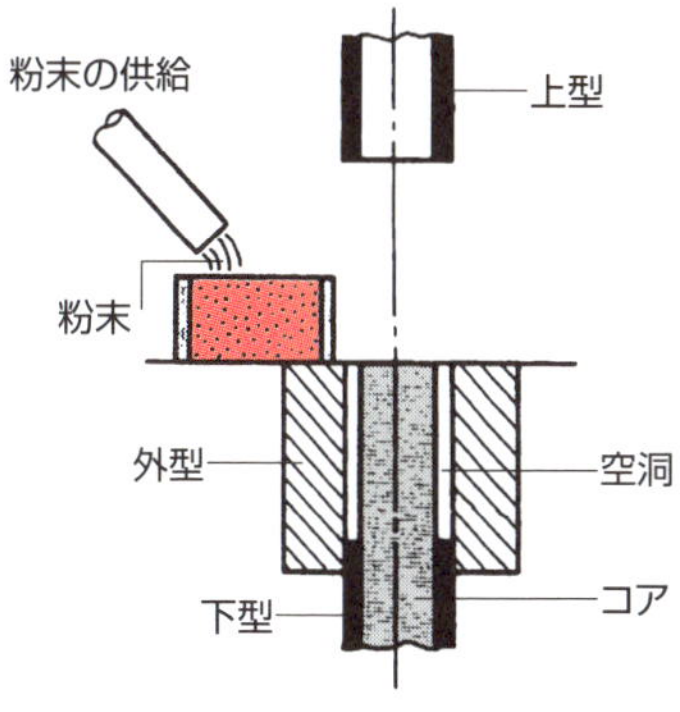

①型の中に空洞をつくる

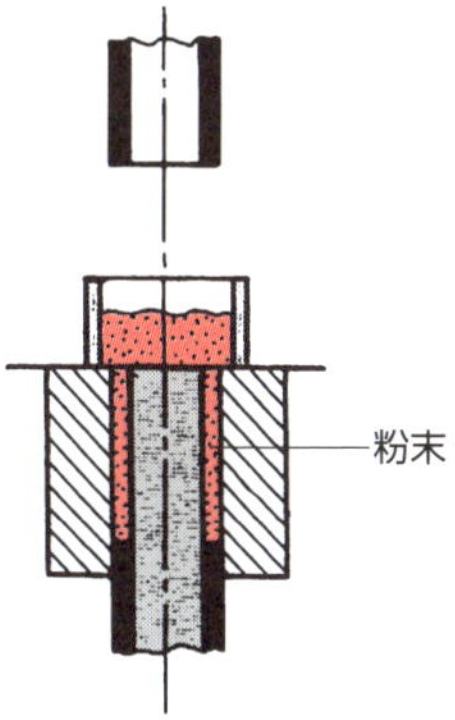

②粉末を入れる

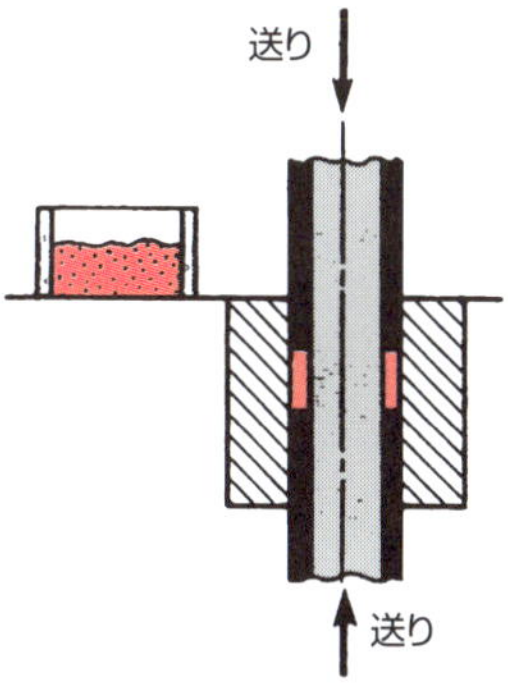

③上型と下型を押しつけて
粉末を圧縮成形する

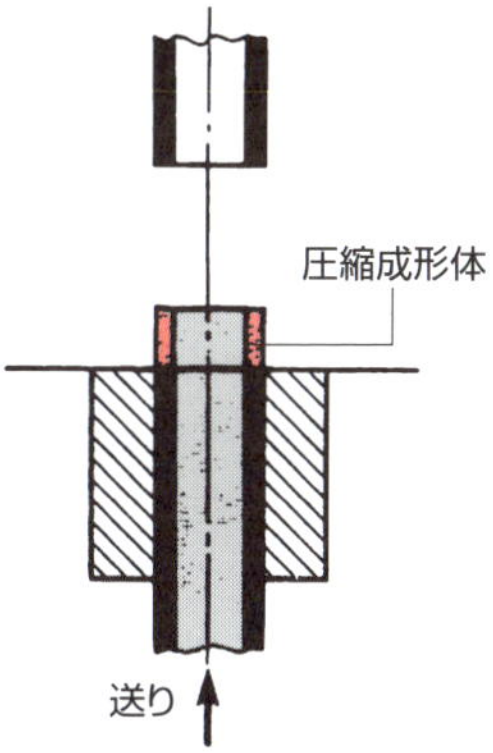

④圧縮成形体を押し出す

4輪車エンジン部品（日立化成）

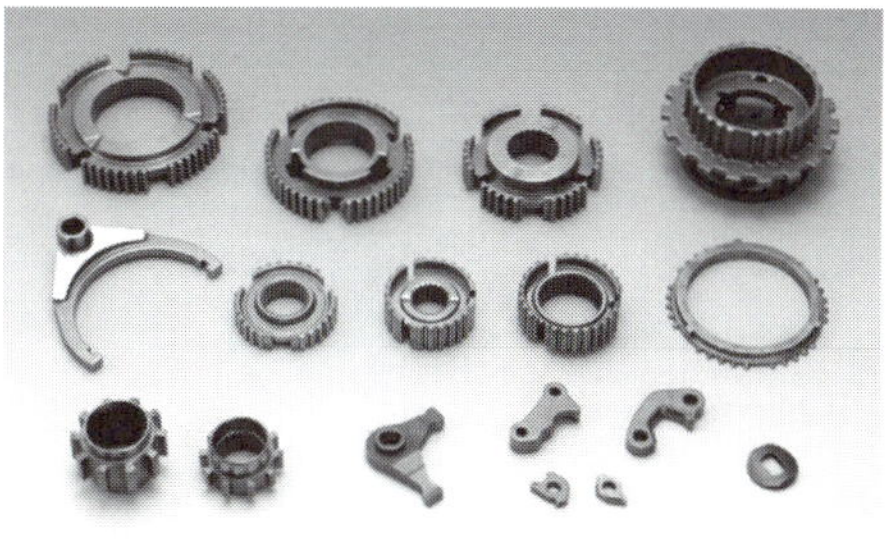

4輪車ミッション部品（日立化成）

Column

職人さんの技能は本当に素晴らしい

最近は、スレートの屋根やプラスチックの雨どいなどが多くなりましたが、以前はブリキやトタンのものが多くありました。そのころ、屋根、外壁および雨どいなどを仕上げる職人さんは「ブリキ屋」さんと呼ばれていて、一人前の腕になるには長い年月が必要とされたそうです。そして立派な日本家屋などは、銅板で屋根や雨どいがつくられていて、光り輝くその姿は本当にきれいでした。

また当時は、自動車の修理工場に行くと、職人さんが、当てがねとハンマで、シャシの凹んだ部分を直しているのをよく見受けました。最近は、パーツの交換で、修理することが多いようですが、凹んだ箇所を手作業で直し、パテを塗って、そして塗装で仕上げる職人さんの技能は本当に素晴らしいものです。

このような熟練技能が、現在も必要とされています。新幹線の先端部分がこのような手板金でつくられています。あの流線形をした滑らかな曲線が手板金で打ち出されているとは驚きです。またテレビでもよく放映されますが、一枚のアルミの板などから、洗面器のような形状の製品をあっという間に、職人さんが手作業でつくるヘラ絞り、あるいはスピニング加工の熟練技能も素晴らしいものです。このヘラ絞りが、パラボナアンテナやロケットの先端部の加工に用いられていることはあまり知られていないようです。

日本の製造業がこれから試作開発型に順次、移行する場合には、このような手板金などの熟練技能がますます必要で、その後継者の育成が課題になると思われます。

第5章

いろいろな分野で活躍する溶接技術

37 日用品から造船まで産業を支える溶接技術

金属と金属を溶かして接合する加工法

「溶接」は金属と金属を溶かして接合する加工法で、私たちの身の回りで多くの溶接された製品を見ることができます。

私が使っているスチール製の机やいすの接合部、また自転車やオートバイの接合部にも溶接が用いられています。このように私たちの使っている日用品には多く溶接された製品があるので、一度、調べてみるのもよいでしょう。

近頃は、庭のエクステリアをつくって、趣味で溶接を楽しんでいる方も見受けるようになっています。またホームセンターに行くと、溶接機が販売されているので、溶接はみなさんにもなじみの深い加工法だと思います。

最近は、地震などが問題となっていますが、橋梁、高速道路および地下の構造物には多く溶接が用いられており、その良し悪しが私たちの生活の安全に直結しています。このように溶接は私たちの見えない場所でも大活躍をしているのです。

身近な例では、道路工事などで活躍する建設機械がありますが、そのような大きな部品加工には溶接が多く用いられています。また自動車工場に行くと、ロボットが溶接を自動的に行っているを見かけることでしょう。そして造船工場などでも、溶接が活躍していますね。

また私たちが使っているノートパソコンや携帯電話など、見えない場所でも溶接は活躍しています。半導体製造装置の製作に欠かせない真空技術を支えているのは、ステンレスなどの溶接技術です。

またこれから成長が期待されるバイオ産業にも、このような真空技術が必要とされ、溶接技術の重要性がますます高まっています。

このように溶接は、自動車、電車、建設機械、橋梁、造船および航空宇宙産業などでは欠くことができない重要な加工技術で、日本の産業を支えているのです。

要点BOX

- ●身の回りにある多くの溶接された製品
- ●溶接はなじみの深い加工法
- ●溶接技術の重要性がますます高まっている

いろいろな分野で溶接は活躍している

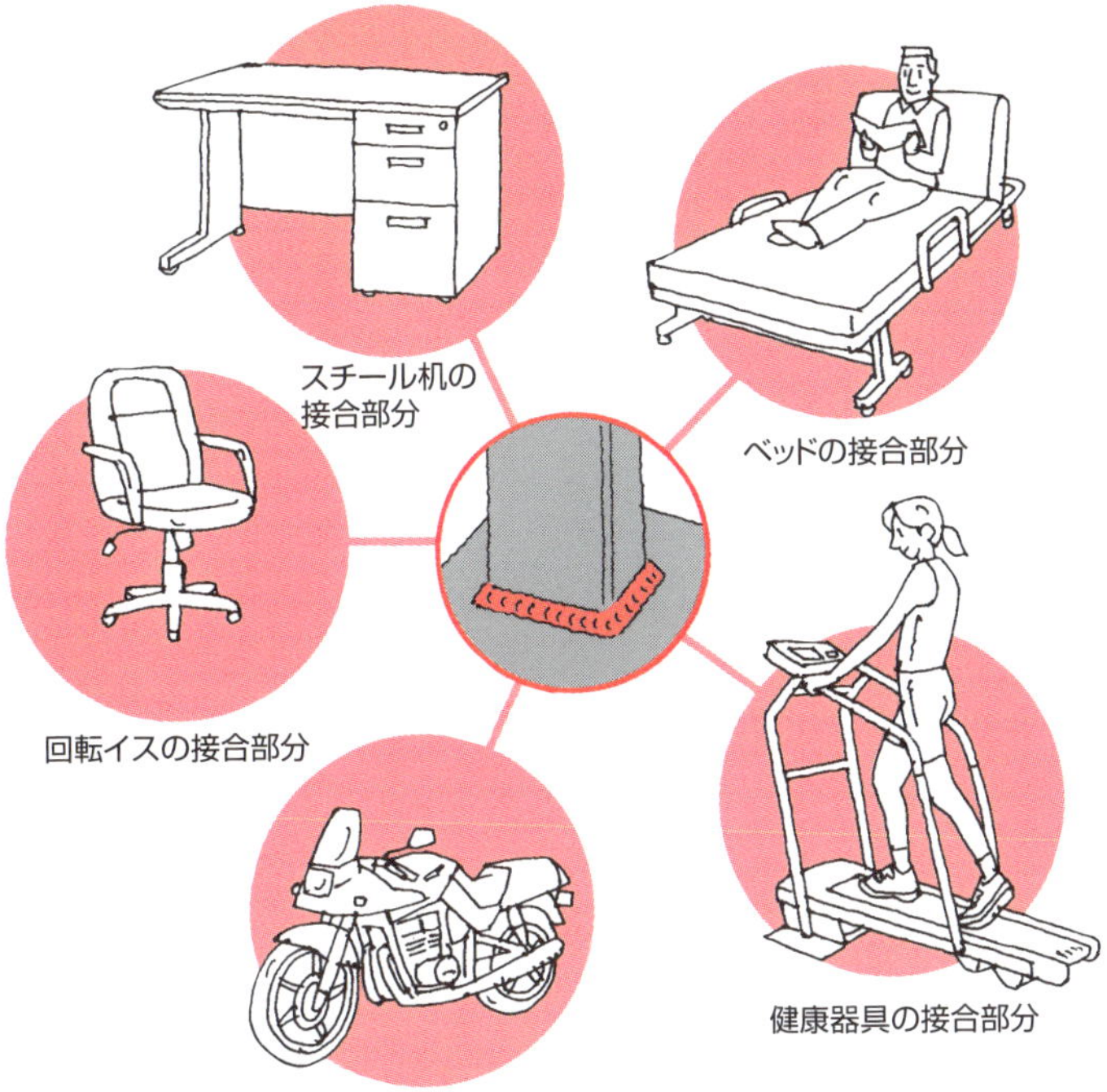

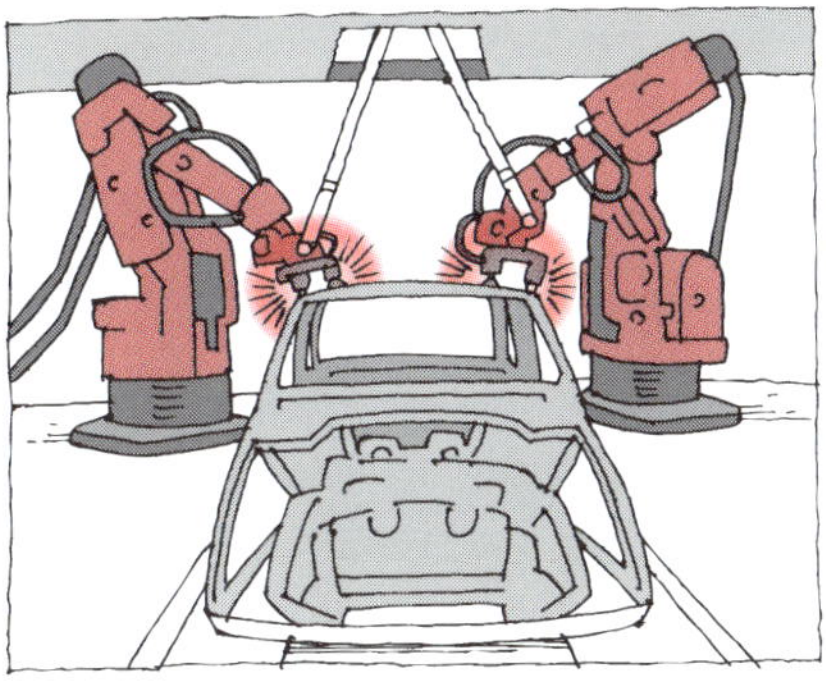

ロボットによる溶接

造船では「溶接」は
欠かせない

38 混合ガスを燃焼させるガス溶接

混合気体を燃焼し金属を溶かす

「ガス溶接」は、アセチレンなどの燃料ガスと酸素の混合気体を燃焼させ、その熱エネルギーで金属を溶かして、素材を接合する方法です。一般にガス溶接と呼ばれるのは、酸素とアセチレンの混合ガスを燃焼する方法で、酸素アセチレン溶接のことです。

ガス溶接装置は、アセチレンと酸素のボンベ、調整器、ホースおよび溶接トーチで構成されており、酸素ボンベは黒色、酸素用のホースは青色、またアセチレンボンベは褐色、そしてアセチレン用のホースは赤色が標準とされています。

またアセチレンは爆発しやすく、危険なので、特有の臭いがつけられています。

これらのボンベの中には酸素やアセチレンが高い圧力で保存されているので、その圧力を調整器で低圧に調整し、溶接トーチで混合します。

通常、アセチレンの圧力は酸素の圧力の約10分の1を目安とし、酸素圧が0・25MPaならば、アセチレン圧は0・02MPaとなります。

「溶接トーチ」の先端には、火口を取り付けますが、溶接する素材と板圧に応じて適切なものを選び、しっかりと締め付けます。また溶接トーチにはアセチレンガスと酸素の流量を制御するバルブが付いているので、それぞれ溶接作業に適した流量に調整します。

この場合、酸素バルブをわずかに開いた状態で、溶接トーチのアセチレンバルブを半回転程度開いて、そして点火用ライタで点火します。

点火直後のガス炎はススの混じった炭化炎となるので、酸素バルブを少しずつ開いて、中心の炎が輝白色で、外炎が透明な青色となる標準炎になるように流量を調整します。

この時の外炎中心部の温度は約3000℃で、この部分を用いて溶接作業をします。この酸素アセチレン溶接は、通常、鉄鋼、ステンレス鋼およびチタンなどの非鉄金属の薄板溶接に多く用いられています。

要点BOX

- アセチレンは爆発しやすい
- 危険なので特有の臭いがつけられている
- 溶接トーチの先端には火口を取り付け

ガス溶接装置と溶接法

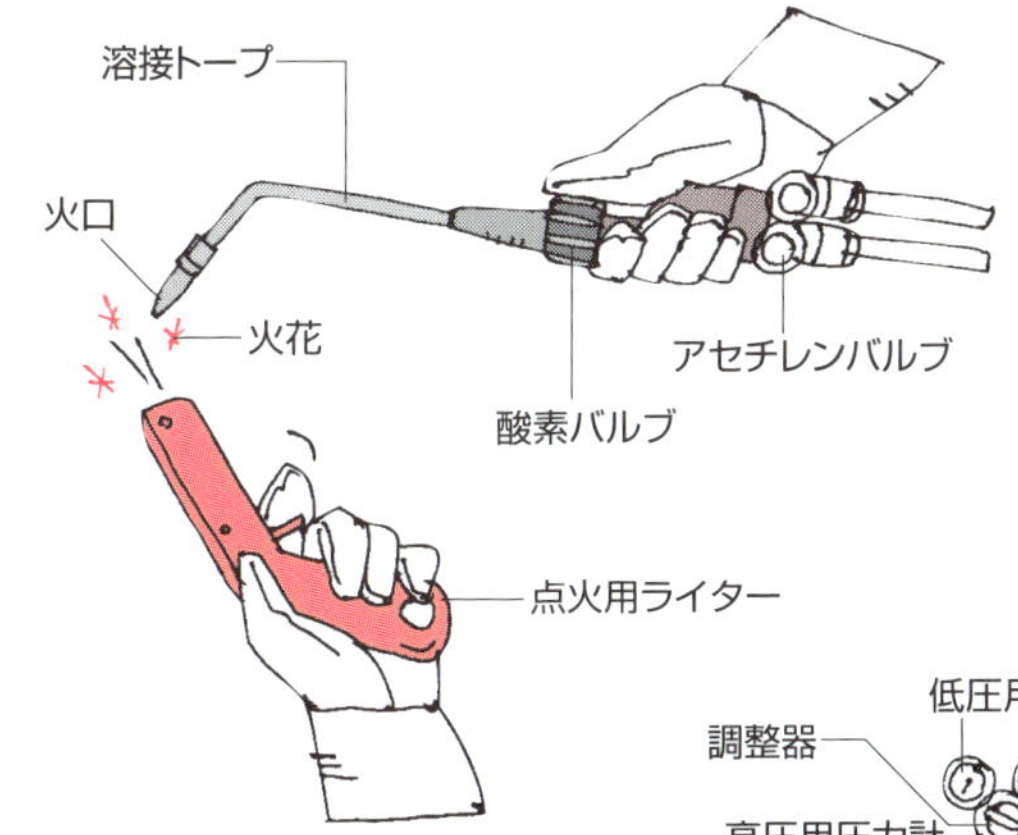

溶接トーチの点火

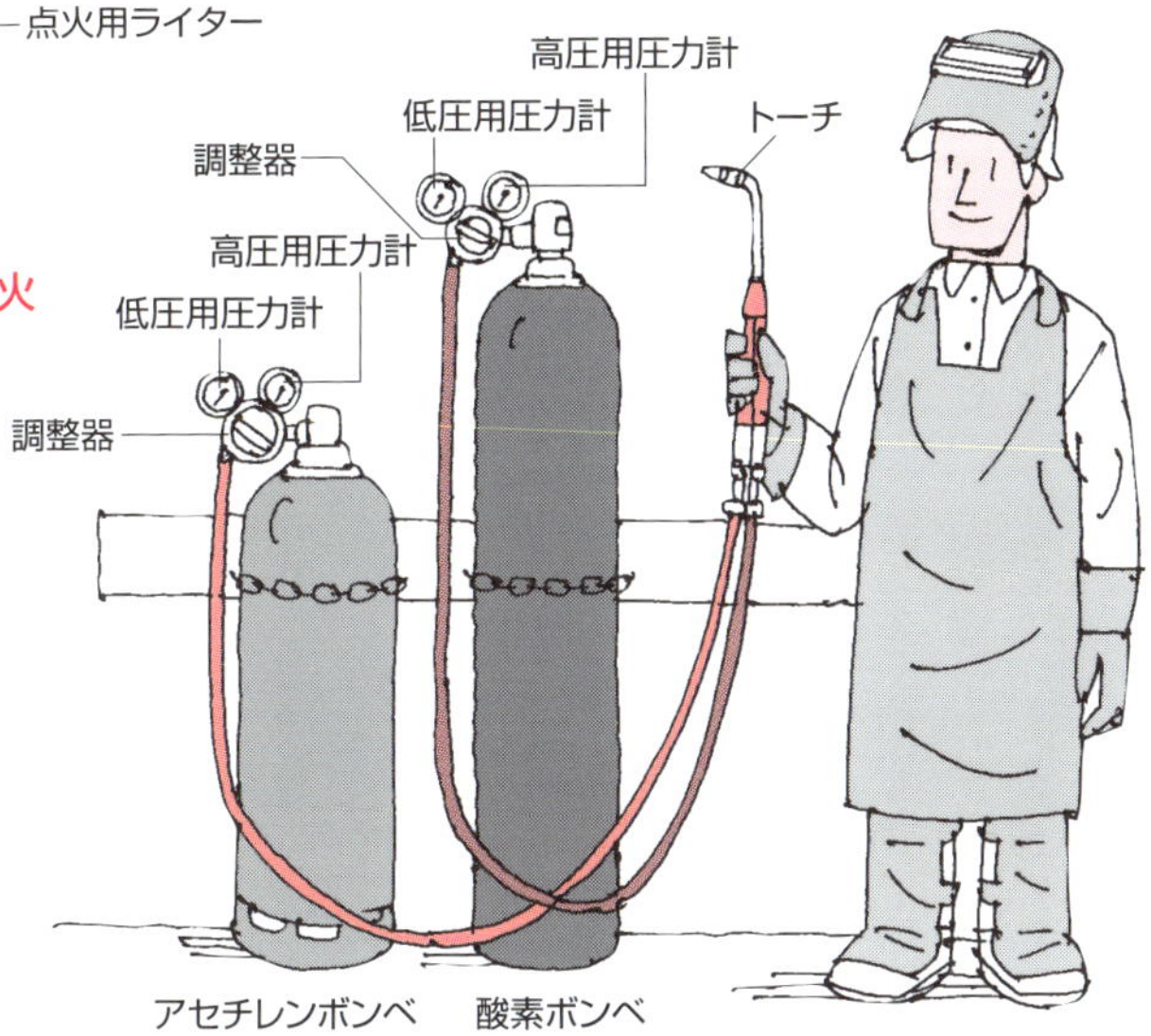

ガス溶接装置

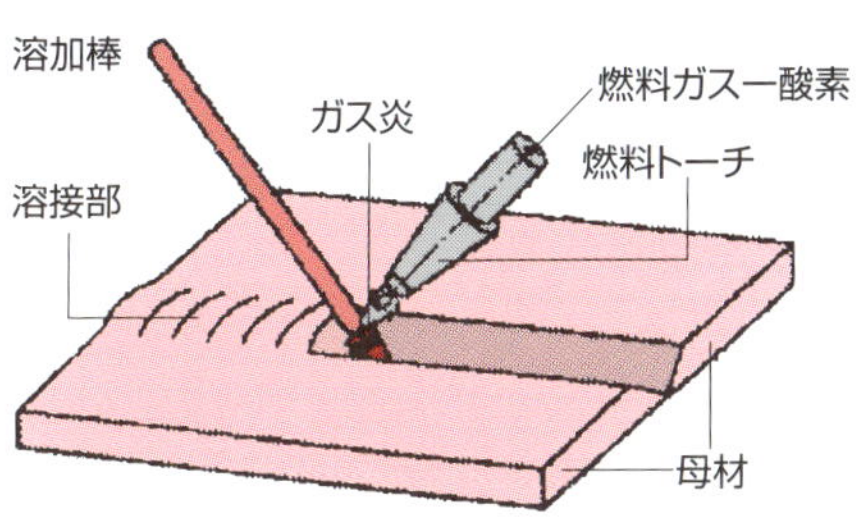

ガス溶接法

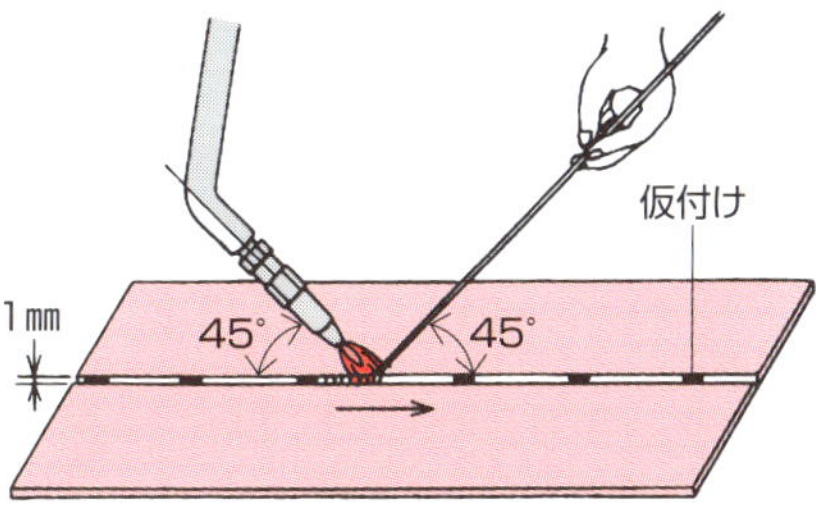

薄板の溶接

用語解説

MPa：Pa（パスカル）の100万倍

39 鋼材を簡単に切るガス切断

鋼材以外には不向き

道路を歩いていると、ビルの解体工事現場などで、鉄骨を切断している作業をよく見受けます。ここで活躍しているのが「ガス切断」です。

ガス切断は酸素切断とも呼ばれ、金属と酸素の酸化反応による熱エネルギーを利用して切断する方法です。

ガス切断に用いられている装置は、トーチ（ガスの混合比や流量を調節する器具）が異なるだけで、その他はガス溶接と同じものです。また通常用いられている燃料ガスはアセチレンで、そのトーチは、酸素とアセチレンの混合ガスを吹き出すノズルと酸素ガスだけを吹き出すノズルでできています。そしてこのトーチには、低圧用の1形と中圧用の3形があります。

このガス切断では、酸素とアセチレンの混合ガスを燃焼したした時に、中性炎と呼ばれる青白い炎となるように、それぞれのバルブを操作した後、その中性炎で鋼材の切断部を加熱します。そして鋼材の切断部分を十分に予熱し、その部分の温度が発火温度である800～900℃に達した時に、切断酸素バルブを開き、酸素ガスを多量に吹き出します。

この酸素ガスは、溶融金属に激しい酸化反応を生じさせ、その反応熱で金属を溶かしながら、その噴出力で溶融金属や酸化物を吹き飛ばす役割を果たしています。

この場合、酸素ガスを多量に吹き出すと、炎が再び炭化炎になるので、余熱酸素バルブを調整し、中性炎にします。そして溶融金属を吹き飛ばしながら、適切な速度でトーチを移動して鋼材を切断します。

このガス切断は、他の切断法と比較し、簡便で、また装置やランニングコストも安価なので、鋼材の切断に多く用いられています。特にこの方法は切断材の燃焼によりエネルギ供給が行われるので、厚い鋼材の切断に適しています。反面、他の金属には適用できないという問題があります。

要点BOX

- ガス切断は酸素切断とも呼ばれる
- 燃料ガスはアセチレン
- ガス切断は簡便で安価

ガス切断作業

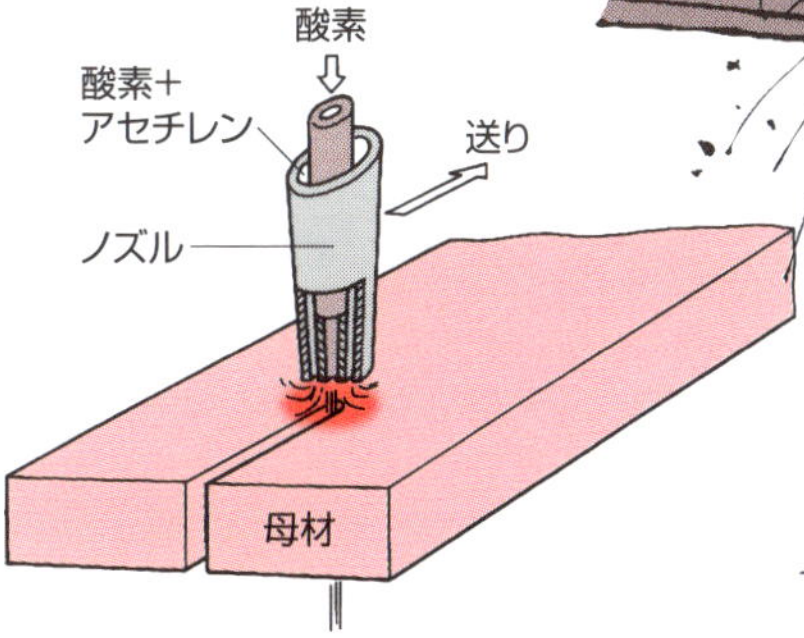

切断用ノズル

ガス切断

ガス切断用トーチ

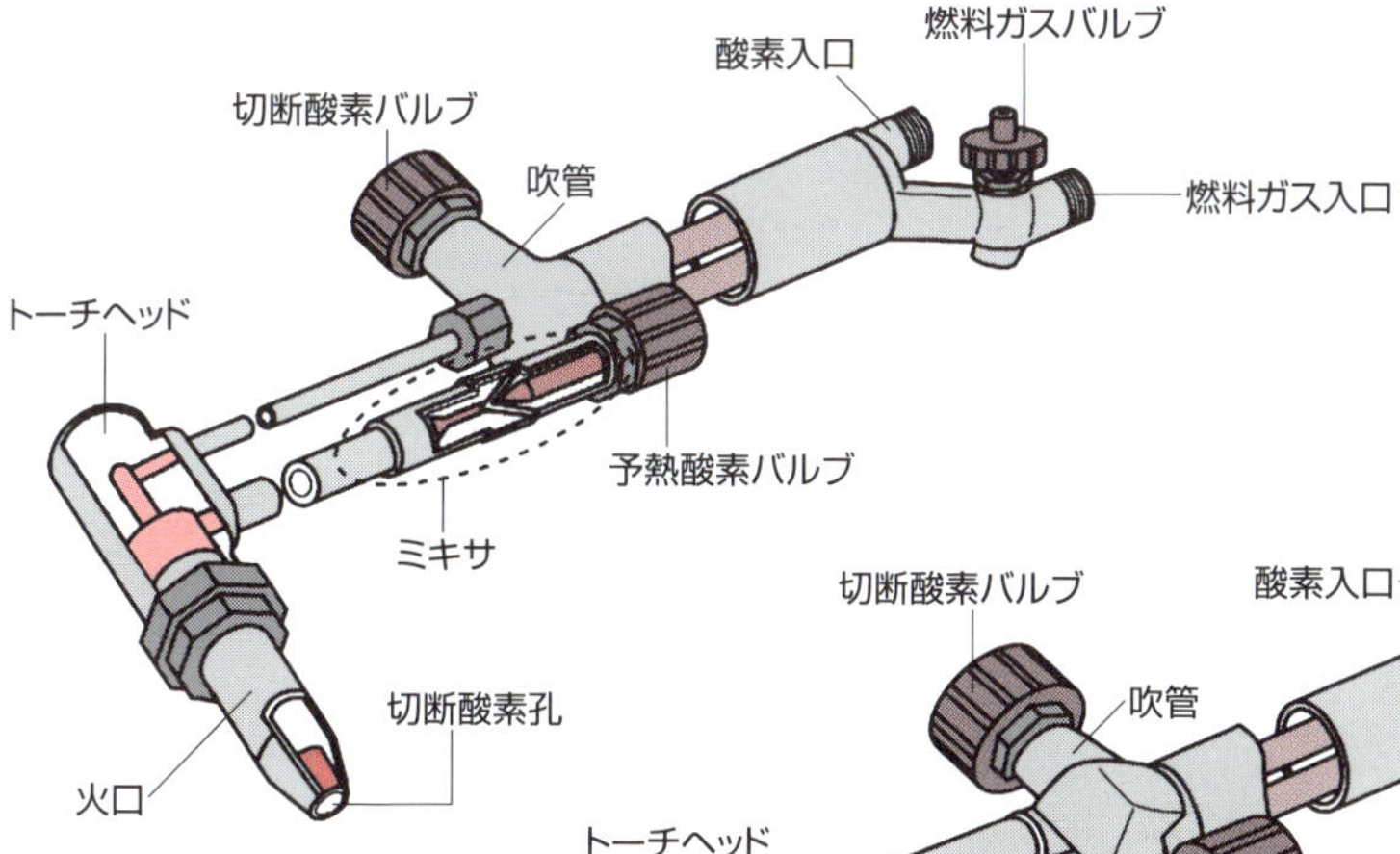

1形切断器（低圧用）

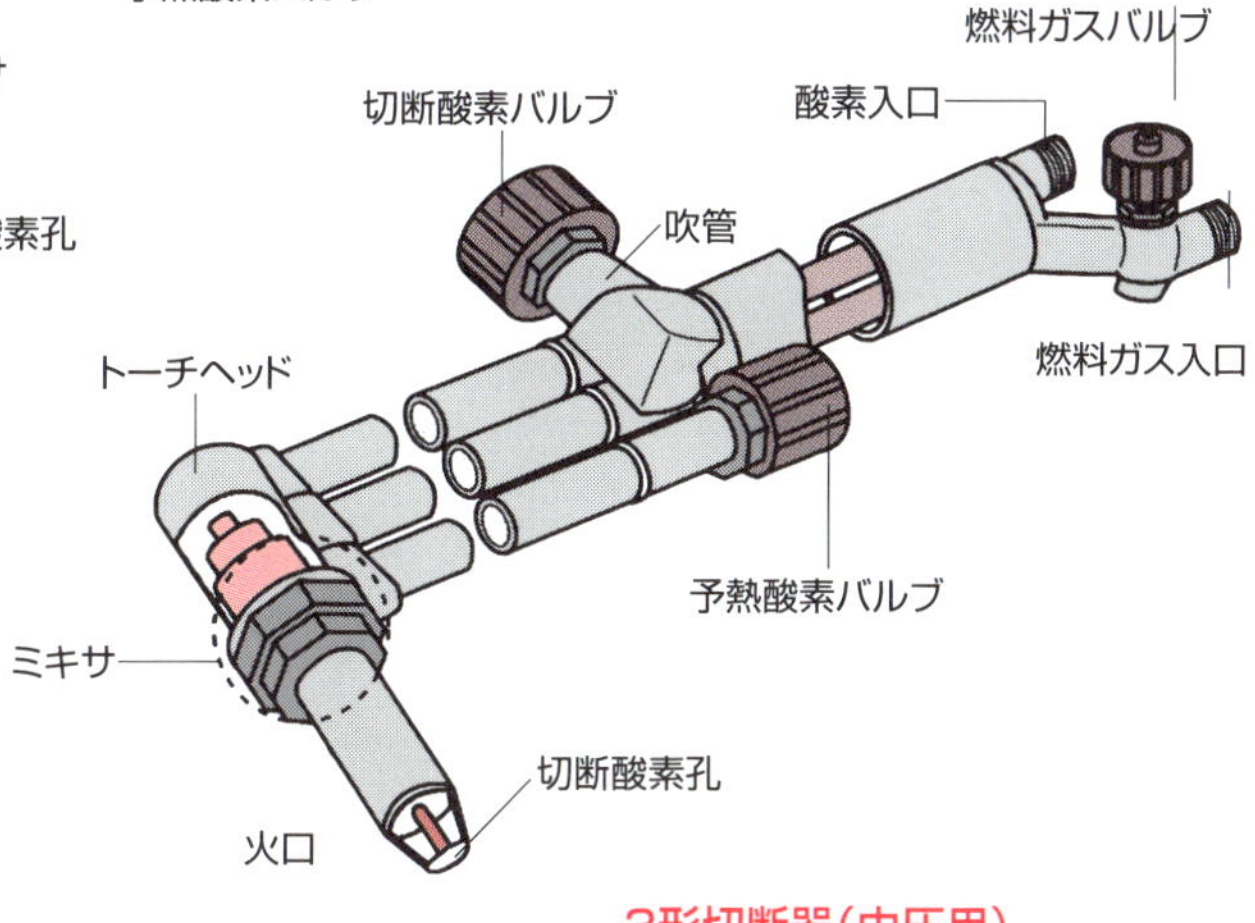

3形切断器（中圧用）

40 アークを利用する溶接法の原理

雷と同じように、大気中に2本の電極を、わずかなすき間をあけて設置し、電極間に大きな電位差を与えると、絶縁破壊が生じて、強い光と熱が発生します。

この現象がアーク放電で、アークによって生じた高熱で、金属を溶融し、そして同じ金属同士を接合するのが「アーク溶接」です。

アーク溶接には、電極が溶けない非溶極式アーク溶接と電極が溶ける溶極式アーク溶接とがあり、非溶極式アーク溶接は、金属材料を一方の電極とし、また炭素棒やタングステンのように融点が高く、溶けにくいものを他方の電極として、その間に電位差を与えてアーク放電を生じさせ、そのアーク熱で溶接棒を溶かして接合する方法です。

また「溶極式アーク溶接」は、同様に金属材料と溶接棒をそれぞれ電極とし、そしてそれらの間に電位差を与えて、溶接棒の先端と母材間でアークを生じさせ、そのアーク熱で直接、溶接棒を溶かして接合する方法です。

そして「被覆アーク溶接」は、フラックスと呼ばれる被覆剤を厚く塗布した溶接棒（被覆アーク溶接棒）を用いて行う溶極式アーク溶接で、金属材料と被覆アーク溶接棒の先端でアーク放電を生じさせて、その熱で溶接棒と母材を溶融させる方法です。

この時、溶接棒の心線が溶けるとともに、フラックスがガス化して、そのガスが溶接部を空気から遮断します。溶接時には、高熱により母材に急激な酸化反応が生じ、溶接部に悪影響を及ぼしますが、この発生したガスは溶接部の表面を覆ってその酸化を防ぐとともに、安定したアークの発生を助けています。

被覆アーク溶接は、手溶接の基本で、溶接速度が高く、また作業が適切ならば、溶接部の強度もかなり高くなります。反面、溶接時に変形や加工変質層を生じやすいという問題もあります。

要点BOX

- ●電極間に大きな電位差を与える
- ●絶縁破壊が生じて、強い光と熱が発生
- ●アークによって生じた高熱で金属同士を接合

アーク溶接

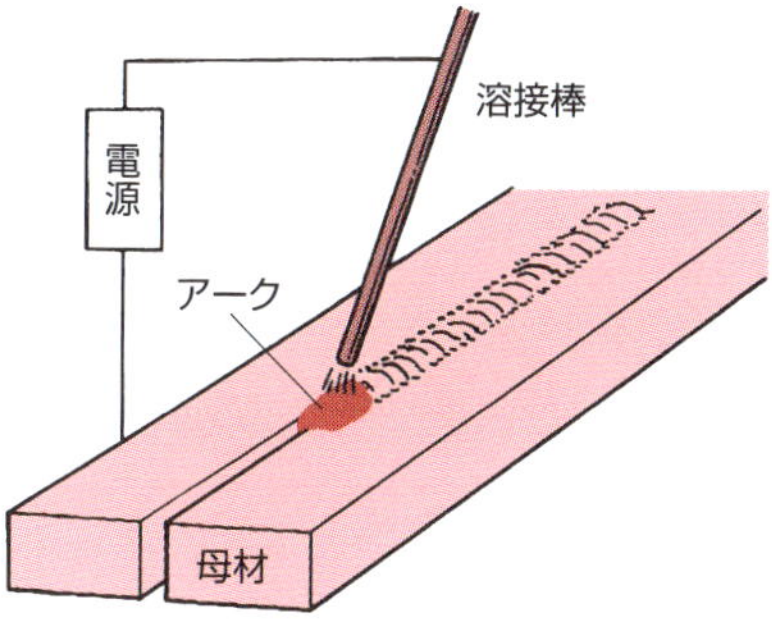

溶極式アーク溶接

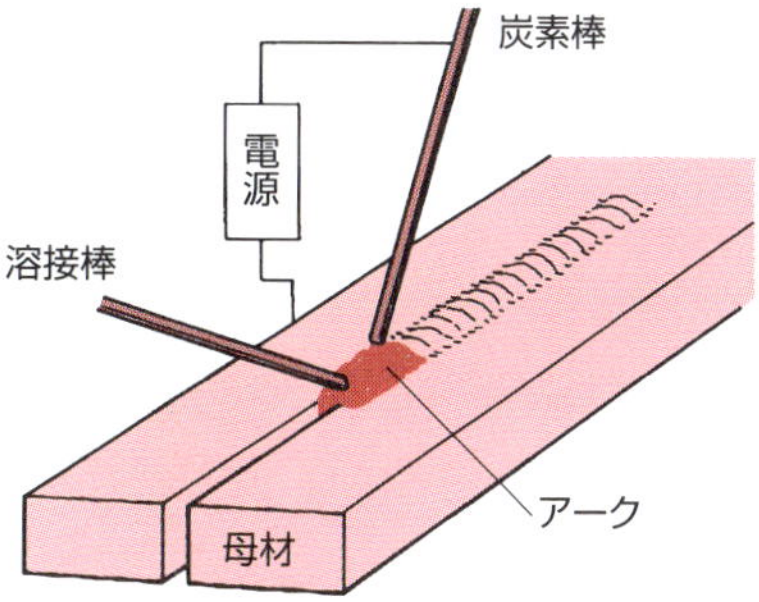

非溶極式アーク溶接

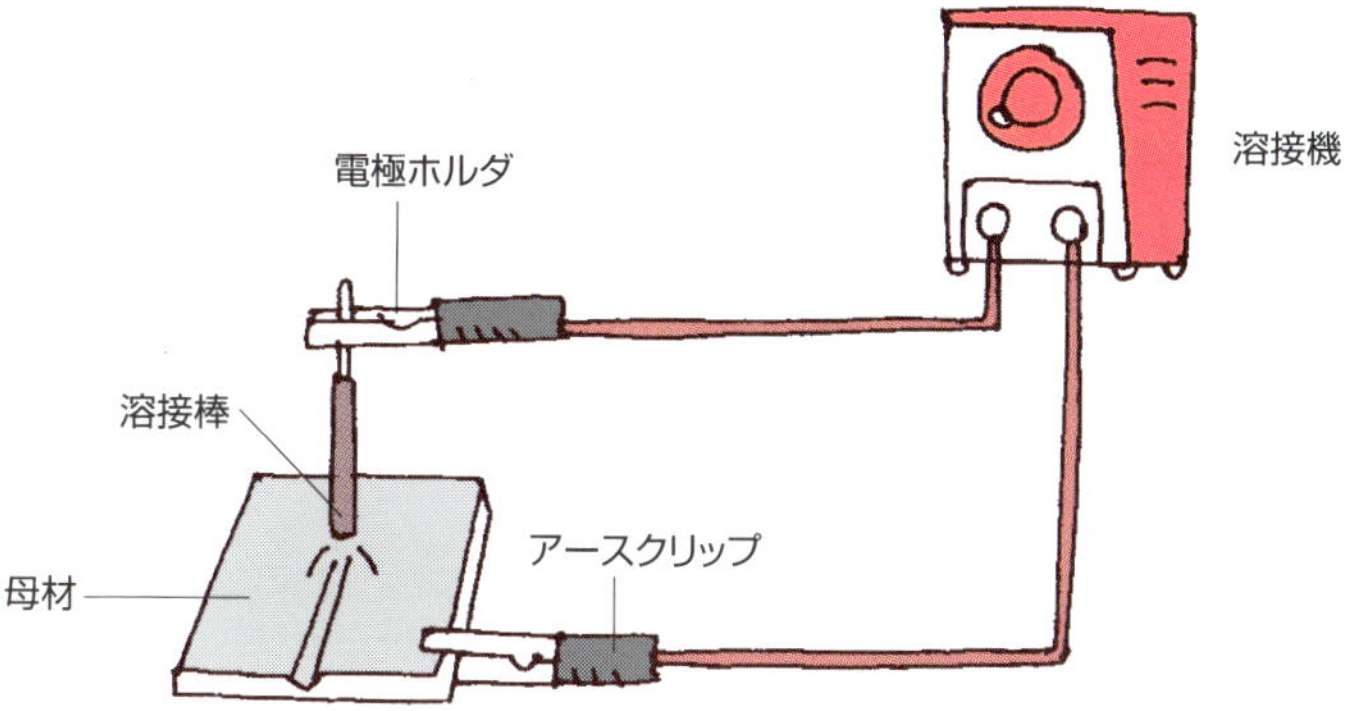

被覆アーク溶接

41 アーク溶接の装備と作業姿勢

溶接用具や機器の準備が必要

アーク溶接を行うには、溶接用具や機器の準備が必要です。

まず溶接棒を保持して電流を通じる電極ホルダと、アースするためのアース片を準備しましょう。

そして溶接時には強い光線が発生するので、遮光具のヘルメットやハンドシールドを使用し、また飛散する火花、スパッタおよびスラグ（溶接部表面を被覆する物質）から身を守るために帽子、皮手袋やエプロンを着用し、安全靴を履きます。

また溶接後には、スラグを取り除くためのスラグハンマ（チッピングハンマ）、たがねおよびワイヤブラシなどが必要になります。

溶接用具と服装の準備できたら、溶接をするための機器をセットします。

溶接台にアースグリップを固定し、電極ホルダに溶接棒を直角に取り付けます。また溶接機を所要の値にセットし、溶接棒の先端で鋼材をわずかに擦って通電します。

そして溶接棒の先端と鋼材の間隔（約2～3ミリ）を適切に保って、連続的にアークが発生するようにします。母材と溶加材が溶けてできた溶着金属の波形をビードと呼びますが、その波形が直線になるように、連続的なアーク状態を保ちながら、ストレートビードで溶接をします。また幅の広いビードが必要な場合は、溶接棒を溶接方向に対し左右に動かしながら溶接するウィービングを行います。

そして溶接後は、溶接部を被覆したスラグをピッキングハンマやワイヤブラシで取り除きます。

このような方法でアーク溶接作業を行いますが、作業者と溶接部の位置関係により、下向き姿勢、横向き（右から左、または左から右へ溶接）姿勢、立向き（下から上に向かって溶接）姿勢および上向き姿勢の４つの姿勢があります。一般的には作業性に優れている下向き姿勢で溶接を行います。

要点BOX

- 電極ホルダとアース片を準備
- 保護面、グローブやエプロンなどを着用
- 作業性に優れている下向き姿勢

溶接作業着と姿勢

下向き溶接

上向き溶接

42 アーク溶接の種類

用途に合わせて溶接法は変わる

「溶融式アーク溶接」には、被覆アーク溶接、サブマージアーク溶接およびガスシールドアーク溶接があり、またガスシールドアーク溶接には、炭酸ガスアーク溶接、MAGアーク溶接およびMIGアーク溶接があります。

そして非溶融式アーク溶接にはガスシールド溶接があり、またこの方法はTIGアーク溶接とプラズマアーク溶接に区分けされます。

「被覆アーク溶接」は、フラックスの塗布された溶接棒を用い、その溶接棒と母材間に電圧をかけてアークを発生させて溶接をする方法です。

また「サブマージアーク溶接」は、溶接する部分に粒状のフラックスを自動的に散布し、そのフラックス中で溶接ワイヤ（溶接棒）と母材との間でアークを発生させ、そして溶接ワイヤを自動的に送り込みながら、アーク熱でワイヤと母材を溶融する高能率な溶接法です。

また「ガスシールドアーク溶接」は、溶接棒を保持するホルダにノズルをつけ、そのノズルから化学的に安定したガスを吹き出しながらアークを発生させて、アークと溶融金属を空気から遮へいしながら溶接をする方法です。

炭酸ガスアーク溶接はそのガスとして炭酸ガスを、MAGアーク溶接はアルゴンと炭酸ガスの混合ガスを、そして「MIGアーク溶接」はアルゴンとヘリウムなどの混合ガスを用いるものです。

そして非溶融式の「TIG溶接」は、アルゴン雰囲気中でタングステン電極と母材間にアークを発生させ、そのアーク熱によって溶加棒と母材を溶融し、溶接する方法で、高品質溶接法として多くの分野で用いられています。

また「プラズマアーク溶接」は、タングステン電極と母材との間にアークを発生させ、そのアークを水冷拘束ノズルを通して細く絞り、そして絞った高密度のプラズマアークにより溶加材と母材を溶融し、溶接する方法です。

要点BOX
- ●溶融式アーク溶接
- ●非溶融式アーク溶接
- ●ガスシールドアーク溶接

いろいろなアーク溶接

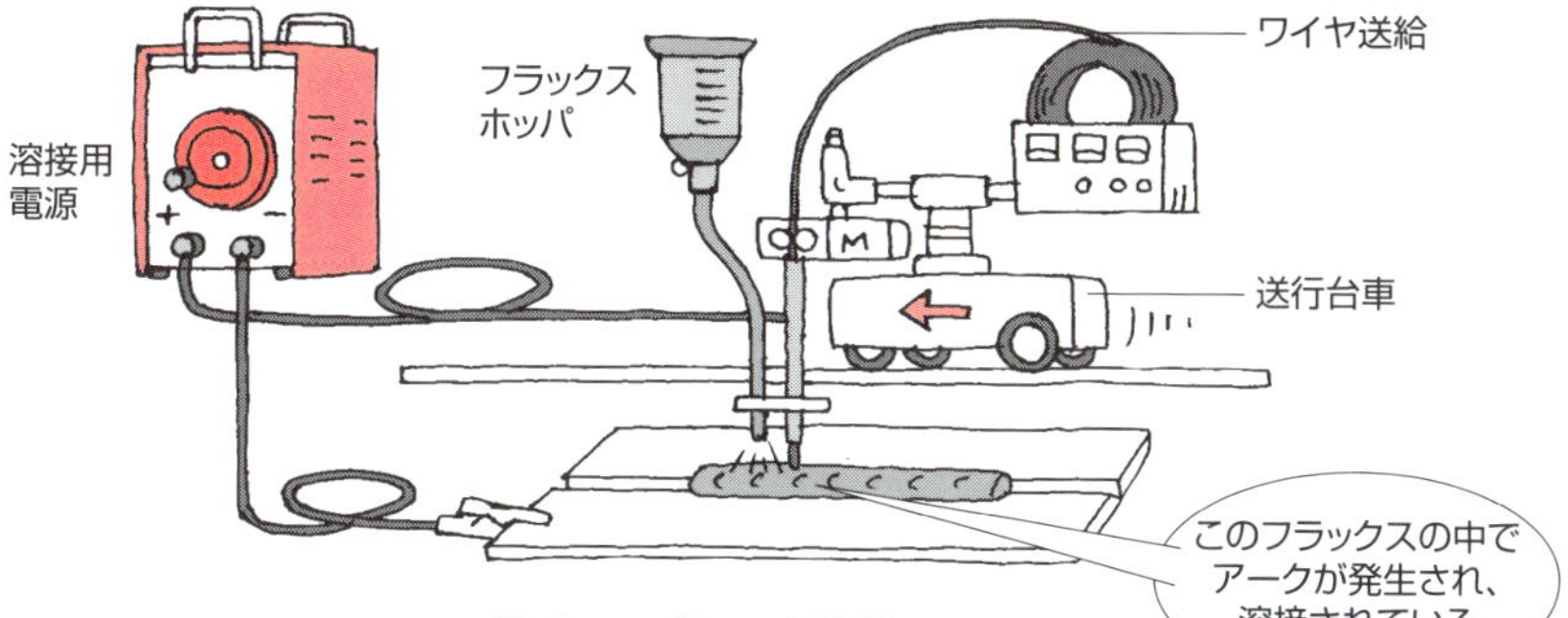

サブマージアーク溶接

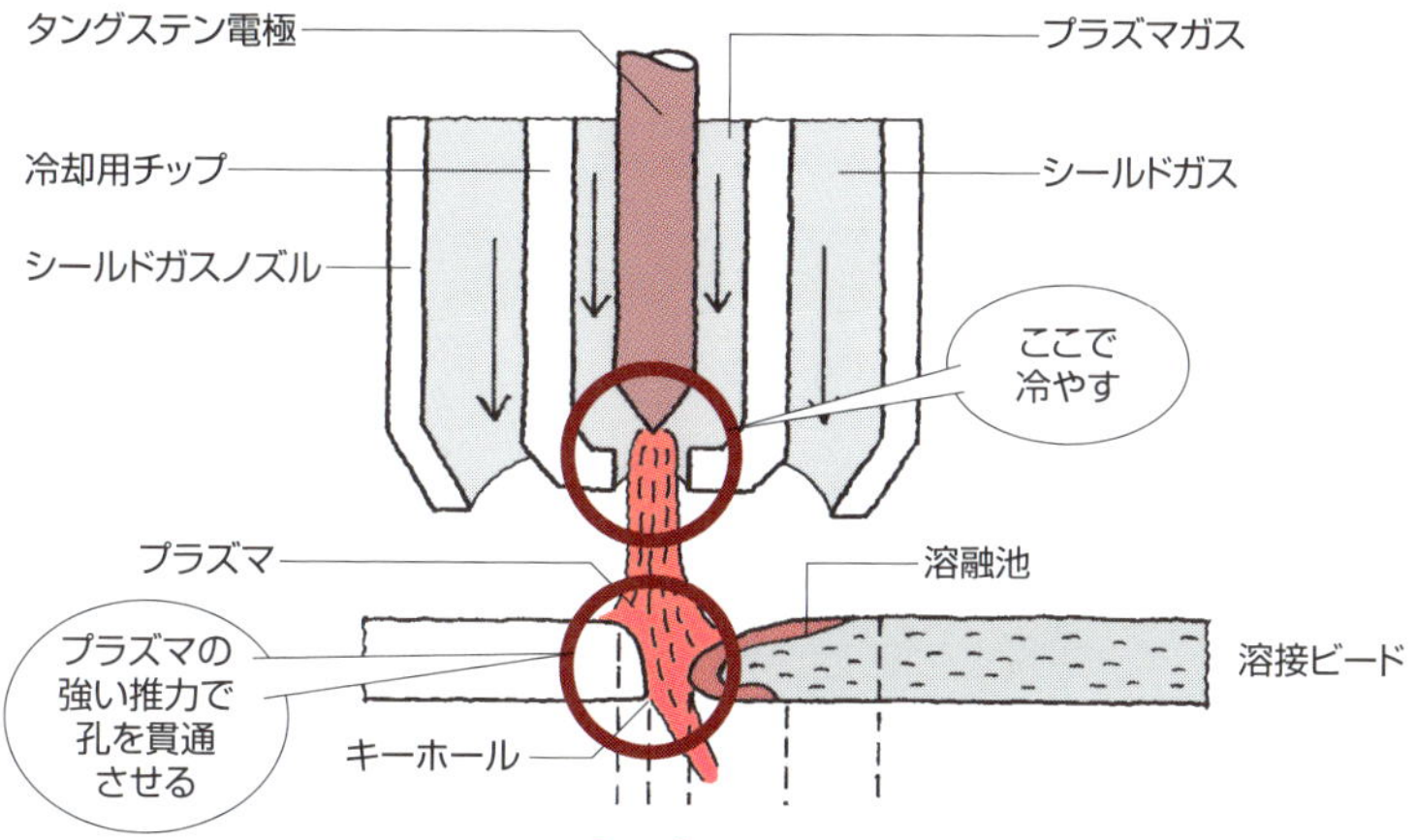

プラズマアーク溶接

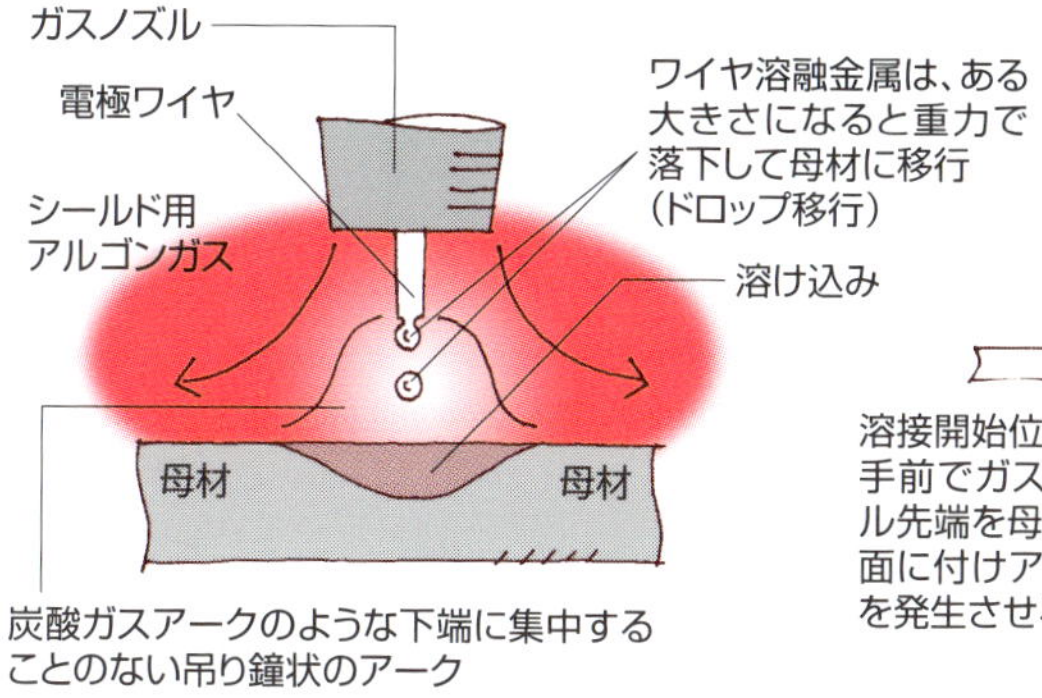

MIGアーク

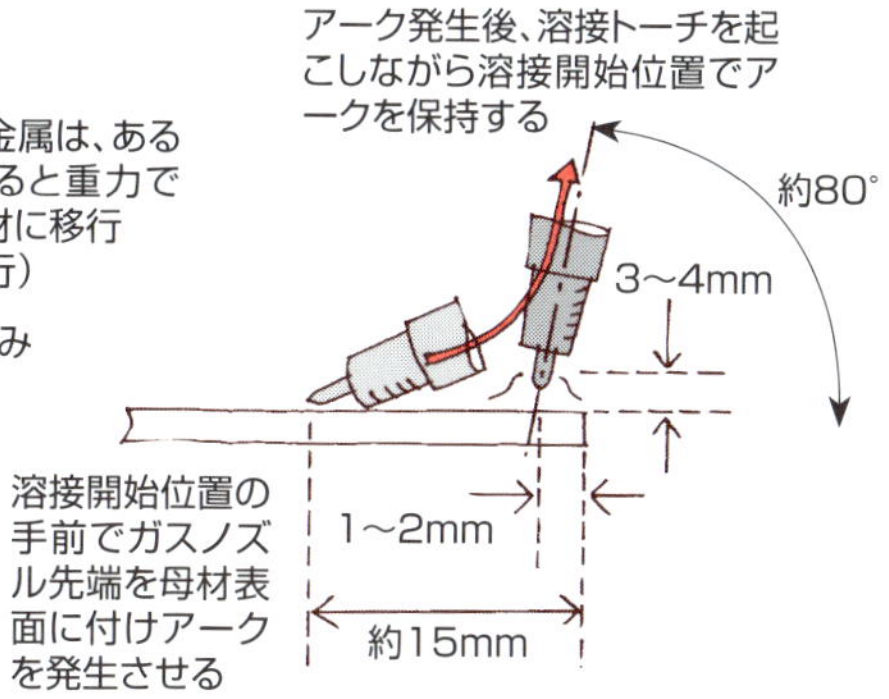

TIGアーク

43 いろいろな方式による溶接

摩擦溶接、スポット溶接、電子ビーム溶接、レーザ溶接

「摩擦溶接」と呼ばれる摩擦圧接は、一方の母材を回転させて、そしてそれを静止した他の母材に接触させ、加圧することにより、その接触部に摩擦熱を発生させて圧接をする方法です。この方法は、通常、鋼、アルミニウム、銅などの棒材の接合に用いられ、また異種金属間の接合にも適用されています。

また「スポット溶接」は、抵抗溶接の一種で、固定電極の上に2枚の母材を置いて挟み、またその母材に電極を接触させ、加圧しながら電流を流して、溶接部を発熱させ、その金属の抵抗熱で溶接をする方法です。

この方法は、通常、薄板の溶接に用いられ、自動車、鉄道車両および家電製品などの薄板構造物の溶接に多く適用されています。

「電子ビーム溶接」は、真空中でフィラメントを加熱させ、放出された電子を高電圧で加速させ、また電磁レンズコイルで収束させた後、焦点を結んで母材に照射し、その衝撃による発熱を利用して溶接を行う方法です。

この方法を用いると、小入熱でも、幅が狭く、そして深い溶け込みが得られるので、歪みや変形の少ない高品質な溶接ができます。そのため自動車や宇宙・航空機部品などの溶接に用いられています。反面、装置が高価で、溶接母材の大きさに制限があるなどの問題もあります。

「レーザ溶接」は、炭酸ガスレーザやYAGレーザなどのレーザ光を熱源とし、レーザビームをレンズで絞り、その焦点を母材に合わせて照射することにより、母材金属を局部的に溶融・凝固させて溶接する方法です。

この方法は大気中ででき、また幅が狭くて深い溶け込みが得られるので、電子ビーム溶接と同様、電子部品、自動車ボデーおよび航空機部品などの溶接に用いられています。反面、材料や表面状態の影響を受けるという問題があります。

要点BOX

- ●摩擦溶接と呼ばれる摩擦圧接
- ●スポット溶接は、抵抗溶接の一種
- ●電子ビーム溶接、真空中でフィラメントを加熱

いろいろな溶接法

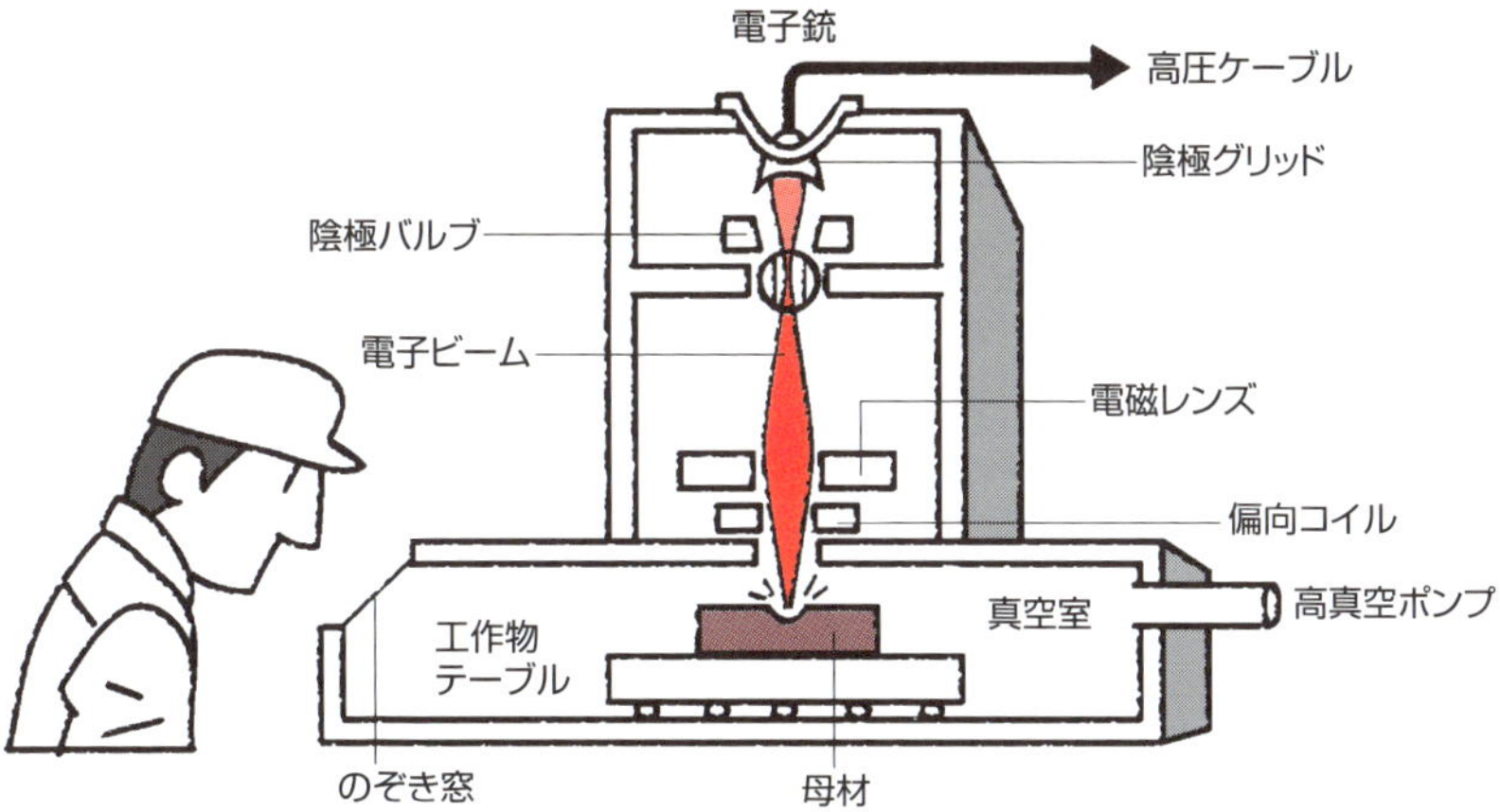

電子ビーム溶接

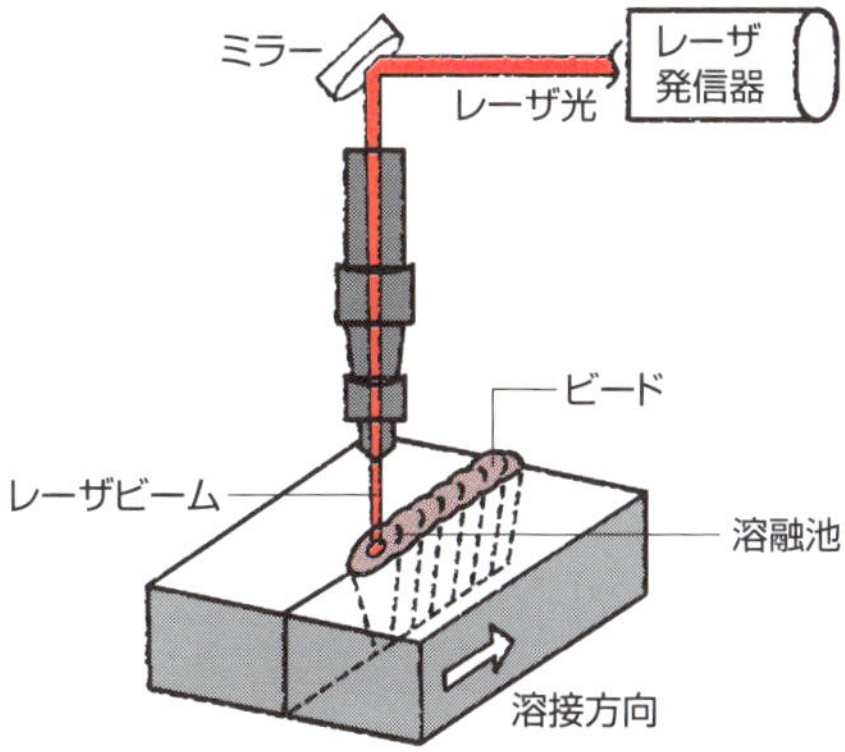

レーザ溶接

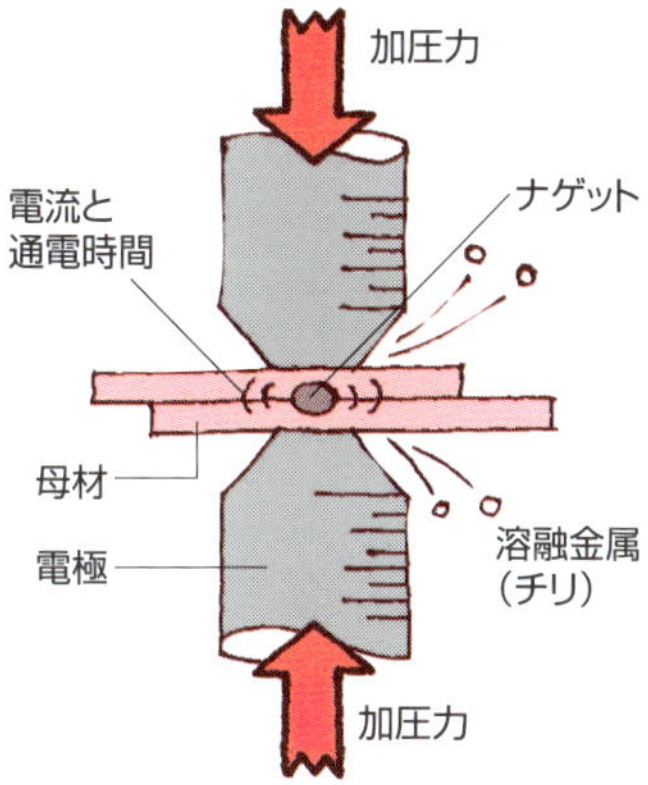

スポット溶接

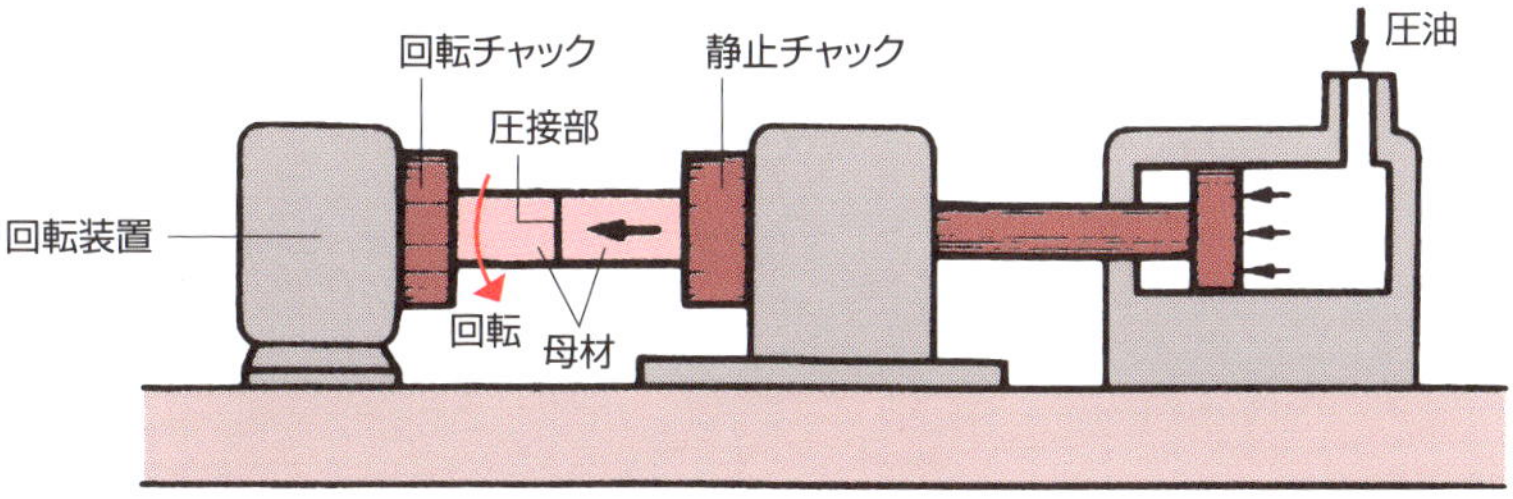

摩擦（フリクション）溶接

Column

溶接はローテク？

溶接というと、町工場でバチバチと音をたてながら、青い光を発して金属を接合する光景を思い浮かべるでしょう。このような溶接加工は建設機械や造船など、あらゆる産業で用いられており、社会インフラの基盤となる加工技術となっています。とくに最近は大きな地震が問題で、溶接部分の欠陥が構造物の倒壊原因となる場合もあるので、以前にも増して、熟練溶接技能の継承が重要と指摘されています。

反面、よく溶接はローテクといわれますが、そんなことはありません。半導体用の真空装置などはステンレス鋼でできており、その部品の接合には熟練した溶接技能が欠かせません。そしてこれから成長が期待される航空宇宙産業や原子力産業などにおいても、同様のことがいえます。

一方、最近は溶接作業のシステム化も進んでおり、自動車工場などではロボットが自動的に溶接する姿を見受けるでしょう。またガス溶接やアーク溶接とは別に、薄板でできたケーシングなどをレーザ光で三次元的に溶接する光景も見られます。そのためＣＡＤ／ＣＡＭシステムを使って溶接をすれば、熟練した技能など必要ないと主張される方もいますが、これらのプログラムをつくっているのは人です。プログラムの作成には溶接の基本的な知識と汎用的な技能の習得が必要とされることを忘れないでください。またこれから日本の製造業が、量産型から試作開発型に移行するにつれて、資本財の輸出が中心となるので、半導体の製造装置産業のように、熟練技能の必要性が高まると思われます。

第6章

ものづくりを支える切削技術

44 ものづくりを支える切削加工

切削工具で余分な部分を削り取る

コンビニに行くと、ペットボトル、缶ビールそしてお弁当のトレイなどがありますが、これらは型を用いてつくられています。

また自動車のパネルも型を用いてプレス成形されています。このように型は、私たちの日常生活と密接な関係をもっており、その型の製作に欠かせないのが「切削加工技術」です。

また日本の代表的な自動車、工作機械、金型および建設機械などのものづくり産業を支えているのは切削加工技術・技能だといっても過言ではないでしょう。

切削加工は工作物から切削工具で余分な部分を削り取り、所要の形状、寸法および表面品質などに仕上げる方法です。

機械部品には丸い物もあれば、四角い物もあります。主として丸い物を加工する機械は旋盤と、また四角い物はフライス盤と呼ばれていて、これらの機械に工具交換装置やコンピュータが装備されたものがNC（数値制御）工作機械です。

製造する機械部品が自動車、工作機械、金型および建設機械などのものであっても、切削加工の方法はみな同じです。そのため工作機械はマザーマシンと呼ばれ、ものづくりの基盤となっています。

現在、多くの工場では、CAD（コンピュータ支援設計、座標を制御）やCAM（コンピュータ支援生産、動きを制御）による指令に基づいて、NC工作機械が自動的に加工を行っていますが、このNC工作機械も、パソコンと同じように、「ソフトがなければただの箱」なのです。そして工作物を削っているのは、刃物で、コンピュータが削っているのではありません。このことを忘れないでください。このプログラムをつくっているのが人で、その核となるのが切削加工技術です。ものづくり産業では、作業目的に合った切削工具を選択し、それを適切な条件で使用した場合に、その目的が達成されます。

要点BOX

- ものづくり産業を支える切削加工技術
- マザーマシンと呼ばれる工作機械
- NC工作機械もソフトがなければただの箱

シリンダブロックにはいろいろな加工法が使われている

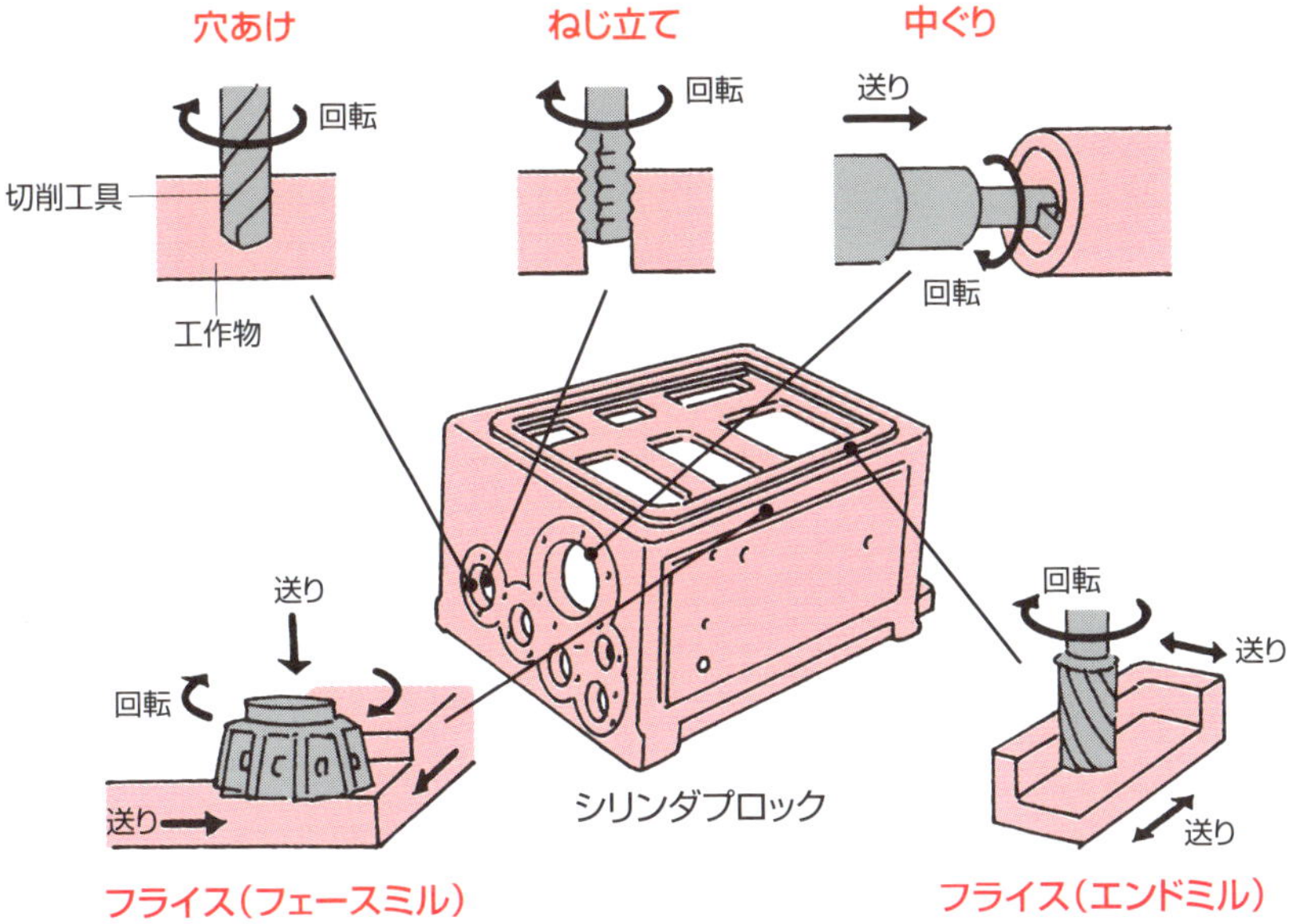

工作機械ベッド鋳物（洲崎工業）

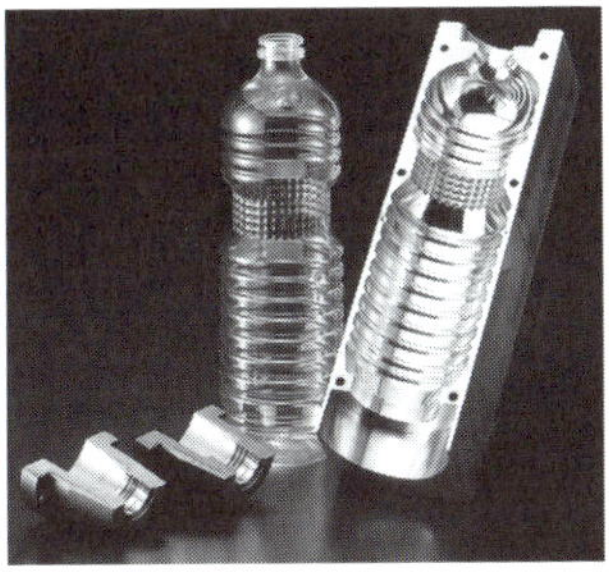
ペットボトル金型（柳原製作所）

機械部品の加工（ナベヤ）

45 いろいろな削り方

部品形状で使用する切削工具が異なる

機械部品を見てみると、丸物部品、角物部品およびその他の形状をした多くの部品があります。その部品形状などによって、使用する工作機械や切削工具も違ってきます。

工作物を回転し、切削工具でその外周面や端面などを加工する工作機械を「旋盤」といいますが、この機械は主として丸物部品を加工するものです。この旋盤と切削工具であるバイトを用いて、工作物の外周面などを削るのが「旋削」です。

またボール盤などを用いてドリルで穴を加工するのが「穴あけ」で、その穴の内面をバイトで削り、くり広げるのが「中ぐり」です。

工作機械のテーブル面に工作物を取り付け、切削工具を回転して、そしてテーブルを前後、左右および上下に移動して、主として角物部品を削る工作機械が「フライス盤」です。そして切削工具としてエンドミルや正面フライスなどを用いて、平面や溝などを削るのが「フライス削り」です。

工作物を取り付けたテーブルを往復運動し、そして切削工具であるバイトに一定の切り込みを与え、また送りを掛けて、平面を切削するのが「平削り」です。

そして往復運動するラムの刃物台にバイトを取付け、そして一定の切り込みを与え、テーブルに送りを掛けて平面を切削するのが「形削り」です。またバイトを上下方向に動かし、そして穴の内面にキー溝などを加工するのが「立て削り」です。

そして外周面に、多くの切れ刃を寸法順に配列した切削工具であるブローチを用いて、固定した工作物の穴の内面を引き抜くことにより、所要の形状に加工するのが「ブローチ削り」です。

またのこ盤を用いて、帯のこや丸のこに運動を与えて工作物を切断するのが「のこ引き」で、切削加工にはこの他、歯切り工具を用いて、平歯車や傘歯車などを加工する歯切りなどがあります。

要点BOX

- 工作物の形状によって切削工具も変わる
- 工作物の外周面などを削るのが旋削
- ドリルで穴を加工するのが穴あけ

切削加工のいろいろ

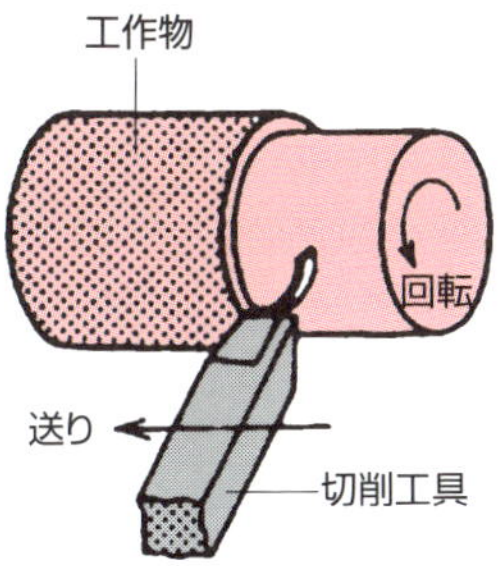

①旋削

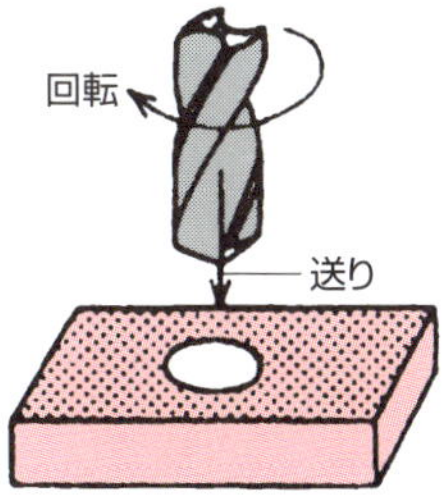

②穴あけ

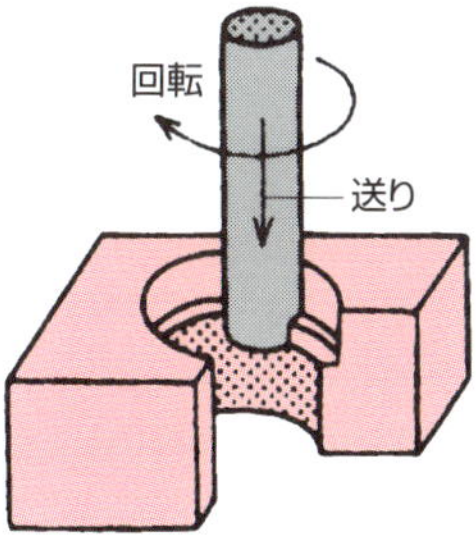

③中ぐり

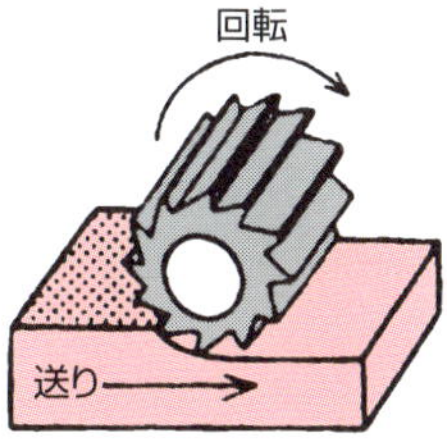

④フライス削り

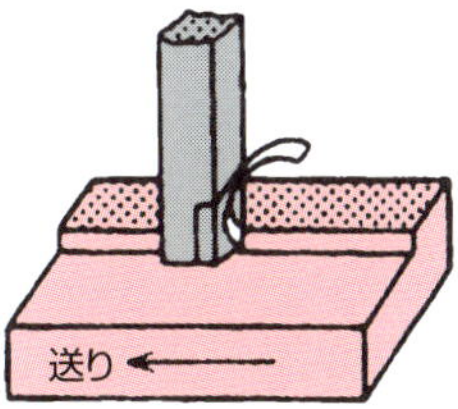

⑤平削り

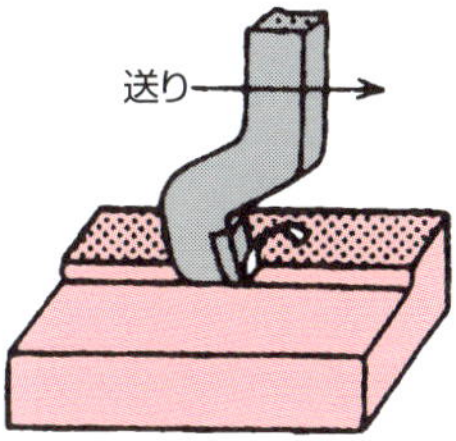

⑥形削り

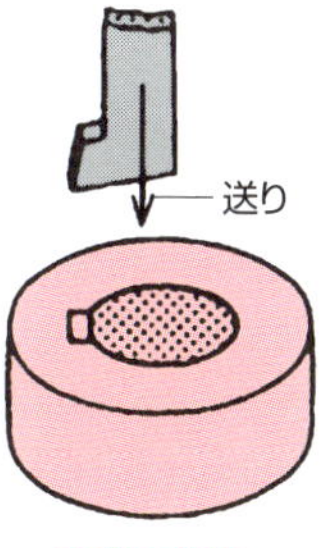

⑦立て削り

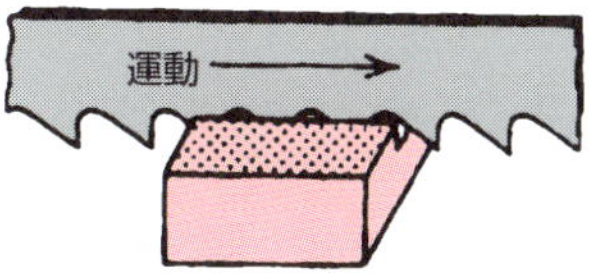

⑧のこ引き

⑨ブローチ削り

46 のこ盤による切断加工

棒材を所要の長さに切り出す

工作機械を用いて、機械部品をつくる場合に、まず最初にすることは、長い丸棒や角棒から、所要の長さの材料を切り出すことです。

材料を切断するには、金切り弓のこ盤、金切り帯のこ盤およびコンターマシンを使用します。

「金切り弓のこ盤」は、私達が日常生活で用いる弓のこを機械化したもので、弓のこをラム（弓のこを取付け往復運動をするもの）に取り付け、また工作物をバイスで固定して、切断します。この場合、ラムはモータで駆動され、往復運動をします。

弓のこは、通常、高速度工具鋼でできていて、長さが12〜36インチ、厚さが0・005〜0・13インチ程度のものです。そしてのこ刃ピッチは鋼材工作物の切断に対し、接触幅1インチあたり4〜6枚です。

また「金切り帯のこ盤」は、弓のこの代わりに帯のこを用いて工作物を切断する機械です。

この機械を用いて、工作物を切断する場合は、まずのこ盤のフレームを上昇し、そしてテンションハンドルを回して、帯のこをガイドブラケット間にしっかりと張ります。

そしてモータを駆動し、帯のこを高速で動かし、また油圧によりフレームに送りを与えて工作物を切断します。この場合、軟鋼のように軟質材にはのこ刃速度を高くし、ステンレス鋼やダイス鋼などの合金鋼には低くします。

「コンターマシン」は、私たちが板材などを曲線的に切り取る場合に用いる糸のこと同じで、それを機械化したようなものです。

金のこの刃をループ状につなぎ、そののこ刃をモータで駆動し、鋼板などにけがいたけがき線に沿って工作物を手で動かし、それを曲線的に切断します。

この場合、切断時の切削力がテーブル方向に作用し、工作物をテーブルに押しつけるようにのこ刃を張ります。

通常、帯のこの刃数はインチあたり6〜24枚です。

要点BOX

- 金切り弓のこ盤は「弓のこ」を機械化
- 金切り帯のこ盤は「帯のこ」を用いる
- コンターマシンは「糸のこ」と同じ

いろいろなせん断加工

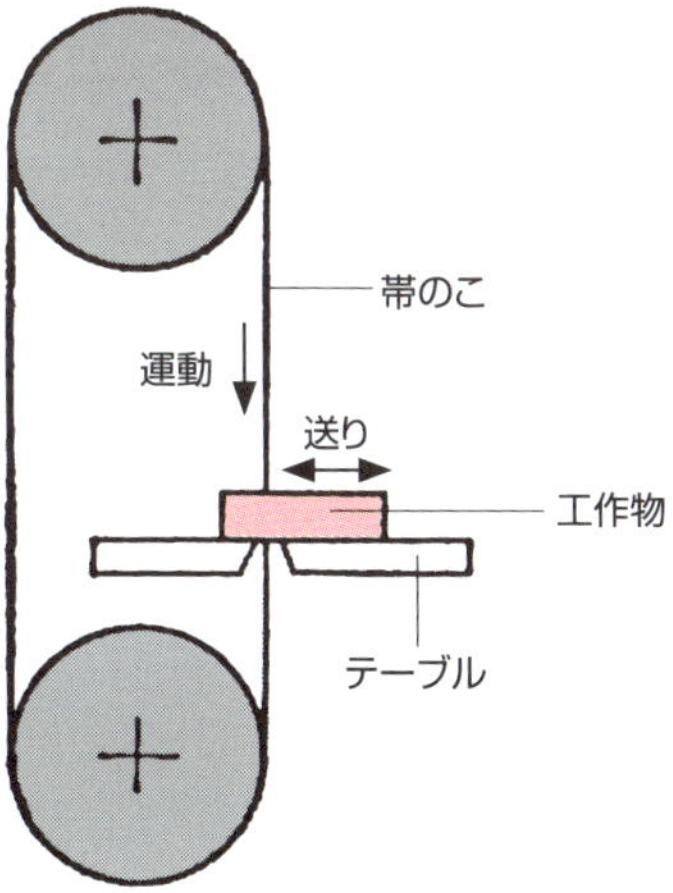

コンタリング

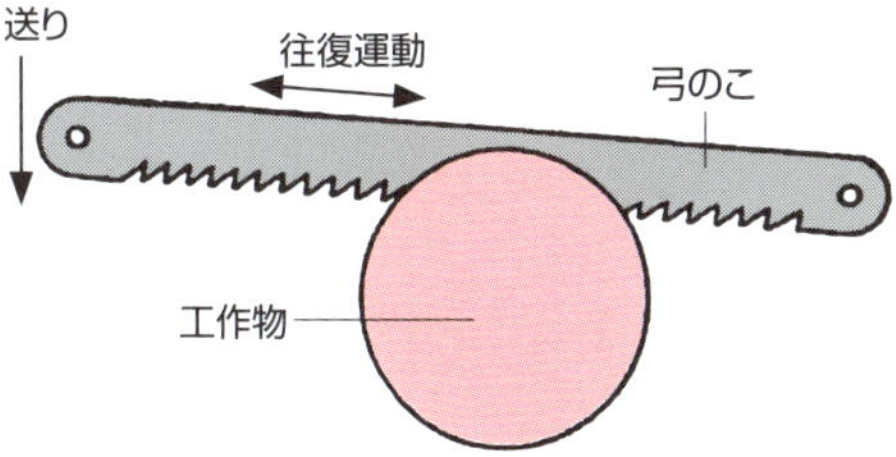

弓のこ切断

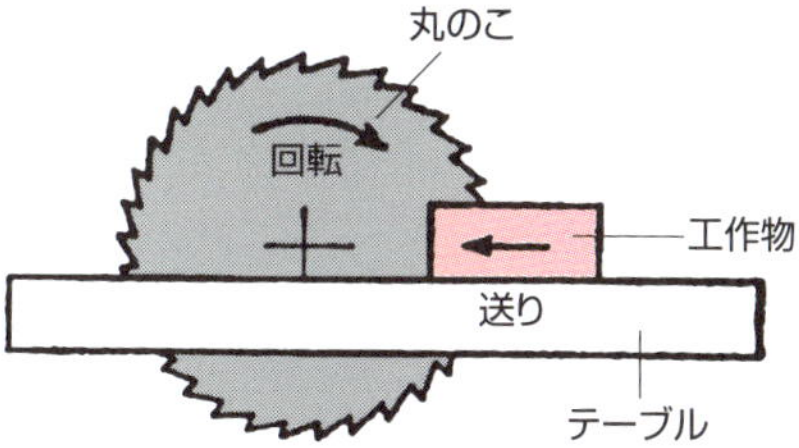

丸のこ切断

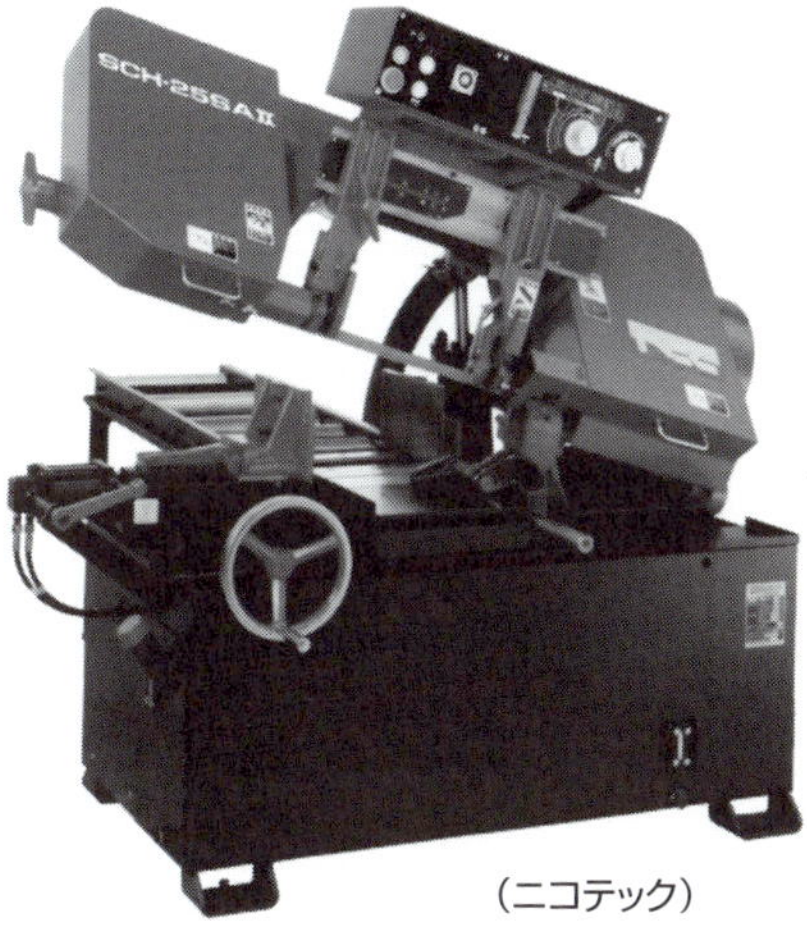

（ニコテック）

金切り帯のこ盤

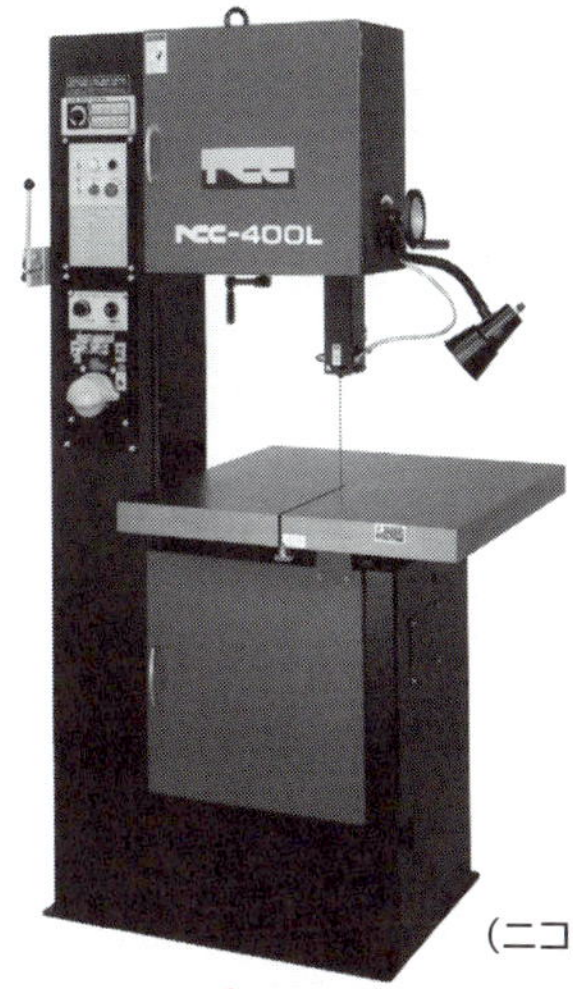

（ニコテック）

コンターマシン

47 工作機械の代表選手 旋盤とバイト

工作物を回転させながら加工する

「旋盤」は工作機械の代表的なもので、チャックなどの取付具を用いて工作物を主軸に取付け、それを回転し、また往復台の刃物台に装着した切削工具（バイト）を縦送りや横送りして、円筒部品を所定の寸法、形状に加工する機械です。

この旋盤を用いれば、外周削り、端面削り、テーパ削り、穴ぐり、溝入れ、ねじ切りおよび突切りなどができます。

旋削に用いる「バイト」は、シャンク（柄）の先に切れ刃をもつ切削工具で、いろいろな材質のものがあります。高速度工具鋼はクロム、タングステン、モリブデンおよびバナジウムなどを含む合金で、ＪＩＳ規格でその種類は、「ＳＫＨ○○」と表示されています。

超硬合金は、炭化タングステンやチタンなどの硬質物質の粉末をコバルトやニッケルを結合剤として圧縮成形し、真空炉中で高温で焼結した合金です。

この超硬合金には、Ｐ種、Ｍ種およびＫ種があり、Ｐ種は鋼材の切削に、Ｋ種は非鉄・非金属の切削に、そしてＭ種はその他の汎用材料の切削に用いられます。

またバイトを構造面から区分けすると、付刃バイトやクランプバイトなどになり、付刃バイトは鋼製のシャンクに高速度工具鋼や超硬合金のチップをろう付けしたものです。

そしてクランプバイトはチップをバイトホルダに締め金、偏心ピンおよびレバーなどの機械的方法で取り付けた切れ刃交換が可能な組立式のものをいいます。

そしてバイトは使用目的に応じていろいろな形状のものがあり、ろう付けした高速度工具鋼バイトや超硬バイトはそれぞれ「○○形」というようにＪＩＳ規格で表示されています。

またクランプバイト用のチップは、摩耗した時に新しい切れ刃（チップ）に交換ができるもので、その形状や大きさなどはＪＩＳ規格で定められています。

要点BOX

- ●バイトはシャンク（柄）の先に切れ刃をもつ
- ●バイトは使用目的別にいろいろな形状がある
- ●バイトの形状や大きさはJIS規格で定められる

旋盤とバイトの種類

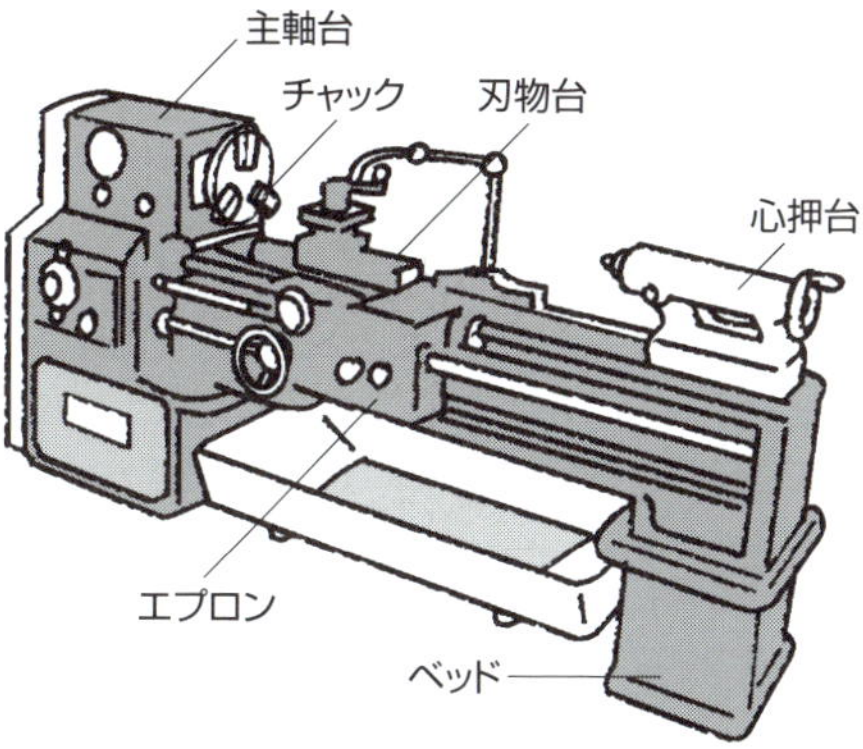

普通旋盤

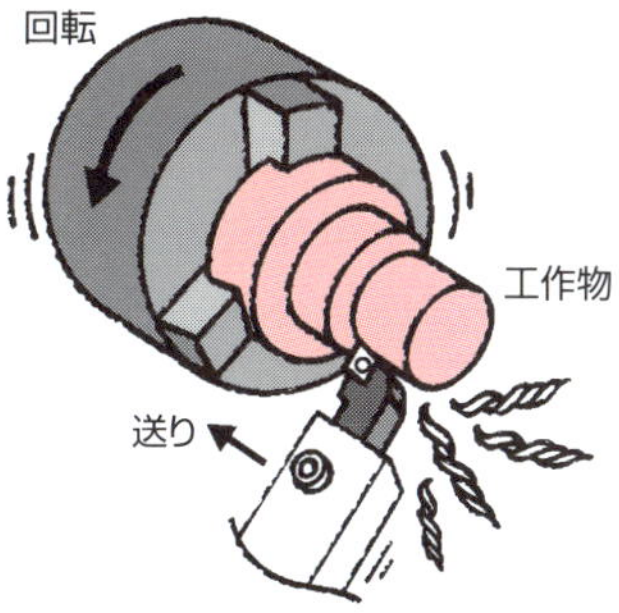

バイトによる切削

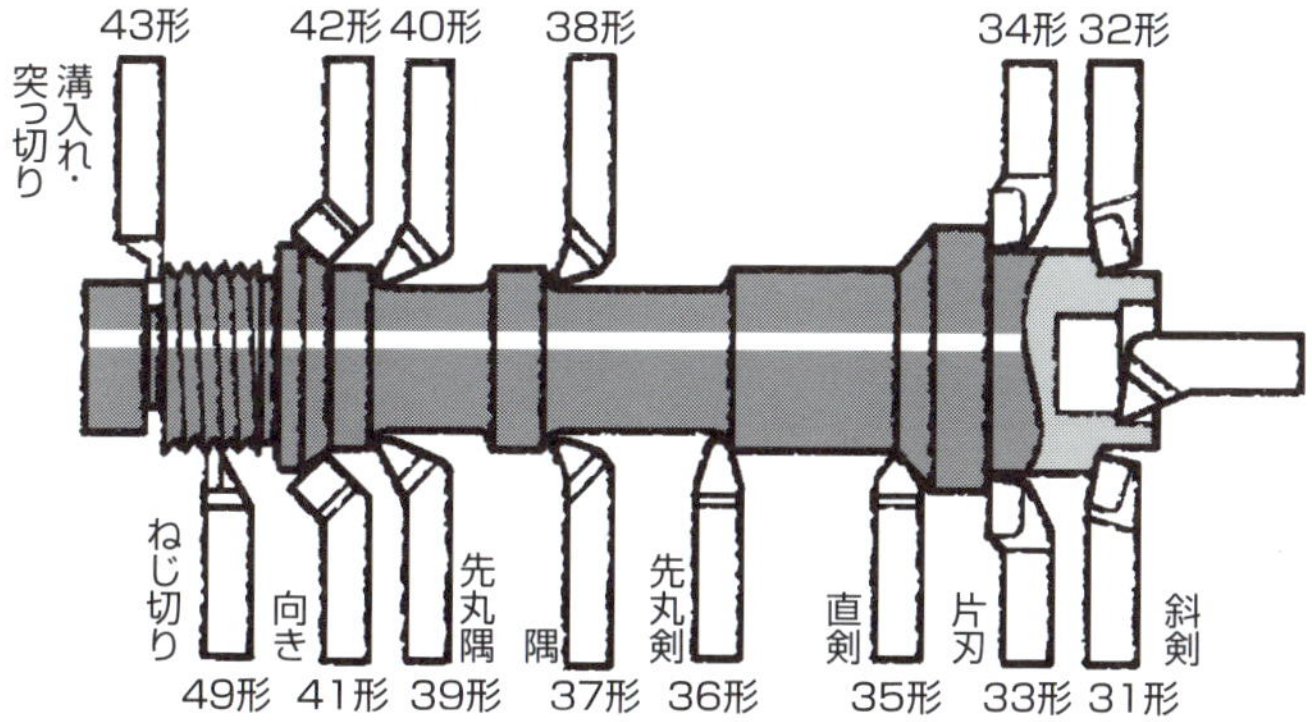

超硬合金付刃バイト(JIS)

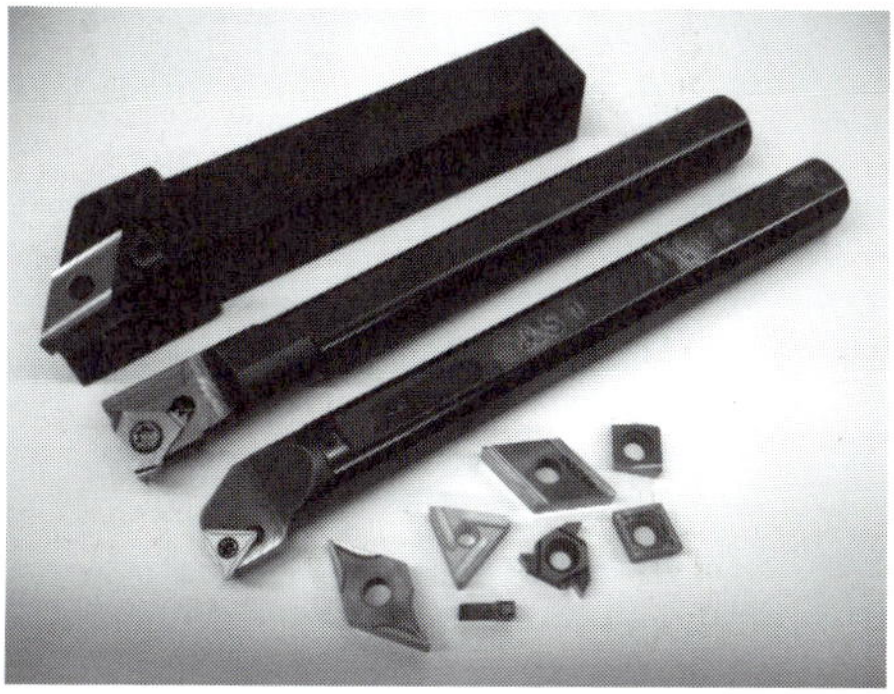

スローアウェイバイト

48 旋盤はいろいろな加工ができる

主として回転対称部品を加工

旋盤を用いるといろいろな加工ができます。旋削加工の基本となるのは、外丸削りで、斜剣バイトや片刃バイト（47項のバイト参照）を用い、主軸の方向（横軸、Z軸）に送りをかけて、工作物の外周面を削るもので、また面削りは、向きバイトや片刃バイトを用い、主軸と直角方向（縦軸、X軸）に送りをかけて、その端面を削る加工法です。

「ねじ切り」は、ねじ切りバイトを用い、旋盤の主軸台に取り付けられたねじ切り表に基づいて、換え歯車を交換し、そして小さな切り込みで、刃物台を何回も往復しながら、工作物の外周面に所要のねじを切るものです。また同様に、「めねじ切り」はめねじ切りバイトを用いて、下穴にめねじを切る加工法です。

「テーパ削り」は、縦送り台上の刃物台を所要の角度に傾け、そしてハンドルを手で回してバイトの付いた刃物台を移動し、工作物の外周面を円錐台状に削る加工法です。

「穴あけ」は、通常、心押し台のドリルチャックに取り付けたセンタ穴ドリルを用いてセンタ穴を加工し、そして所要のドリルに換えて、工作物に穴をあける加工法です。またこの穴を穴ぐりバイトを用いてくり広げるのが「中ぐり」です。

溝入れバイトや突っ切りバイトを用い、それを縦方向に送り、工作物の外周面に溝を加工するのが「溝入れ」で、工作物を切り落とすのが「突っ切り」です。また「総形削り」は、バイトを所要の形状に研削し、そのバイトを縦方向に送って、その形状を工作物に転写する方法です。

そして「曲面・球面削り」は横と縦方向のハンドルを両手で操作し、バイトを送って所要の形状に削り出す方法です。また「ローレット切り」は、工作物の外周面に滑り止めを加工するもので、ローレットを刃物台に取付け、そして横方向に送りを掛けて、所要の形状に加工する方法です。

要点BOX

- ●ねじ切りはねじ切りバイトを用いる
- ●テーパ削りは工作物の外周面を円錐台状に削る
- ●穴ぐりバイトを用いてくり広げる中ぐり

旋盤でできる加工

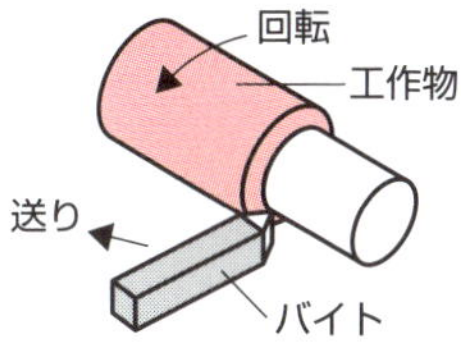

①外径加工

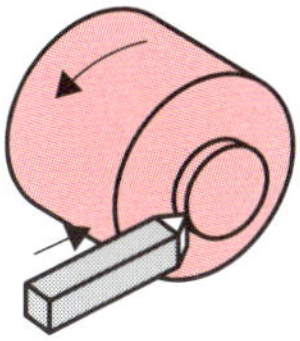
②端面加工

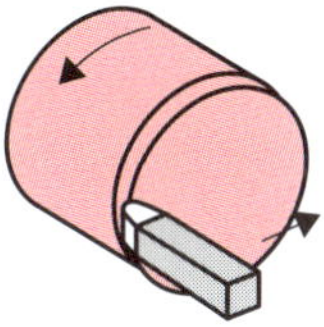
③正面加工

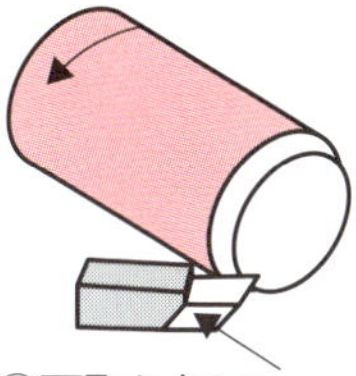
④面取り加工

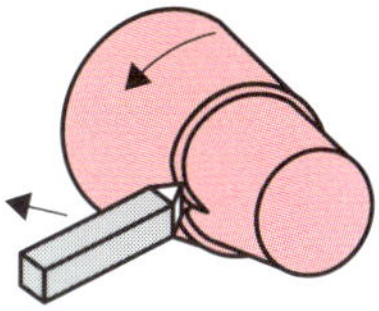
⑤テーパ加工

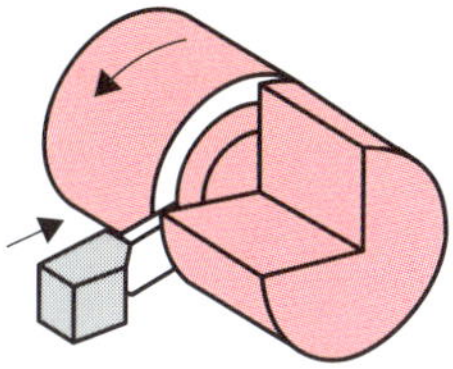
⑥溝加工

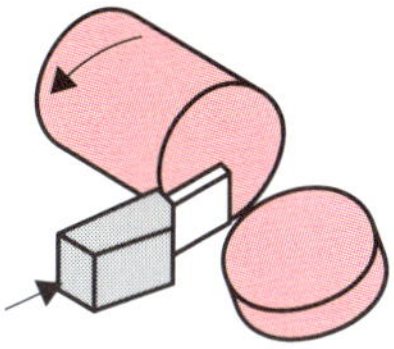
⑦突っ切り加工

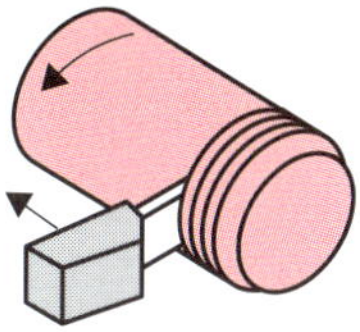
⑧おねじ加工

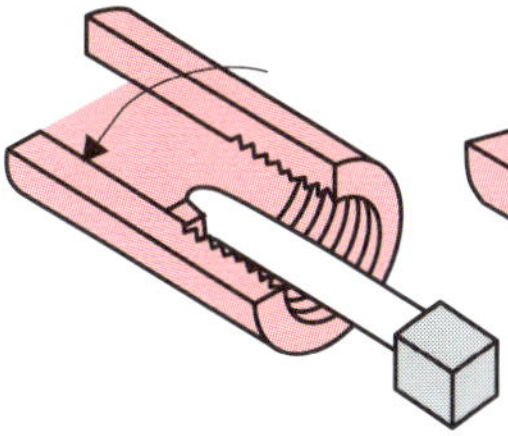
⑨めねじ加工

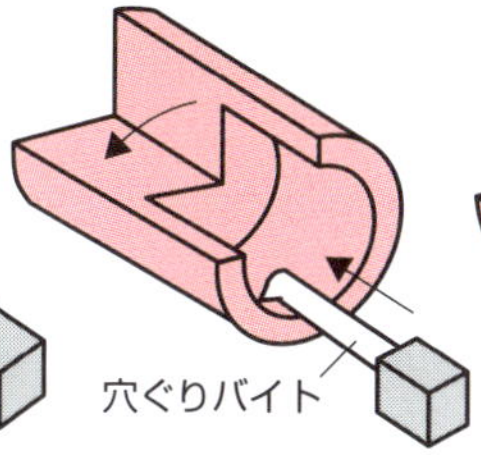

⑩穴ぐり

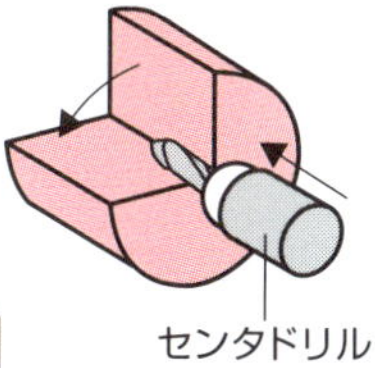

⑪センタ穴加工

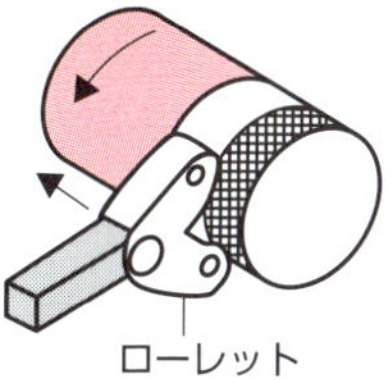

⑫ローレット加工

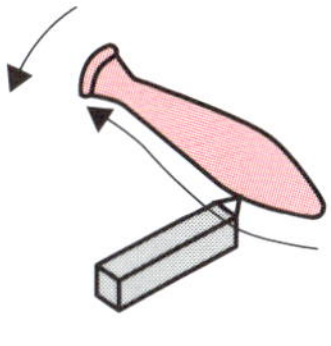
⑬曲面加工

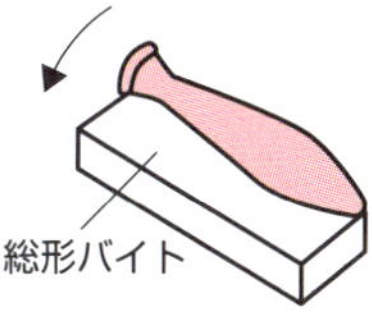

⑭総形加工

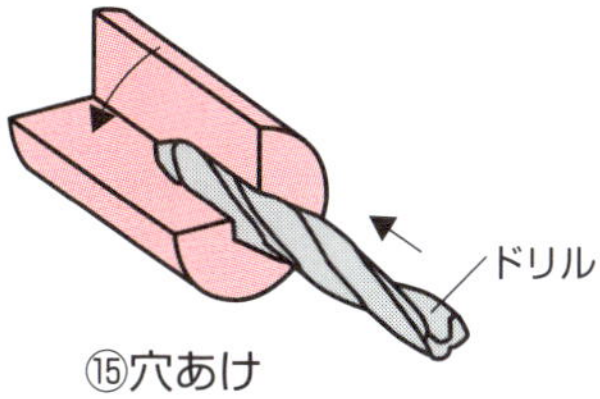

⑮穴あけ

49 平面や溝を削る平削り・形削り

工作物の広い平面を加工する

「平削り」は、平削り盤と腰折れバイト（首の曲がったバイト）を用いて工作物の平面や溝を削る加工法で、また形削りは形削り盤とそのバイトを用いて同様の加工を行うものです。

「平削り盤」は、プレーナとも呼ばれており、これには片持ち式と門形のものがありますが、いずれの機械も、ベッドの案内面上を水平往復運動するテーブルに工作物を、またクロスレールの案内面に沿って移動する刃物台にバイトを取り付けて、工作物の広い平面を加工するものです。

平削りの場合は、バイトに上下方向の送りで切り込みを与え、そしてテーブルを往復運動させながら、クロスレールに沿ってバイトを間欠的に送って工作物の平面を切削するので、比較的精度の高い加工ができます。

そのため工作機械用ベッドの案内面のような複雑形状の大物工作物、また切削力や熱による変形を嫌う工作機械のテーブルや薄物工作物などの切削に適用されています。

しかしながら最近は、加工能率が低いなどの理由で、平削り盤はフライス工具を用いるプラノミラー（ベッド形フライス盤）などに置き換わっています。

また「形削り盤」は、シェーパと呼ばれており、比較的小物の工作物の平面を削ったり、溝を入れたりする機械です。

往復運動をするラムに固定された刃物台にバイトを装着し、また上下と左右に移動するテーブルに工作物を取り付け、その平面や溝を加工します。

この場合、切り込みは手動による刃物台の上下の移動で、またテーブルの左右間欠送りはラムの往復運動に連動して、自動的に行われます。以前は切削工具の摩耗を低減するために、形削り盤は角物工作物の黒皮取りなどに多く用いられていましたが、最近は平削り盤と同様、フライス盤に置き換わっています。

要点BOX

- 平削りは工作物の広い平面を加工
- 形削り盤は小物の工作物の平面を削る
- 最近はフライス盤に置き換わる傾向

平削りと形削り

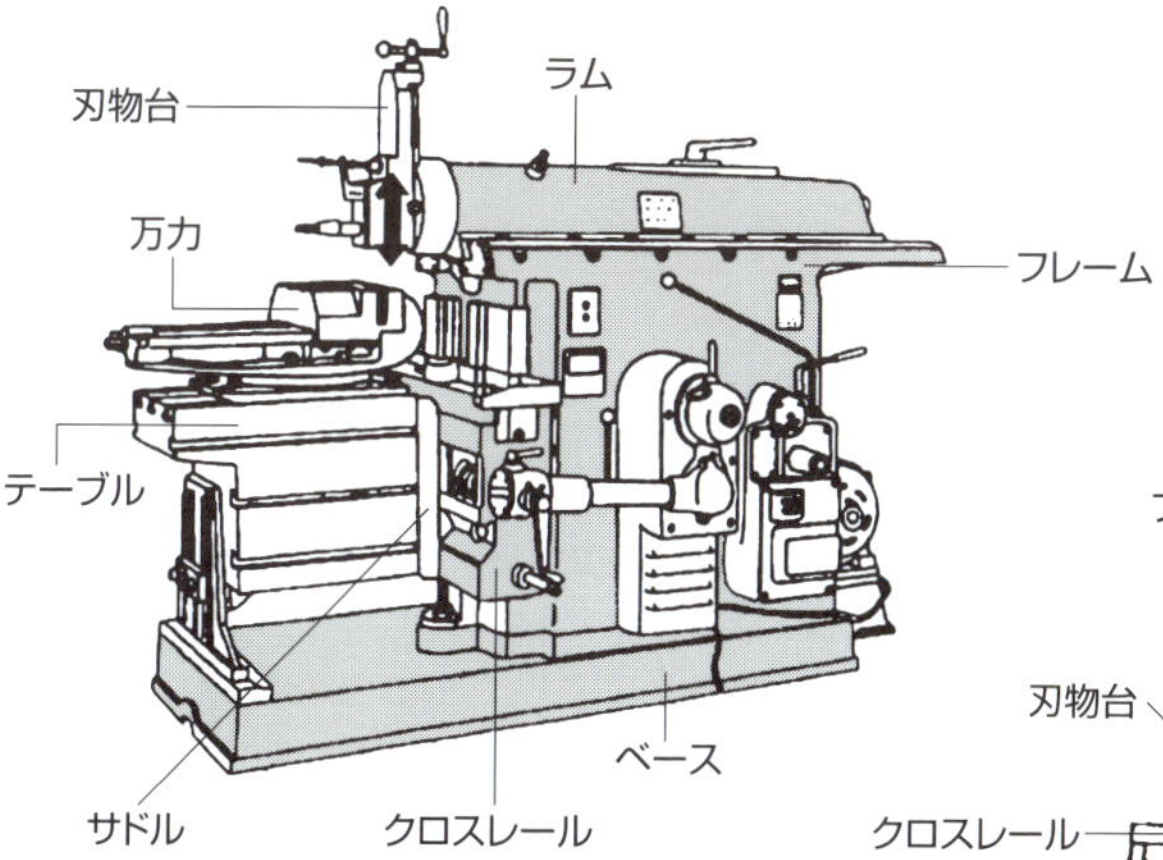

形削り盤

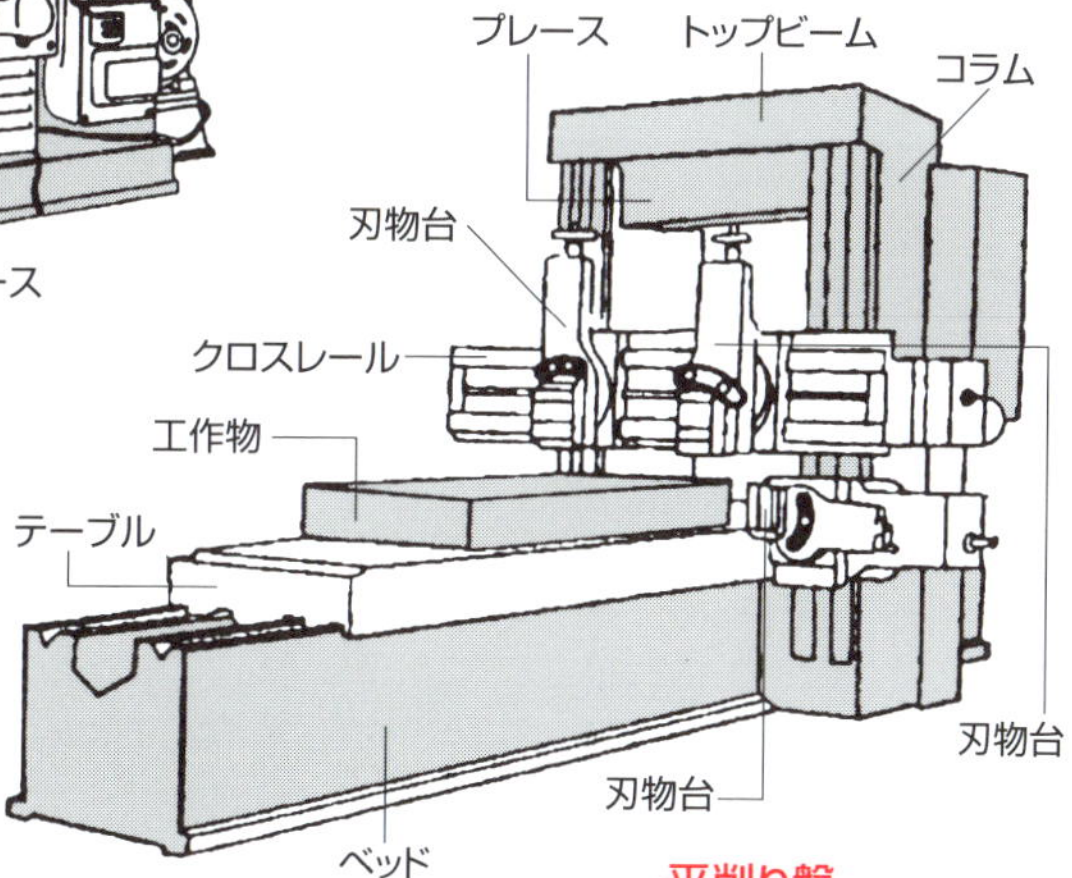

平削り盤

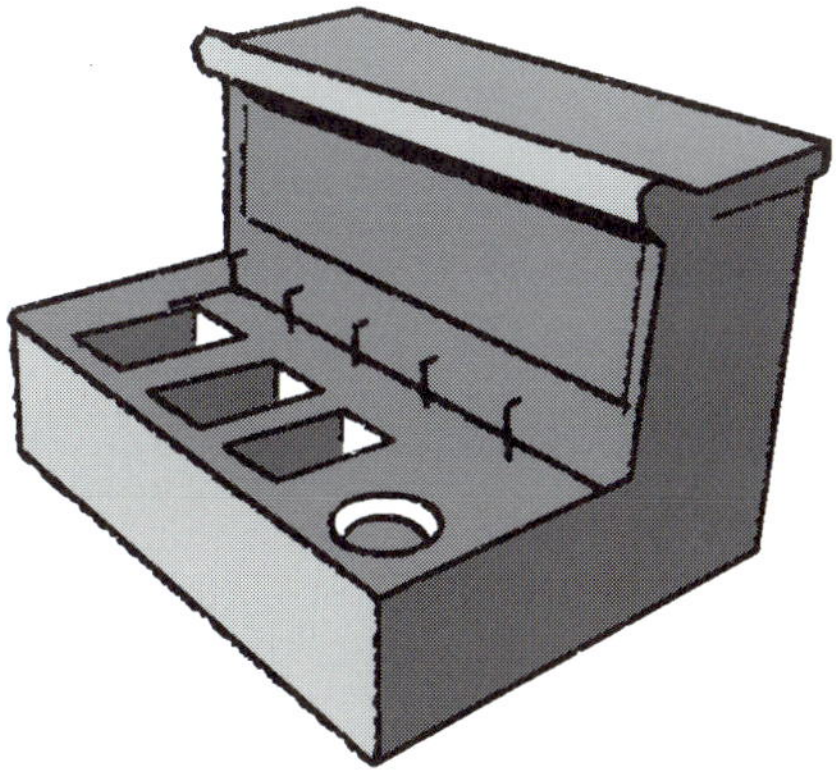

工作機械のベッド

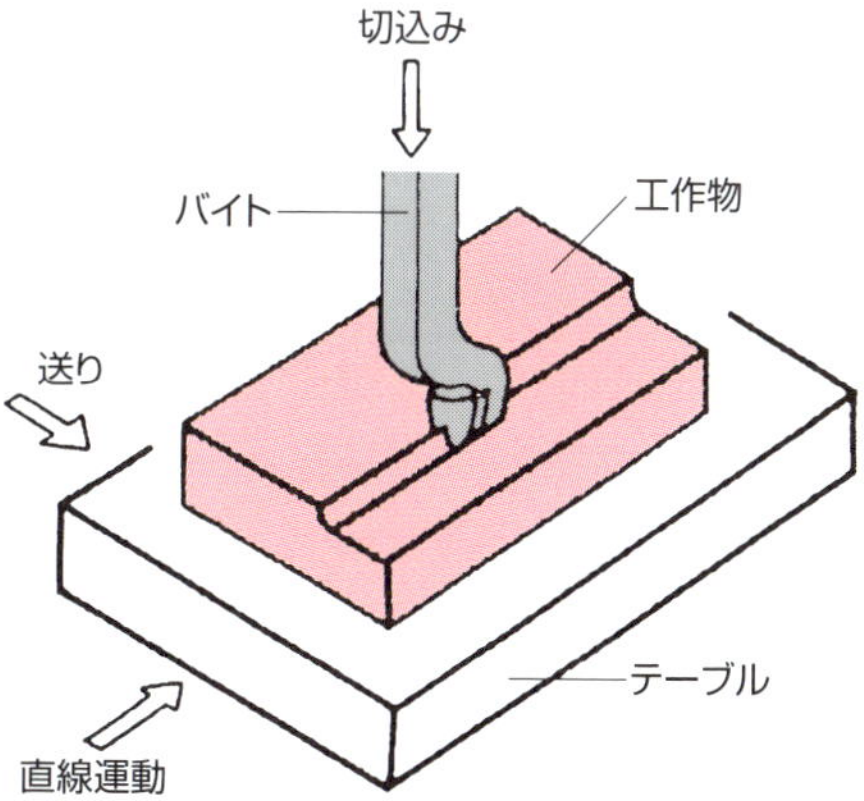

バイトによる切削

50 ボール盤と穴あけ作業

卓上ボール盤、直立ボール盤、ラジアルボール盤

「ボール盤」には、卓上ボール盤、直立ボール盤およびラジアルボール盤などがあります。

一般によく知られているボール盤は、作業台の上などに据え付けて使用する小形の「卓上ボール盤」で、通常、穴あけができるドリルの直径は13ミリまでです。

また「直立ボール盤」は主軸がテーブル面に対し垂直な立て形の機械で、通常、穴あけ用の主軸送り装置とともに、タップ立てが可能な回転切換装置が付いています。

そして「ラジアルボール盤」は、コラムを中心に旋回できるアームに沿って主軸頭が移動する大形の機械で、床に据え付けて使用され、大きな工作物の穴あけ作業などに用いられます。

これらのボール盤で使用する切削工具には、各種のドリル、リーマおよびタップなどがあります。

ドリルを用いて穴加工する場合は、あらかじめポンチで穴加工する場所に打痕《だこん》を付けておくか、センタ穴ドリルを用いてセンタ穴をあけておくと、ドリルが工作物に食い付く時に、その先端が逃げず、上手な穴あけができます。

また精度の高い穴加工をする場合は、あらかじめドリルで下穴をあけておき、その後、リーマを用いて仕上げをします。

そして穴をくり広げる場合は、中ぐり棒にバイトを取り付け、ボール盤の主軸方向に送りをかけて、所要の寸法に中ぐりします。

六角穴付きボルトの頭を工作物中に沈めるような場合は、あらかじめボルト直径に合った下穴をあけておき、その後、コアードリルを用いて段付き穴を加工をし、また皿小ねじの場合は、同様に座ぐりフライスなどを用いて穴の皿座ぐりをします。そしてねじ立てをする場合は、一般にねじの直径よりピッチを引いた直径のドリル（下穴ドリル）で下穴をあけておき、その後、所要の寸法のタップでねじを切ります

要点BOX

- ●卓上ボール盤で穴あけ可能なドリル直径は13ミリ
- ●ドリルを用いる穴加工はポンチで打痕
- ●切削工具はドリル、リーマ、タップ

ボール盤の種類

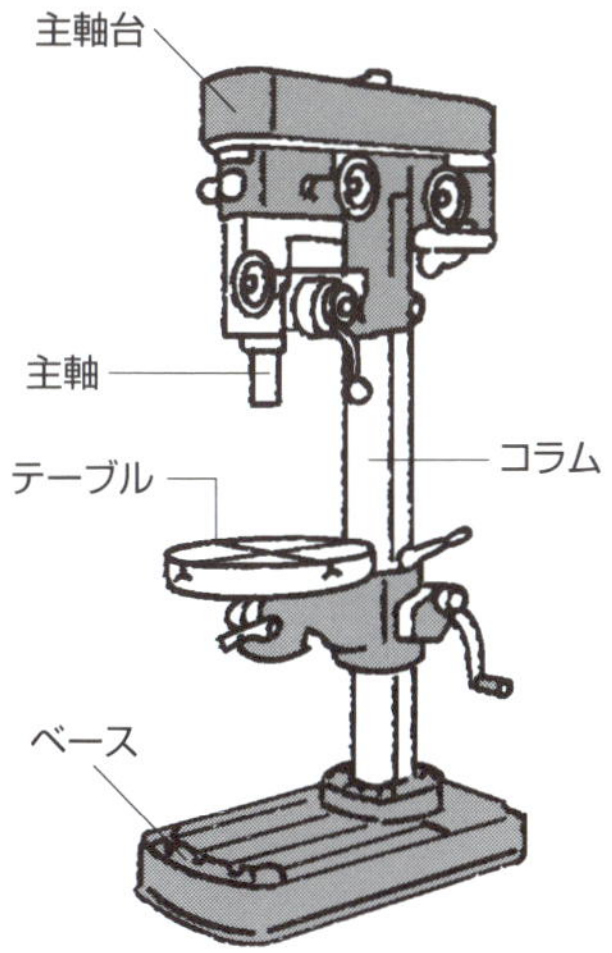

直立ボール盤

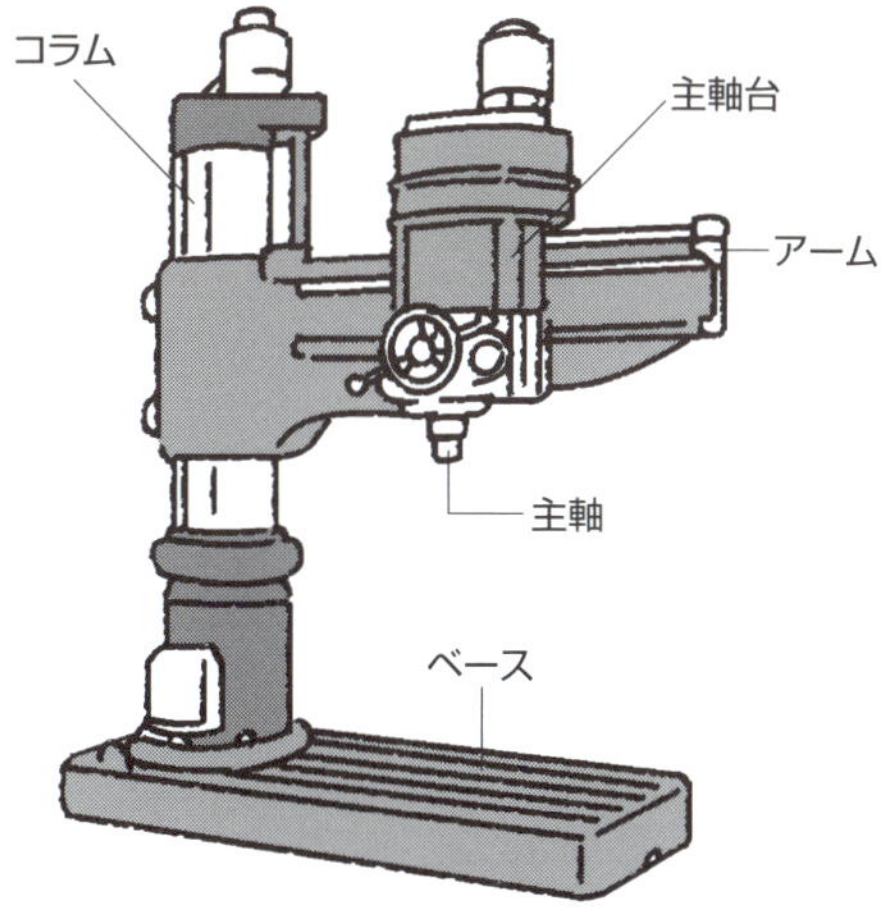

ラジアルボール盤

ボール盤による加工

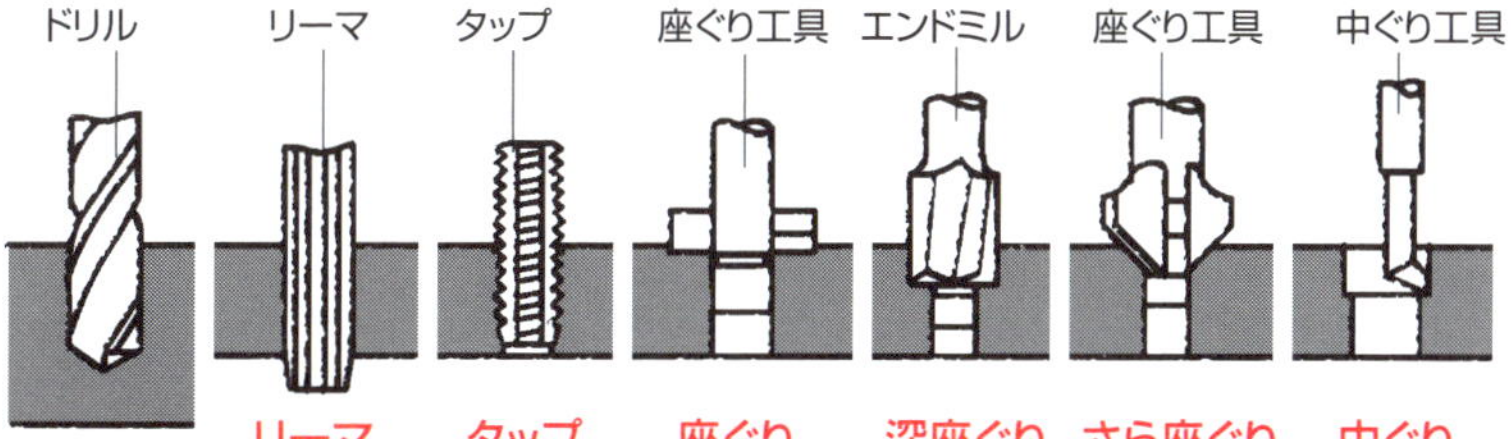

穴あけ　リーマ仕上げ　タップ仕上げ　座ぐり　深座ぐり　さら座ぐり　中ぐり

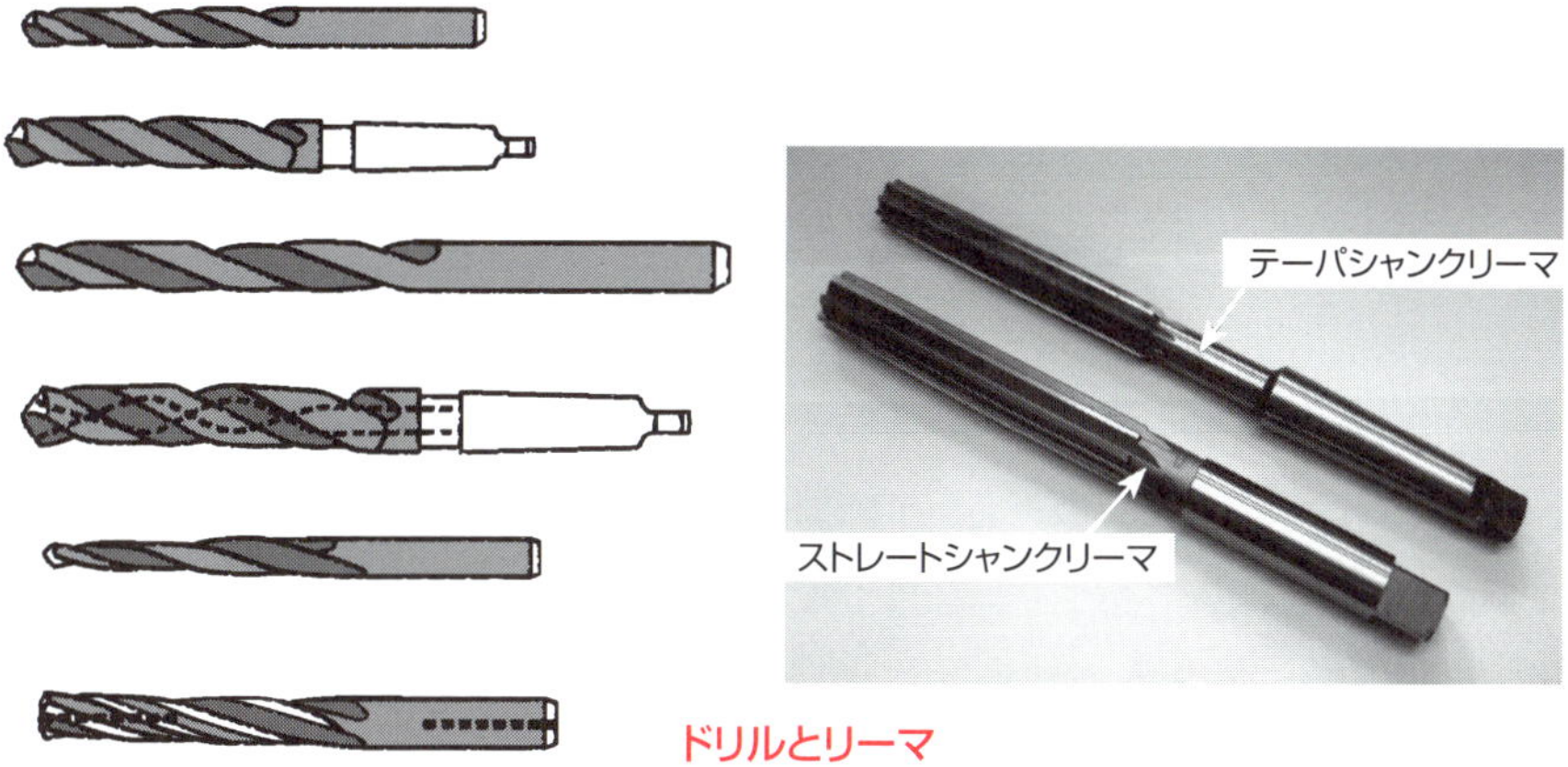

ドリルとリーマ

51 立てフライス盤でできるいろいろな加工

ニータイプの工作機械

「立てフライス盤」はテーブル面に垂直な主軸をもち、切削工具を回転して工作物を加工するニータイプの工作機械です。

　フライス盤の主軸に正面フライス、エンドミルおよびドリルなどを装着し、またテーブル面にバイス（機械万力）などを用いて工作物を取り付けます。そしておのおののハンドルを操作して、テーブルを横（X軸）、前後（Y軸）および高さ（Z軸）方向に動かすことにより、平面、溝および穴などの各種加工を高精度に行います。

　通常、角物削りでは、その最も広い面を基準面としますが、その平面削りには正面フライスを用います。

　正面フライスはフェースミルとも呼ばれ、円筒外周面とその端面に複数の切れ刃をもつ切削工具で、最近は超硬合金製のチップを装着す「スローアウェイ方式（交換式）」のものが多く使用されています。

　また段差・側面加工、ポケット・溝加工およびキー溝などの加工には「エンドミル」が用いられます。このエンドミルは外周面と端面に切れ刃をもつシャンク（柄付き）タイプのフライスで、その材質には高速度工具鋼や超硬合金などがあります。

　エンドミルの形状は刃径、刃長、全長および刃数で表され、またその刃先形状にはスクエア、ラジアスおよびボールの3種類、そしてそれぞれ円筒刃とテーパ刃の2種類があります。

　通常、スクエアエンドミルは溝加工、テーパは勾配加工に、そしてボールは形彫りなどの加工に使用されます。

　このように立てフライス盤を用いた加工は、正面フライス削りやエンドミル削りが主になりますが、この他、あり溝フライスによるあり溝削り、T溝フライスによるT溝削り、ドリルを用いた穴あけ、沈めフライスによる座ぐり加工および面取りフライスによる面取り加工などがあります。

要点BOX

- ●テーブルをX-Y-Z軸方向に動かす
- ●エンドミルの材質は高速度工具鋼や超硬合金
- ●T溝削り、穴あけ、座ぐり加工、面取り加工

いろいろな立てフライス加工

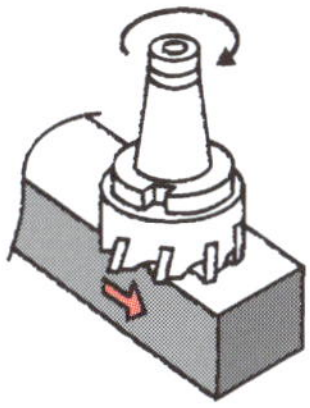
平面加工

段差･側面加工

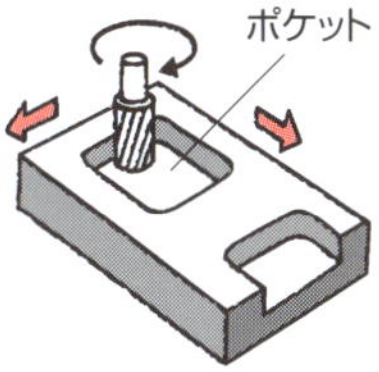

ポケット･溝加工

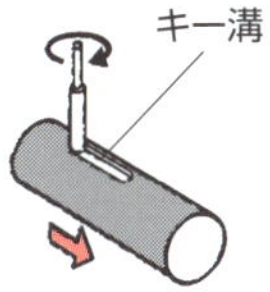

キー溝加工

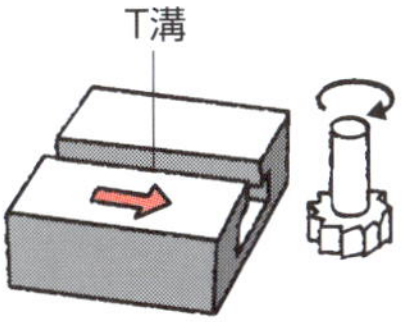

T溝加工

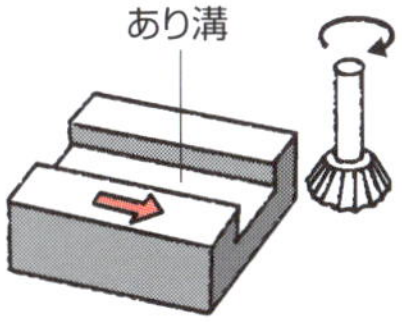

あり溝加工

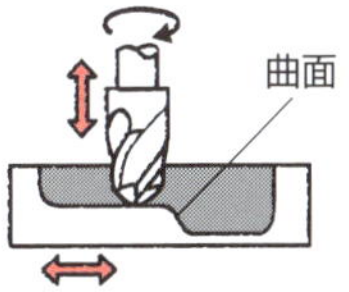

曲面加工

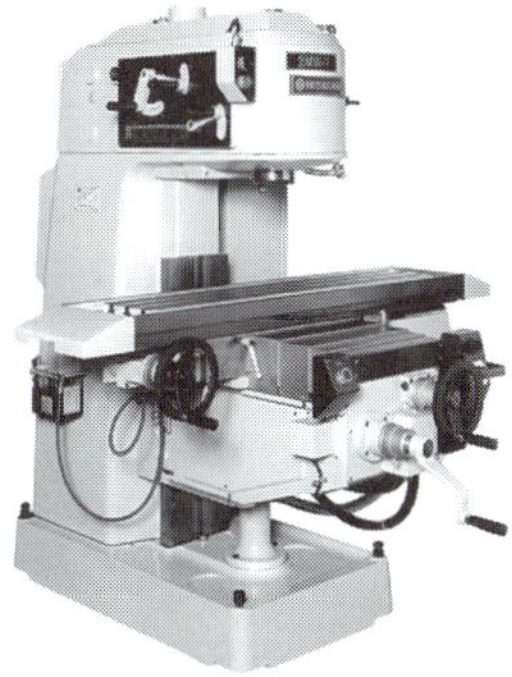
立てフライス盤
（日立ビアメカニクス）

あり溝フライス

エンドミル

正面フライス

52 フライス盤に装着する付属品

ボーリングヘッドや円テーブル

フライス盤にはいろいろな付属品があり、ボーリングヘッドはドリルであけた穴をくり広げ、高精度に中ぐりする場合に用いるものです。

ボーリングヘッドのホルダ穴にボーリングバイトを取り付け、そしてカラーを回して、そのホルダを半径方向に移動して切削することにより、精度の高い中ぐりができます。

また円テーブル（サーキュラテーブル）は角度割り出し機能をもった装置で、その回転ハンドルを回すと、テーブルが回転するようになっていて、この回転を利用して割り出しや円弧切削を行います。

まず円テーブルをフライス盤に装着し、そしてそのテーブル面のT溝を用いて工作物を取り付けます。この場合、工作物の表面に所定の円弧をけがいておき、まただんご針（ゴム粘土に針を固定したもの）をフライス盤の主軸に固定し、円テーブルのハンドルを回して、針がけがき線上を移動するように工作物を位置決めします。

工作物の位置決めが終わったならば、同様に、円テーブルのハンドルを手で回して、エンドミルで工作物の円弧切削を行います。

また割出し台（インデックスヘッド）は工作物の円周を分割したり、ねじれ溝を切削するのに用いる装置で、フライス盤のテーブルに取り付けます。

この割出し台にはチャックが装着されていて、ハンドルを回すと、そのチャックが回転するので、この回転を利用し、工作物の外周を分割し、ドリルやエンドミルで穴あけや溝削りなどをします。

そして立てフライス盤の送りねじと割出し台の駆動軸を適切な換え歯車で連結し、テーブルの直線運動と割出し台のチャック回転運動を同期させることにより、円筒工作物の外周面にエンドミルでねじれ溝を加工することができます。

要点BOX

- ボーリングヘッドはドリルであけた穴をくり広げ、高精度な中ぐりができる
- 割出し台にはチャックが装着

付属品を用いた加工

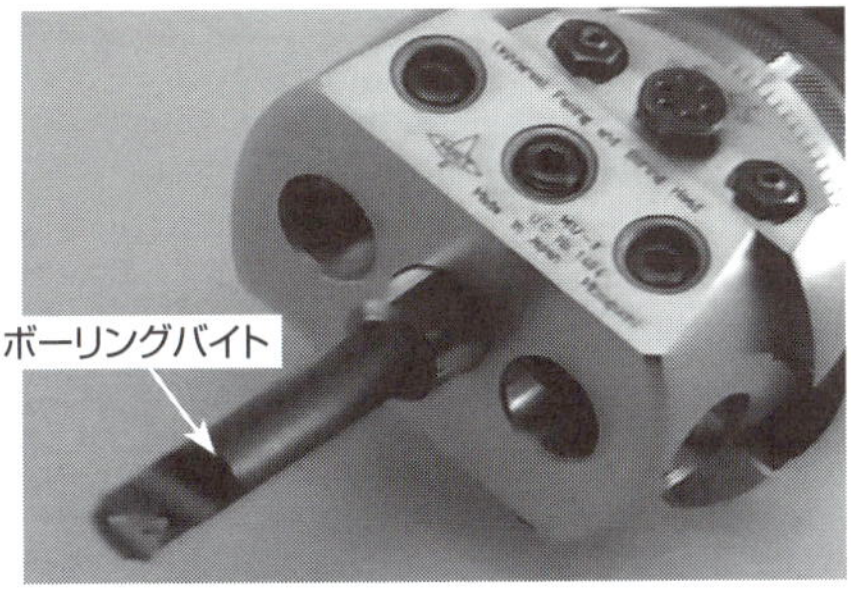
ボーリングバイト

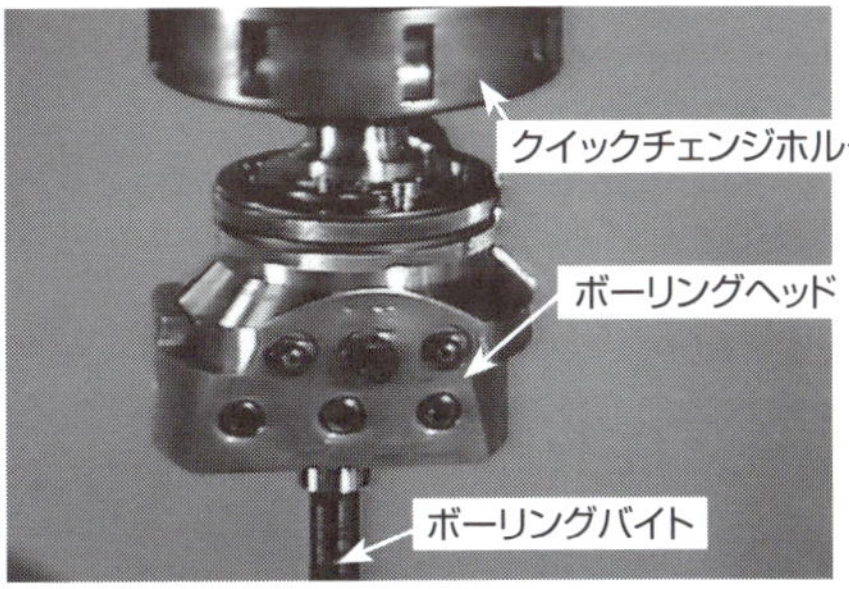
クイックチェンジホルダ
ボーリングヘッド
ボーリングバイト

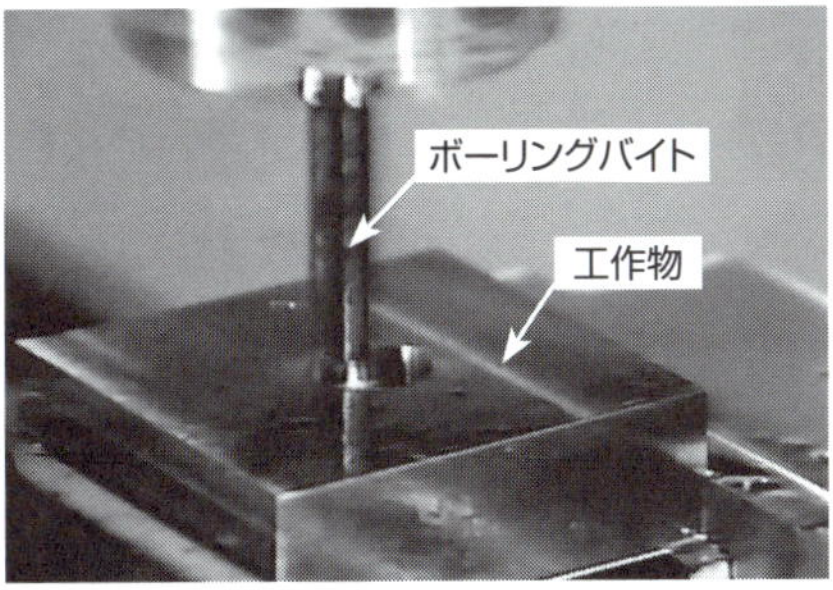
ボーリングバイト
工作物

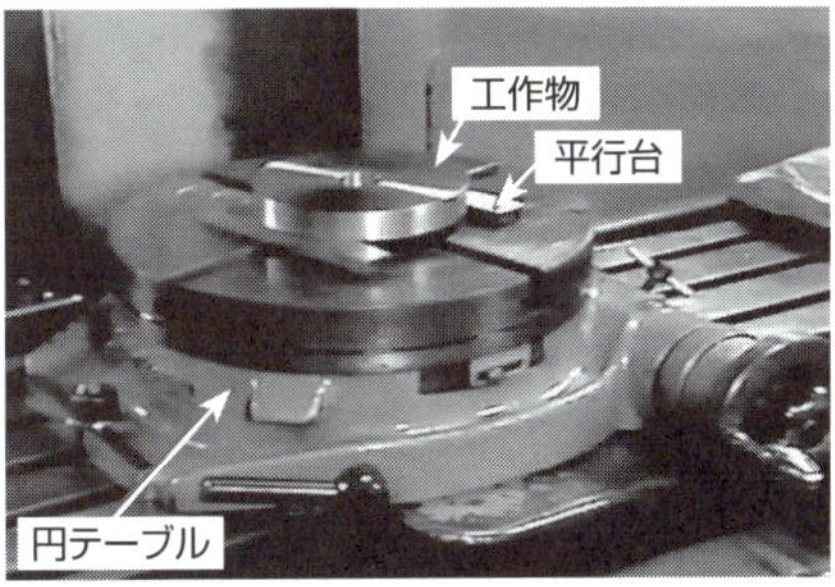
工作物
平行台
円テーブル

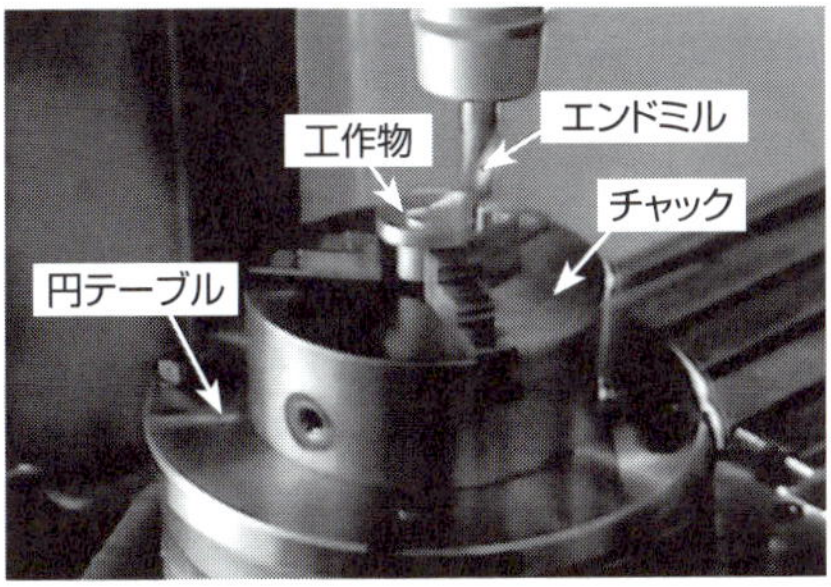
工作物
エンドミル
チャック
円テーブル

チャック
割出し台
ドリル
工作物

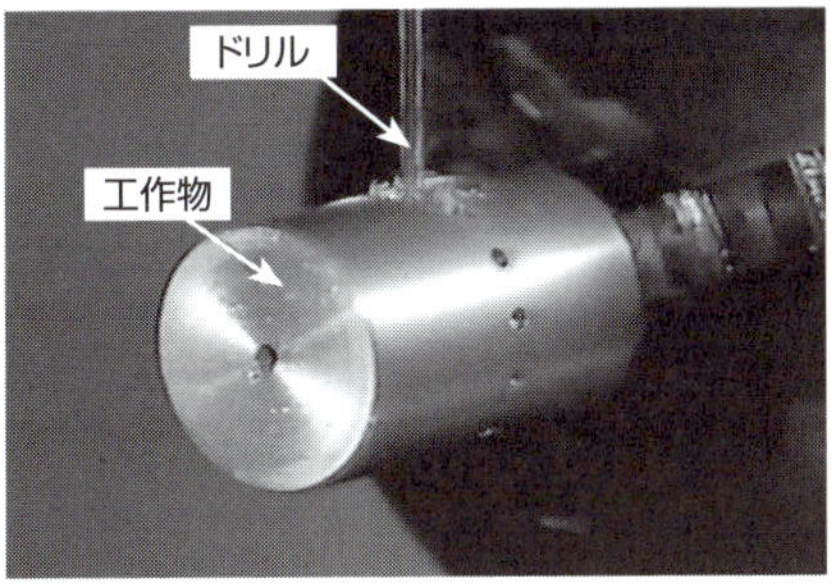
ドリル
工作物

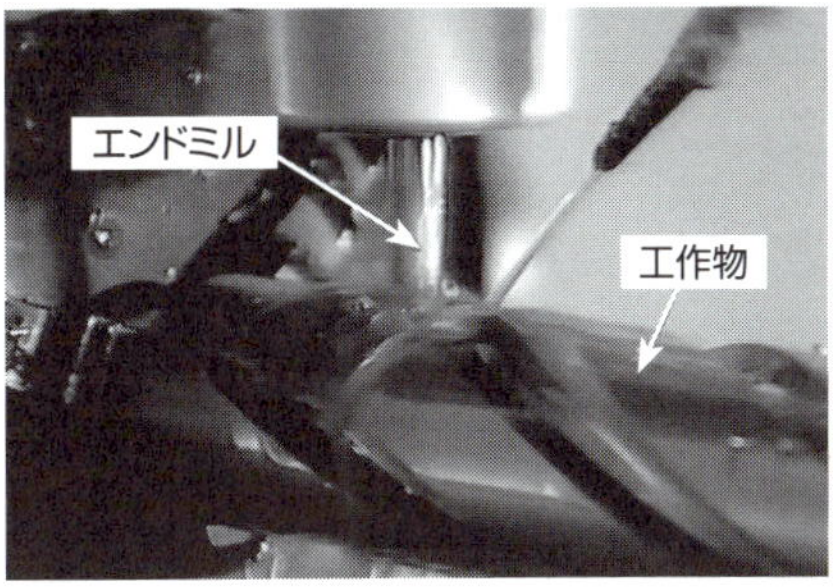
エンドミル
工作物

53 横フライス盤でできるいろいろな加工

テーブル面に対し主軸が平行

「横フライス盤」は、テーブル面に対し主軸が平行なニータイプの工作機械で、各種工具をアーバに取り付けて回転させ、工作物に切り込みを与えた後、テーブルの左右方向の送りをかけて、いろいろな加工を行うものです。

横フライス盤で平面加工を行う場合は、円筒外周面に切れ刃をもつ平フライスをアーバに取付け、そして所定の切り込みを与え、テーブルを送って平面を加工します。

また「段差・側面削り」の場合は、側フライス（サイドカッタとも呼ばれ、円筒外周面と両側面に切れ刃を持つフライス）を、そして面取りには片角フライス（軸に直角な面の片側だけが角度を持つ円筒フライス）をアーバに取り付けて加工を行います。

刃幅の狭い側フライス（約6ミリ以下）をメタルソーといい、このフライスをアーバに取り付けて工作物の切断やすり割り（幅の狭い溝）加工を行います。

また「V溝加工」をする場合は、円筒の両側に等しい角度の切れ刃をもつ等角フライスをアーバに取付け、所定の切り込みを与えて、2つの等角な斜面を削り出します。同様に、「丸溝加工」には外丸フライスを、また「丸山加工」には内丸フライスを用います。

「外丸フライス」は外周面に外丸の切れ刃をもった総形フライスで、半円形の溝の削り出しに、また「内丸フライス」は外周面に丸くくぼんだ切れ刃をもつ総形フライスで、半円形の凸部の削り出しに用いられます。

また割出し台とインボリュートフライスを用いれば、平歯車加工ができます。この場合は、円筒外周切れ刃の側面がインボリュート形状をしたインボリュートフライスをアーバに取付け、そしてフライス盤のテーブルに設置した割出し台で工作物の割り出しを行いながら、歯車を削りだします。

要点BOX

- 刃幅の狭い側フライス（約6ミリ以下）をメタルソーという
- テーブルの左右方向に送りをかけて加工

いろいろな横フライス加工

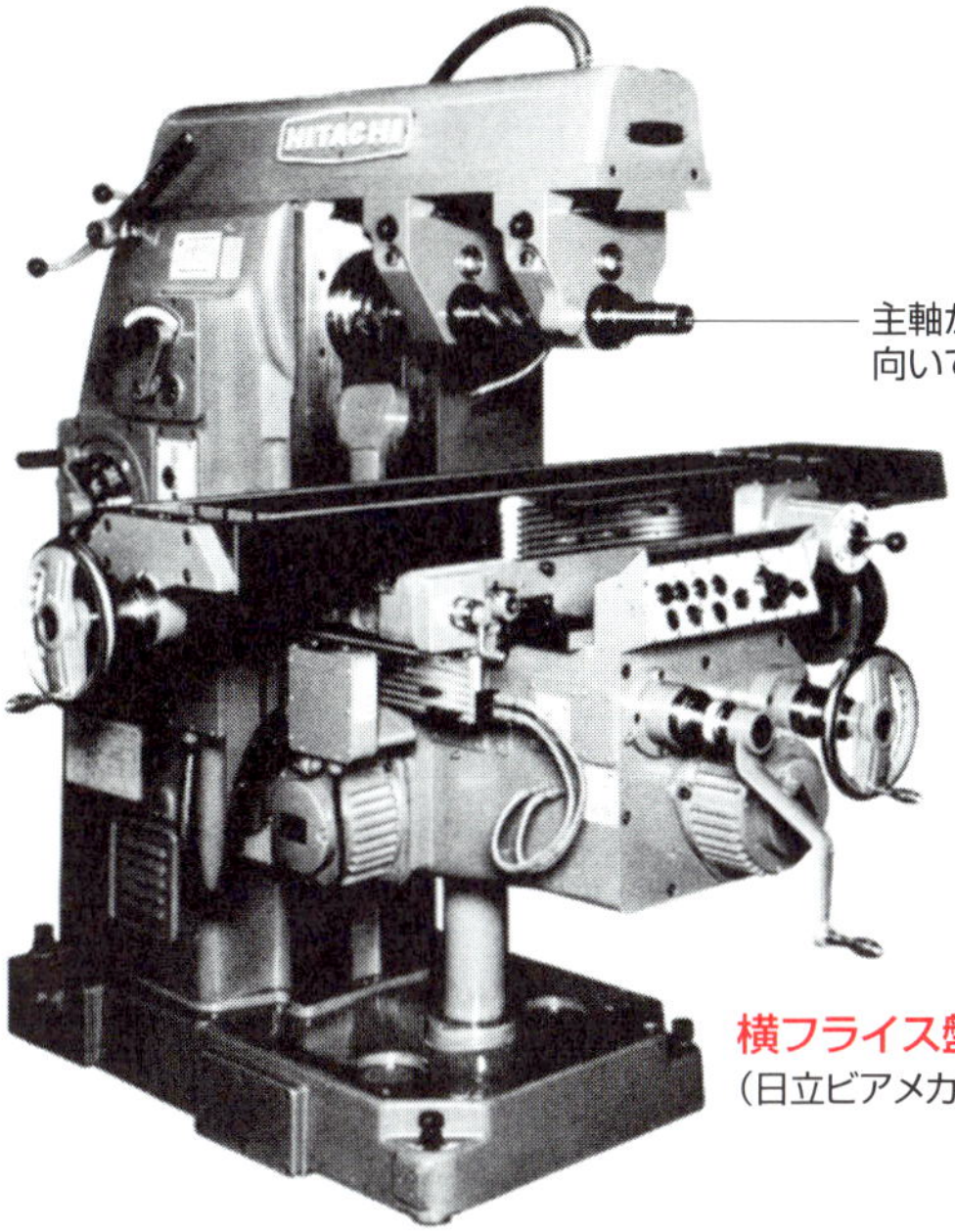
主軸が横を
向いている

横フライス盤
（日立ビアメカニクス）

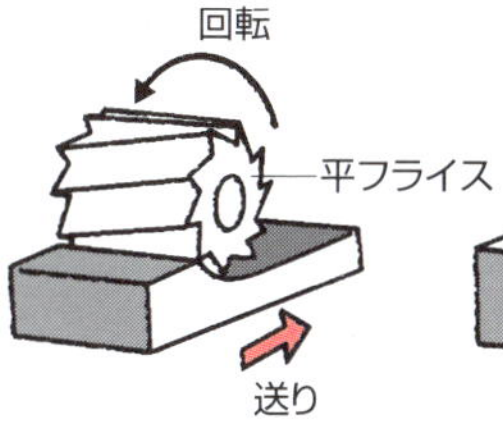

平面加工

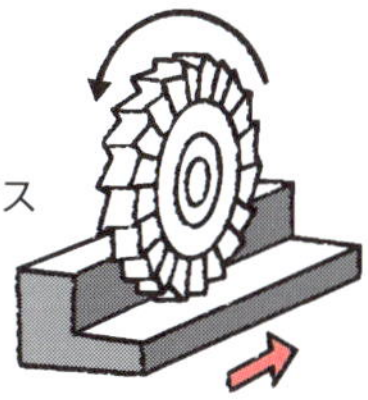

段差・側面加工

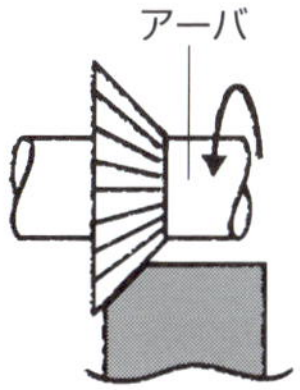

面取り加工

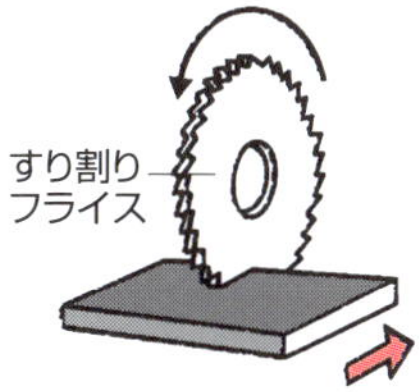

すり割り加工

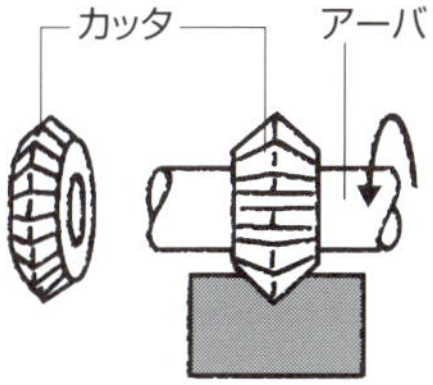

V溝加工

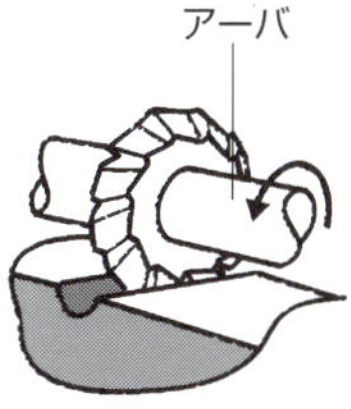

丸溝加工

丸山加工

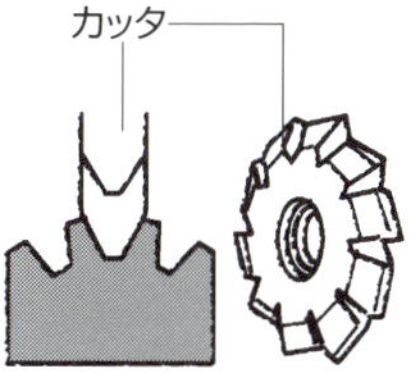

歯切り加工

54 工作機械を用いて各種歯車を加工する

歯切りとブローチ削り

自動車には歯車やスプラインなどが使用されています。歯車は円筒や円錐に歯を付けて、互いにかみ合わせることにより、運動を伝達する機械要素です。

この歯車はホブ盤や歯車形削盤などにより加工されます。そしてこれらの工作機械を用いて各種歯車を加工することを「歯切り」といいます。

歯すじに直角な断面が基準ラックの形状になるようにねじれ溝をつけ、さらに軸方向に複数の溝を入れ、円筒の外周に多くの切れ刃を創成した歯切り工具がホブで、そしてこのホブを用いて歯車ブランクに歯車を切る工作機械が「ホブ盤」です。

またこのホブ盤を用いて歯車を加工することをホブ切り（歯切り）といいます。

またインボリュート歯形をもつ歯車形状の切削工具を「ピニオンカッタ」と呼び、このピニオンカッタに往復運動を与えて形削りを行い、歯車を創成する工作機械が歯車形削り盤で、ギアシェーパともいいます。この歯車形削り盤を用いて歯車を加工することも歯切りです。

また「スプライン」は、シャフトの内周または外周にその回転方向と垂直に溝が切られたもので、自動車のデファレンシャルギアとドライブシャフトの組合せのように、主に大きなトルクを伝達する軸と穴を結合する場合などに用いられます。そしてこのスプラインなどの加工に用いられるのが「ブローチ盤」です。

ブローチ盤は、棒または板状の本体の外周に、荒刃と仕上げ刃とを組み合わせた多数の切れ刃を、軸に沿って、寸法順に配列した切削工具（ブローチ）を用いて、工作物の表面や穴の内面を加工する工作機械です。

そしてこのブローチ盤を用いて、キー溝、丸穴およびスプラインなどをワンパスで加工するのが「ブローチ削り」で、穴の場合を内面、表面の場合を表面ブローチ削りといいます。

要点BOX

- ●歯車は運動を伝達する機械要素
- ●歯車を切る工作機械がホブ盤
- ●ブローチ盤は工作物の表面や穴の内面を加工

歯車加工とブローチ加工

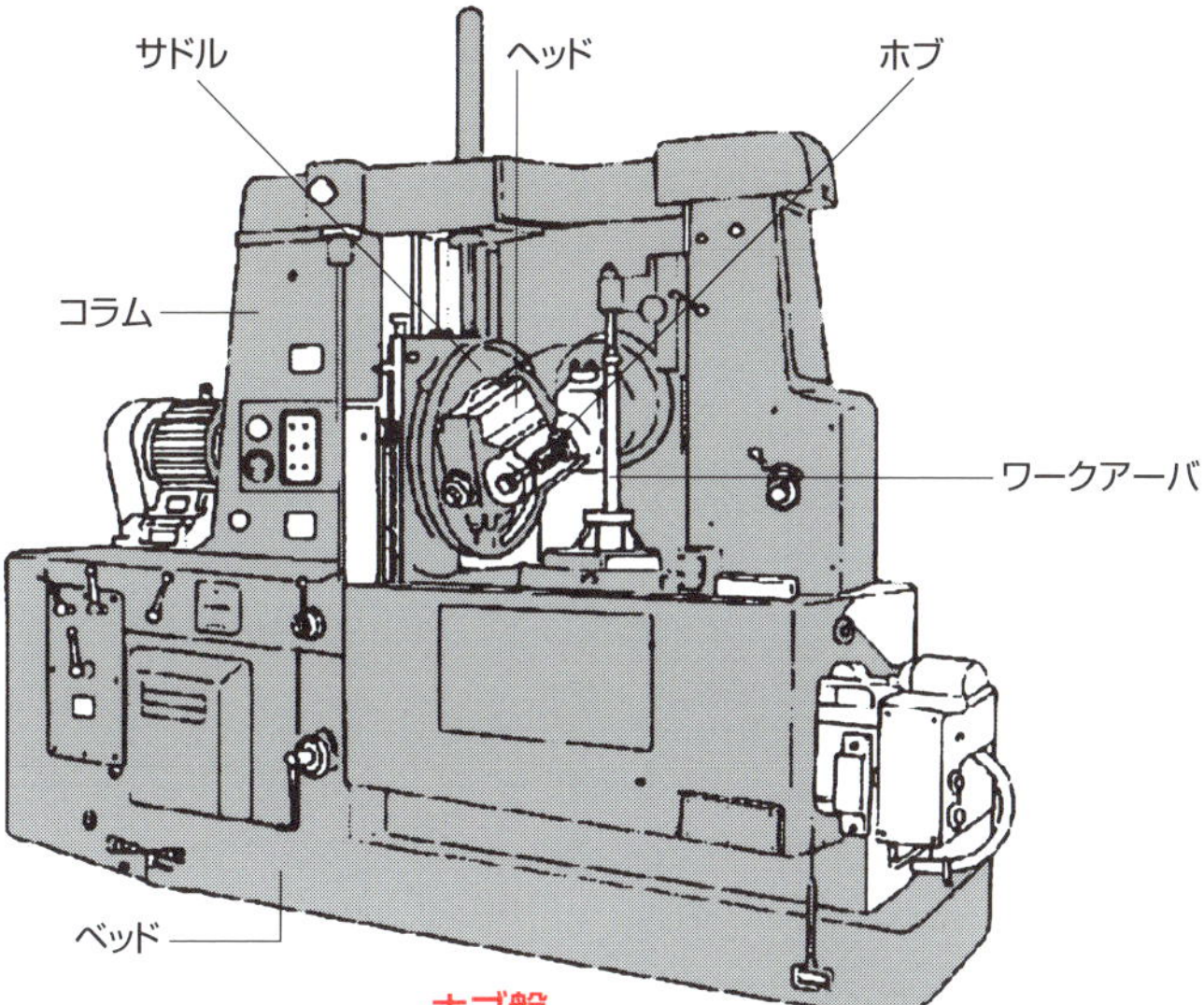

ホブ盤

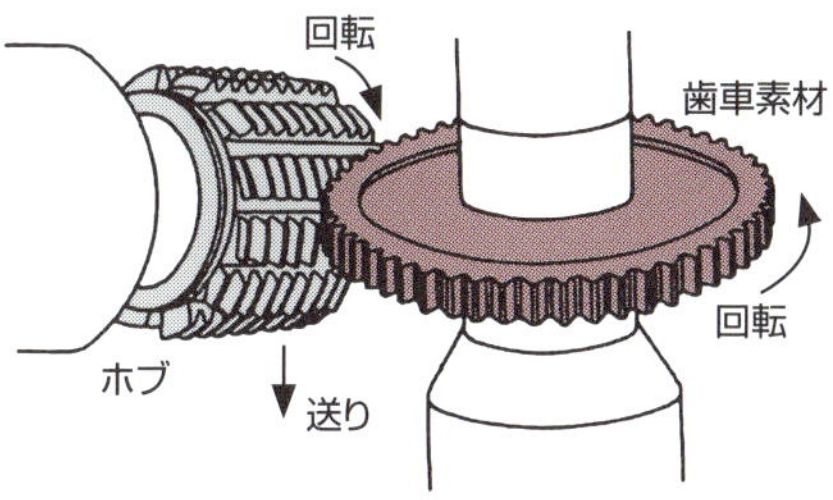

ホブによる歯切り

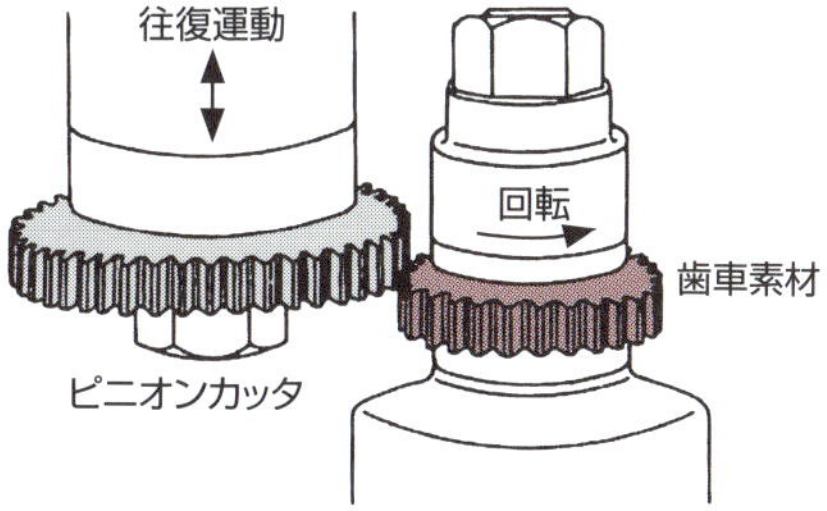

ピニオンカッタによる歯切り

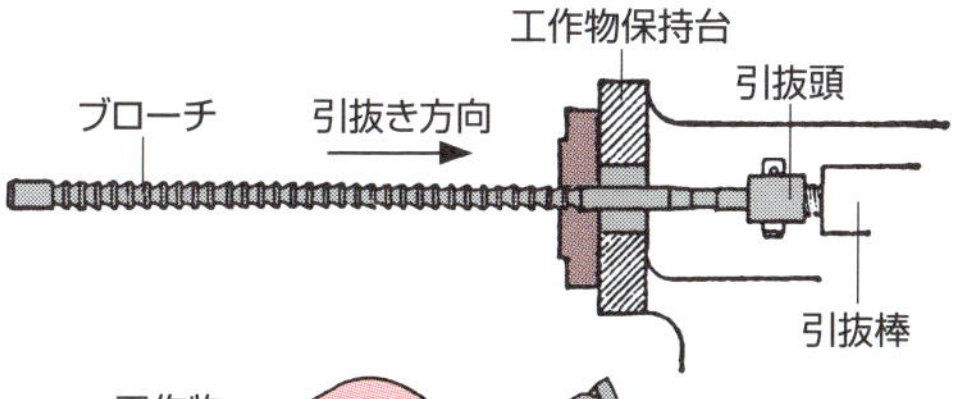

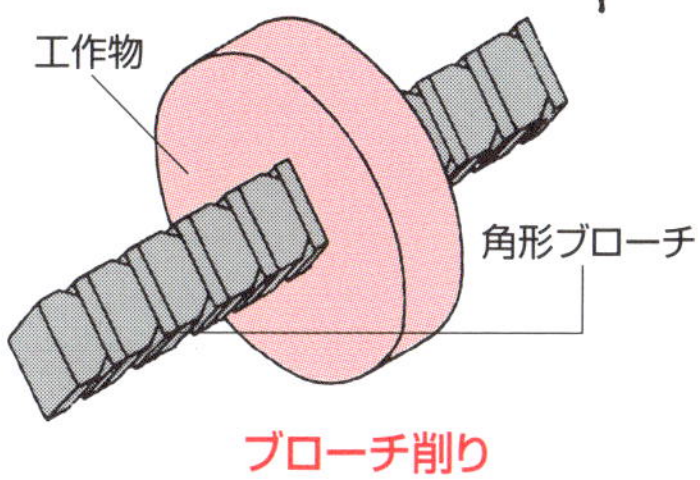

ブローチ削り

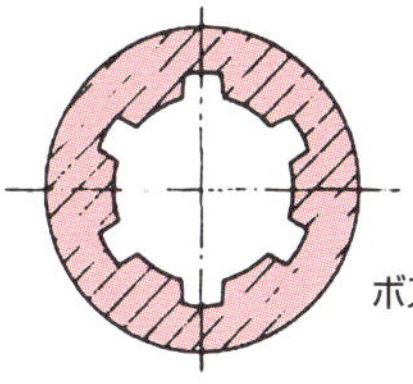

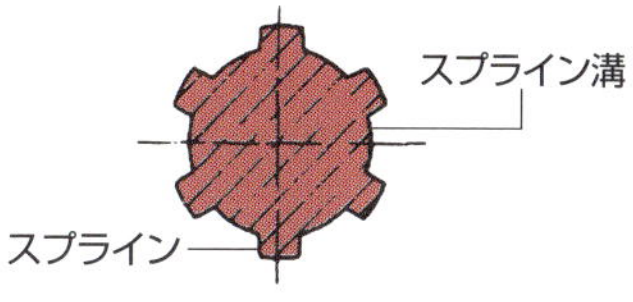

スプライン

55 NC旋盤による加工

旋盤を数値制御し、自動化したのがNC旋盤

旋盤は、主軸に装着したチャックなどに工作物を、また刃物台にバイトを取付け、主軸の回転運動と、往復台（刃物台）の前後、左右の運動により、工作物を所要の形状、寸法に切削する工作機械で、この旋盤を数値制御（NC）し、自動化したのが「NC旋盤」です。

汎用旋盤を用いて、同一の機械部品を多数個、加工しようとすると、誤操作などで、誤差が生じてしまい、同じ形状・寸法精度のものをつくることが困難です。このような場合、NC旋盤を用いれば、刃物台（バイト）の位置制御や、主軸の速度制御などがコンピュータにより正確に行われるので、同じ（公差内）形状・寸法精度の製品を数多くつくることができます。

NC旋盤の場合、主軸の方向（左右方向）がZ軸で、その軸に直角な縦送り方向がX軸です。そのため刃物台（バイト）はZ軸とX軸の平面内を1軸方向に単独で、また2軸同時に連動して移動することになります。

そしてこの時のZ軸とX軸の位置・送り制御の分解能が非常に高く、刃物台（バイト）の位置をミクロン単位で制御できるので、汎用旋盤と比較し、高精度な加工が可能です。

この場合、NC旋盤にはコンピュータが装着しているので、ソフトがなければ動きません。NCプログラムはこのソフトのことで、切削工具や工作物をどのように動作させるか機械に命令するものです。すなわち工具交換を含めて、切削工具や工作物の位置制御や運動制御がプログラムに基づいて行われます。

このNCプログラムに基づいて外丸削り（1軸制御）、テーパ削り（2軸制御）および曲面削り（2軸制御）などが自動的に行われ、また一度、プログラムをつくっておけば、汎用旋盤と比較し、熟練技能を必要とせずに、いつでも同じ作業を行うことができます。最近は工具交換装置のついたNC旋盤（ターニングセンタ）が多く用いられています。

要点BOX

- NC旋盤は同じ（公差内）形状・寸法精度の製品を数多くつくる
- 汎用旋盤と比較し、高精度な加工が可能

NC旋盤と加工

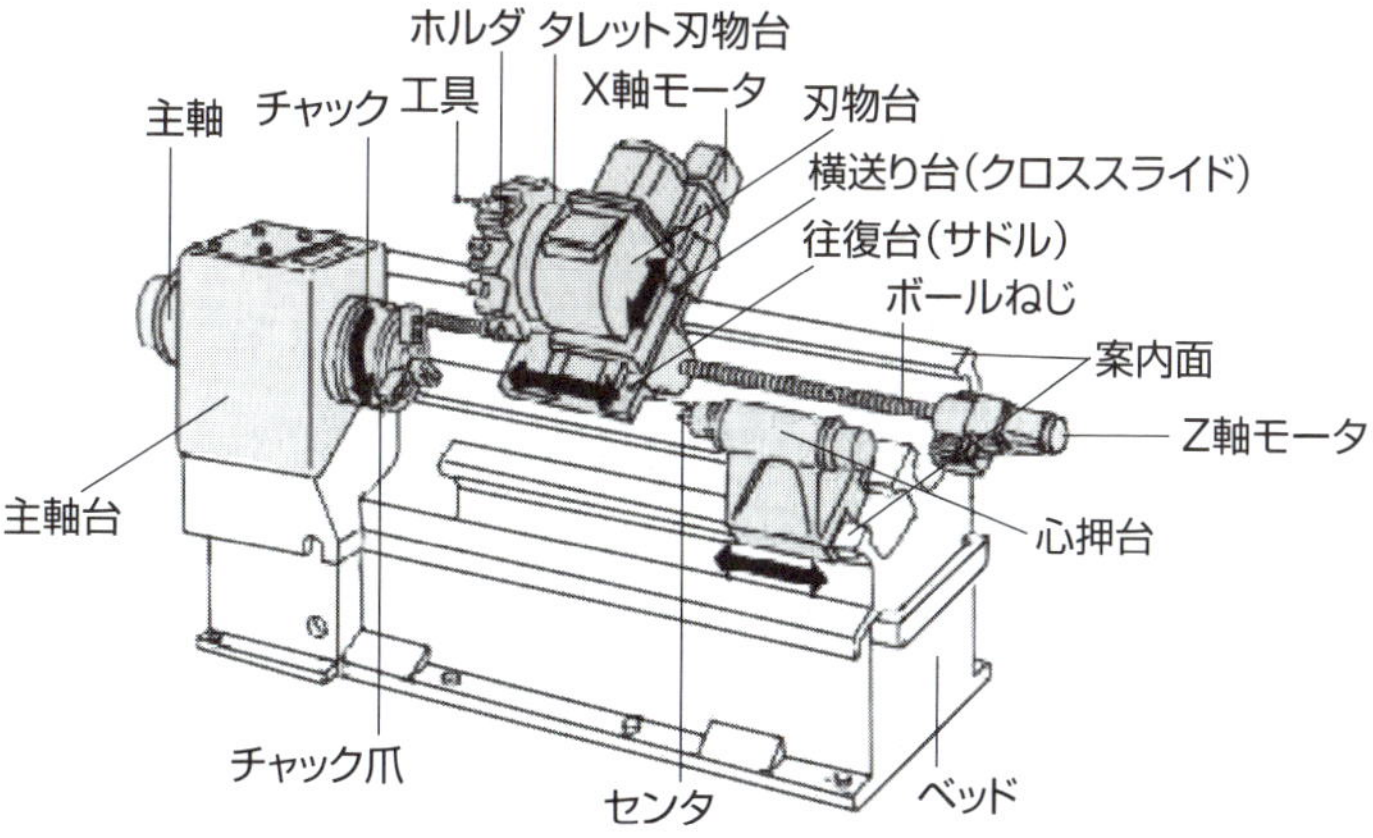

NC(数値制御)旋盤(清水)

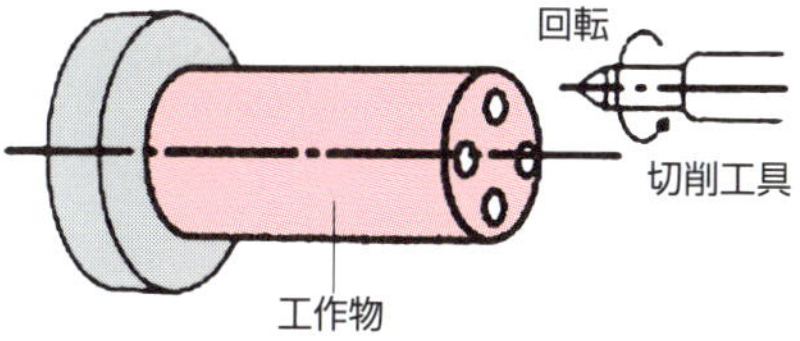

任意角度穴あけ作業

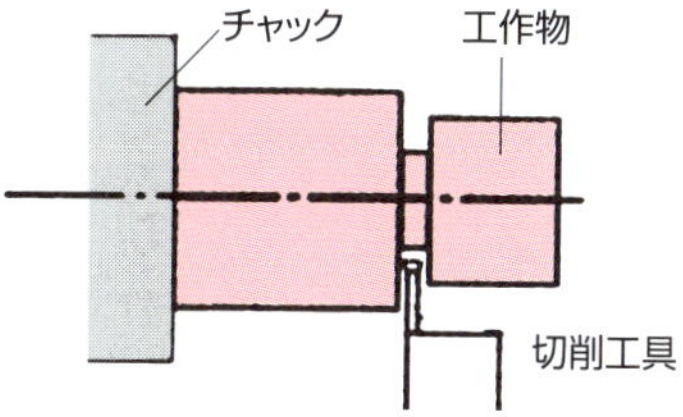

薄切り作業

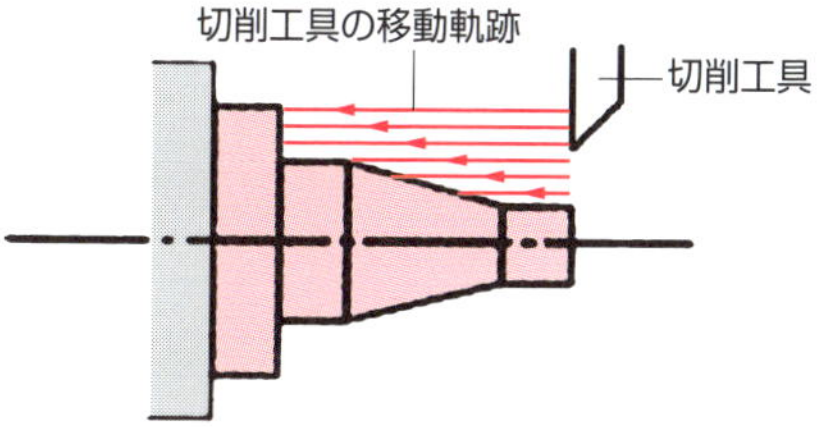

外形削り作業

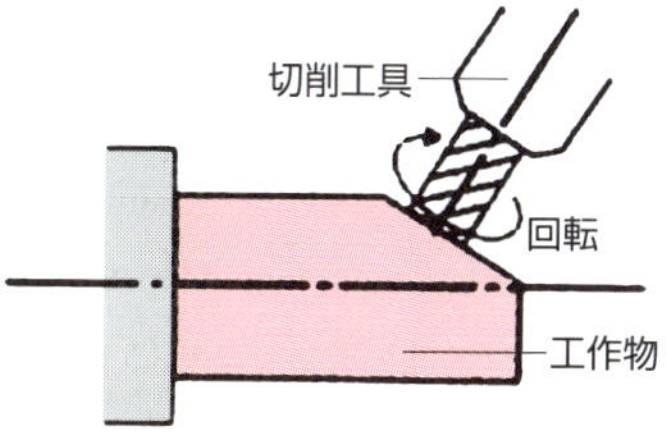

斜面削り作業

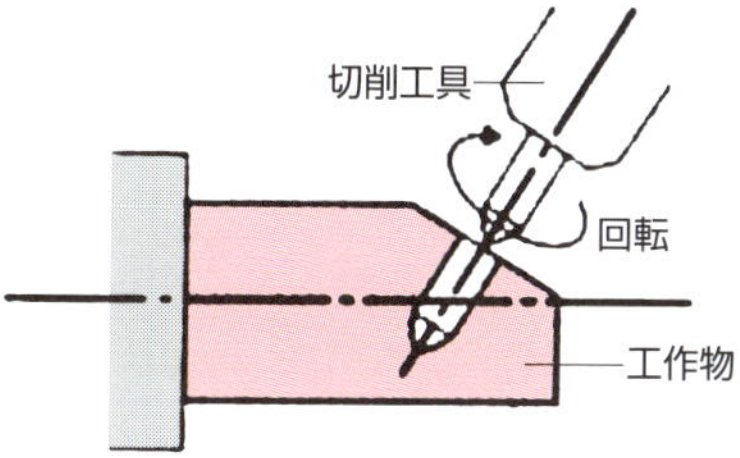

斜面穴あけ作業

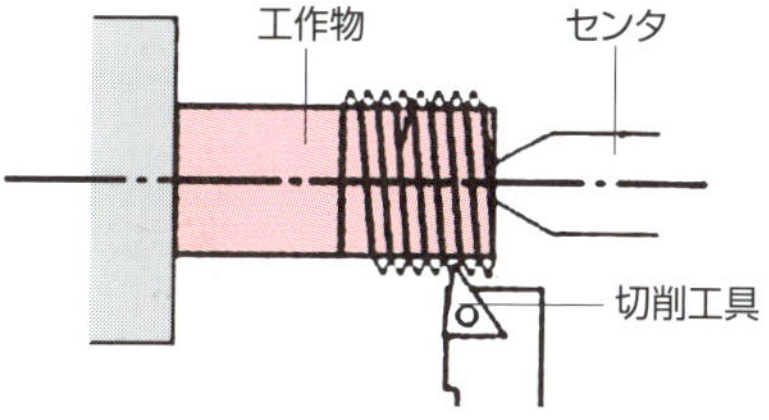

ねじ切り作業

56 マシニングセンタによる加工

1台で多機能をこなす工作機械

NCフライス盤もマシニングセンタもともに、切削工具を回転し、固定してある工作物を削る工作機械であることには変わりがありません。

しかしながらNCフライス盤の場合は、主軸に取り付けた1つの切削工具で工作物を、プログラムに基づいて自動加工しますが、異なる作業をする場合は、作業者が工具交換をする必要があります。

一方、マシニングセンタの場合は、工具交換装置（ATC）が設置されていて、数値制御の指令により、この工具交換が自動で行われます。

このようにマシニングセンタは自動工具交換装置を装備したNCフライス盤で、正面フライス削り、エンドミル削り、穴あけ、リーマ加工、中ぐりおよびタップ立てなどの多種類の加工が、プログラムにもとづいて、1台で自動的に加工ができる多機能工作機械です。

そしてこのマシニングセンタは3次元自由曲面をもつ金型などの加工に多く用いられています。

この機械における工作物の相対運動は、位置や速度などの数値情報で制御され、これらの一連の加工がプログラムの指令に基づいて実行されます。

また機械に装着された工具（ツール）マガジンには、正面フライス、エンドミル、ドリルそしてリーマなどの多数の切削工具が格納されており、コンピュータの指令により、加工目的に応じて所要の工具が選択されます。

このマシニングセンタには、テーブル面に対し主軸が垂直な立形と、平行な横形があります。

立形マシニングセンタは、横方向に長いテーブルを持っており、主として板状工作物の加工に、また横形マシニングセンタは、割出しテーブルを有し、複数の面加工ができるので、主として箱形工作物の加工に適用されています。

また最近はこれらの機械にNC円テーブルやNC割出し台が装着されることもあります。

要点BOX

- ●工具交換装置（ATC）が設置されている
- ●工具交換が自動で行われる
- ●3次元自由曲面をもつ金型加工に最適

マシニングセンタとその加工

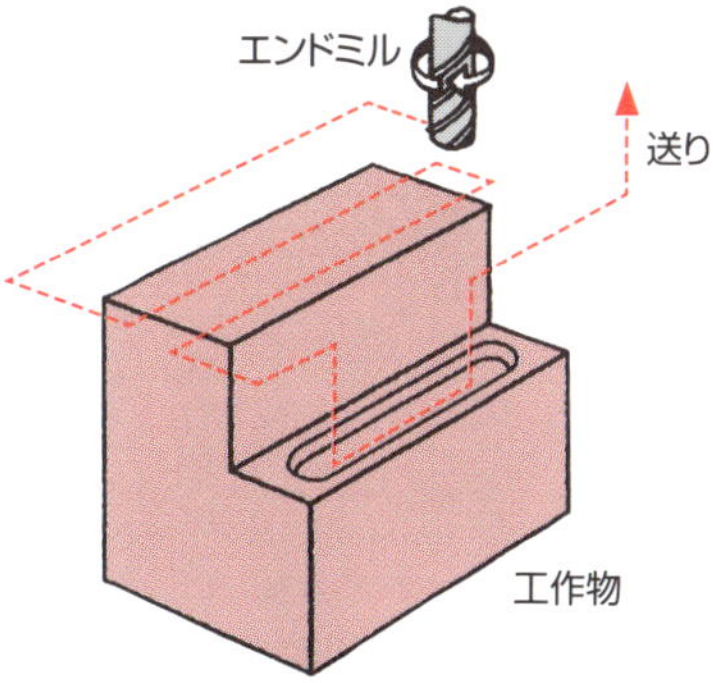

直線制御

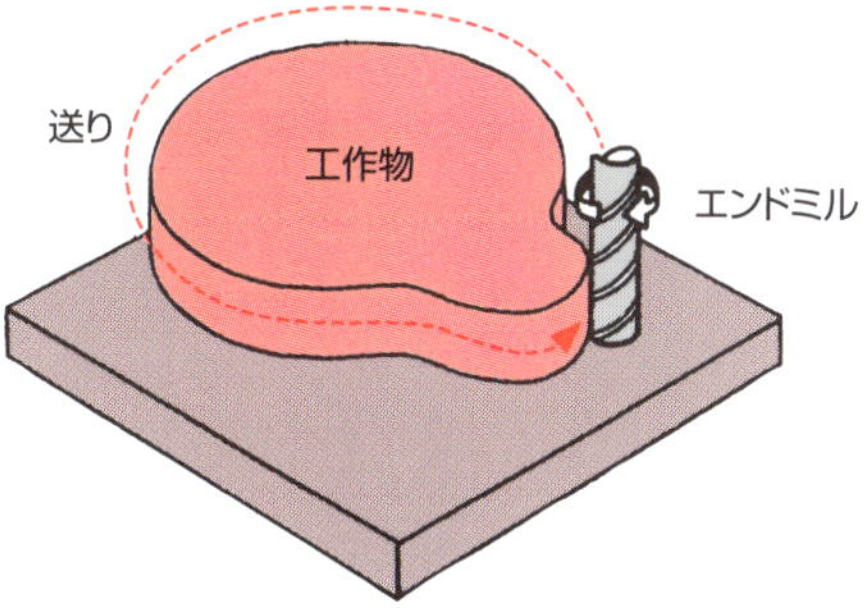

輪郭制御

マシニングセンタによる加工
(ナベヤ)

曲面加工(不二越)

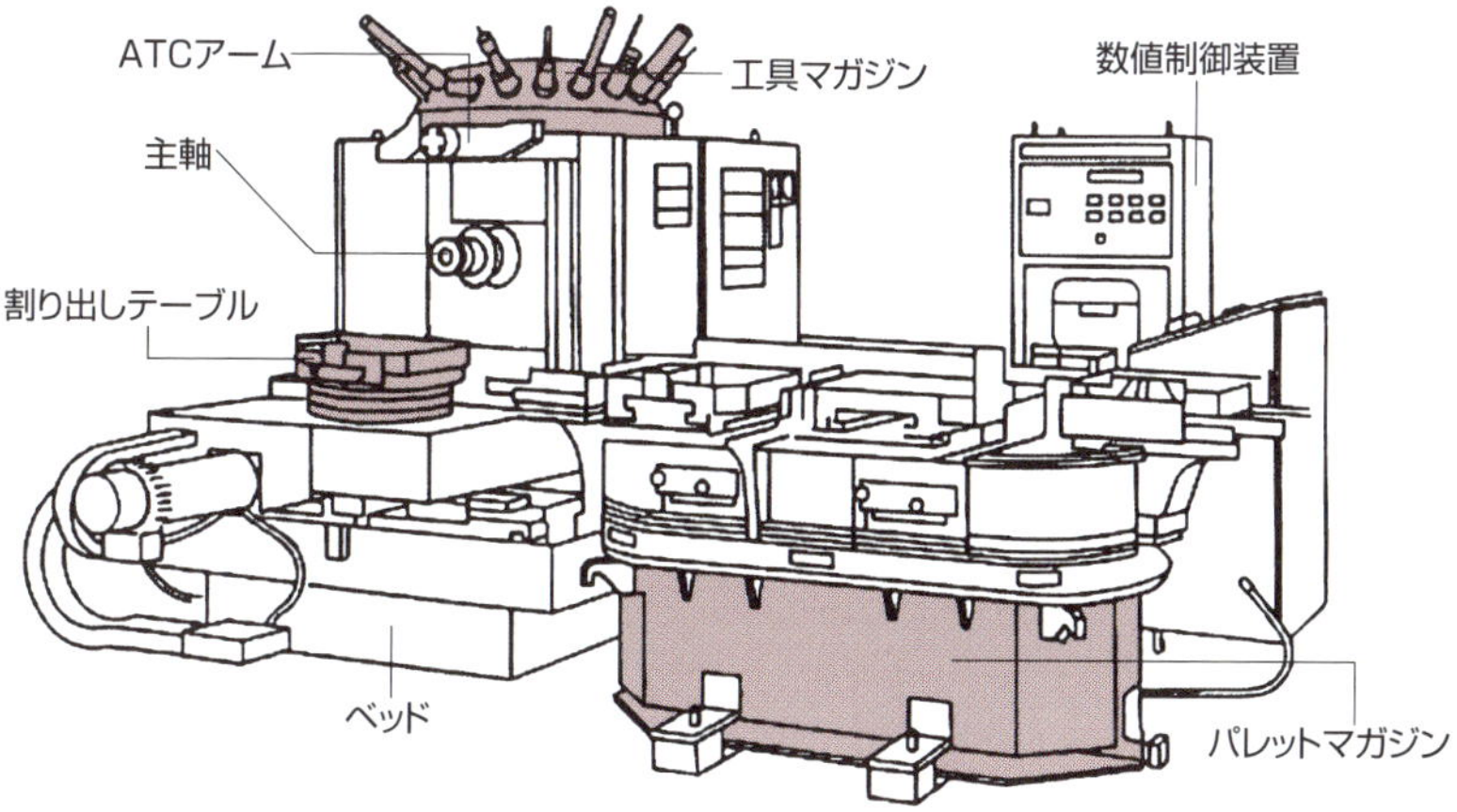

横軸マシニングセンタ

Column

NC工作機械もプログラムがなければ「ただの箱」

　切削加工には、旋盤を用いた丸物部品の加工、フライス盤を用いた角物部品の加工、またボール盤を用いた穴あけなど、多くの種類があります。またこれらの加工に用いられているのが切削工具で、超硬合金や高速度工具鋼などいろいろあります。そして従来は使用する切削工具は作業者が自分でつくるのが基本でしたが、その後、分業が進み、またスローアウエイ工具が主力となり、作業者が自分で切削工具を研《と》がなくなりました。その結果、市販の切削工具で対応できない製品をつくることができず、必要な納期に間に合わない事態が生じるようになりました。

　また工作機械に数値制御（NC）技術が導入され、自動工具交換装置の付いたターニングセンタやマシニングセンタが多く用いられようになりました。そしてCAD／CAMシステムを用いてプログラムを作成すれば、あとはNC工作機械が自動的に加工してくれるので、作業者は主に工作物の着脱をするだけになっています。その結果、加工を知らない人達は、自動化はコンピュータが行っているものと錯覚し、また実際に工作物を削っているのは切削工具だということを忘れて、CAD／CAMシステムがあれば、切削に関する熟練技能など必要ないといっています。しかしながらパソコンもソフトがなければただの箱と同じように、NC工作機械もプログラムがなければ「ただの箱」です。そして、このプログラムをつくっているのは人だということを、忘れないでください。

第7章

研削加工技術と特殊な加工技術

57 自動車産業を支える研削加工

研削加工の良否が品質に影響

通常、自動車部品は鋳造・鍛造、切削加工、熱処理および研削加工の工程で製作されているので、研削加工の良し悪しが機械部品の寿命や製品の品質に顕著に影響します。

そのため「研削加工」は基盤技術で、日本を代表する自動車産業とともに発展してきたといっても過言ではありません。

エンジンで発生した回転エネルギを効率よく駆動輪に伝達する装置がパワートレインで、その主要な機械部品は、動力を発生するエンジン、また駆動力をタイヤへ効率よく伝えるためのトランスミッションやドライブシャフトなどです。

また4輪駆動車の場合はプロペラシャフトやデファレンシャルギアなども駆動部品となります。そしてこれらの部品加工に研削加工が活躍しています。

とくにエンジン装置に関しては、クランクシャフト、カムシャフトおよびピストンなどの研削加工が重要で、コンピュータ技術を応用した高精度・高能率ＣＮＣ（コンピュータ数値制御）クランクシャフト研削盤やカムシャフト研削盤が用いられています。

そして高性能研削工具のビトリファイドＣＢＮ（立方晶窒化ホウ素）ホイールが開発され、これらの機械部品の加工の自動化が進んでいます。

また高性能ＣＮＣセンタレス（心なし）研削盤の開発にともない、燃料噴射バルブなどの加工の高精度化・高能率化が図られ、センタレス研削技術は世界の自動車産業を支えています。

そして自動車に必要なのが軸受（ベアリング）で、ホームセンタでこの軸受が低価格で販売されているのを見ると驚きです。このベアリングの加工に必要なのが精密研削技術で、とくに内面研削がポイントになります。このように研削加工は基盤技術で、自動車、工作機械および軸受け産業など、ものづくり産業を支えているのです。

要点BOX

- 研削加工は自動車産業とともに発展
- 駆動部品の加工に研削加工が活躍
- ベアリング加工に必要な精密研削技術

自動車には研削加工された部品が多い

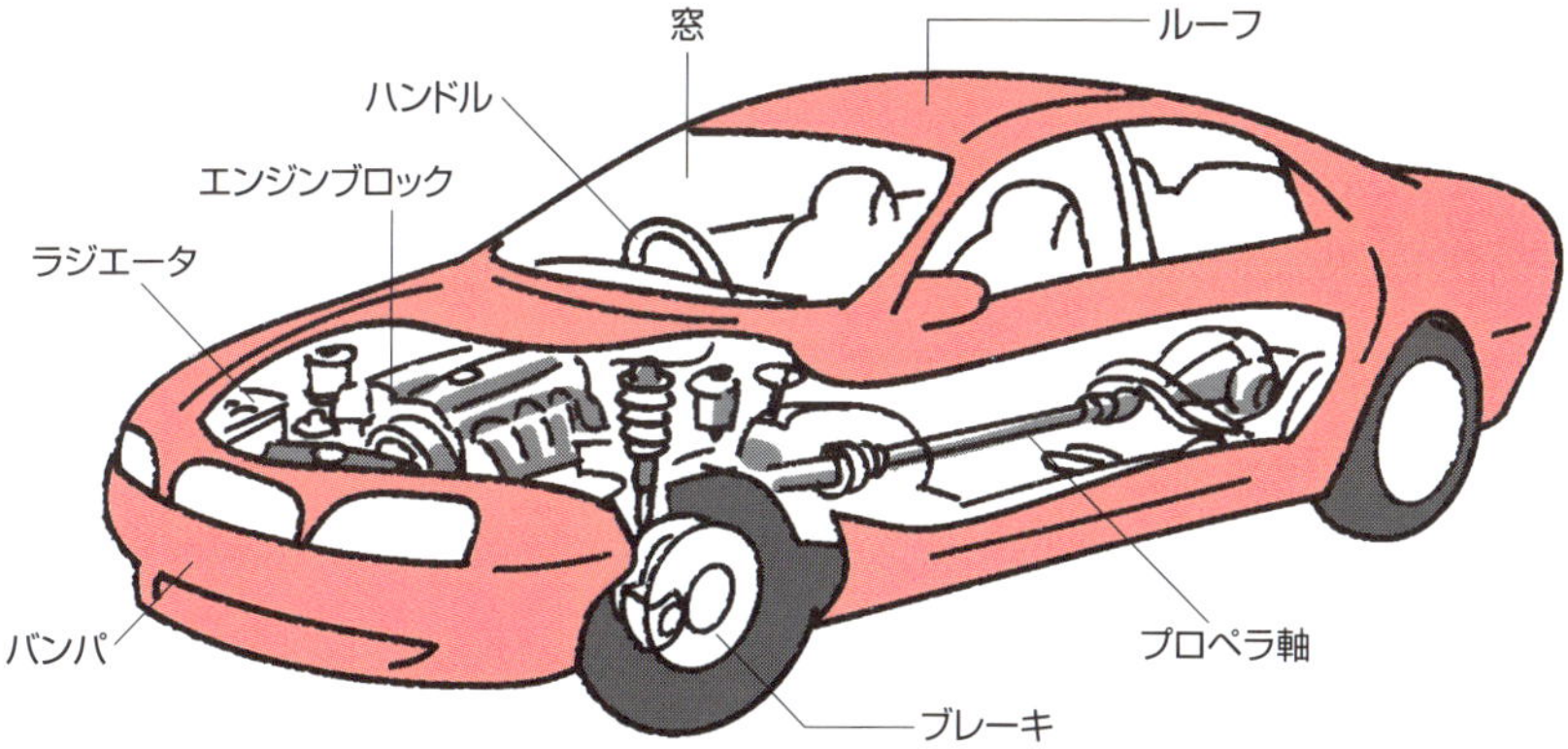

エコロジ研削(ジェイテクト)

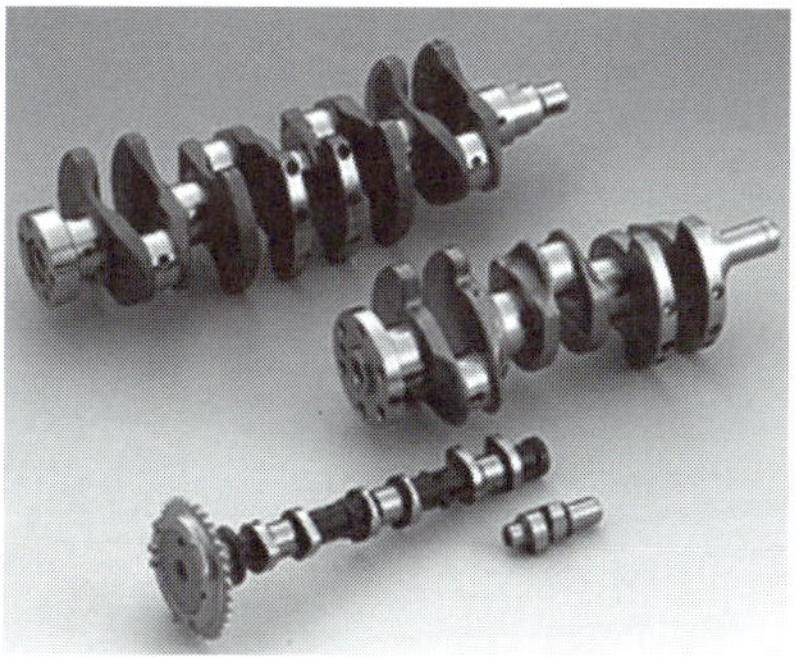

カムシャフトとクランクシャフト
(浜名部品工業)

クランクシャフト研削
(ノリタケ)

カムシャフト研削
(ノリタケ)

58 研削加工と研削砥石

機械部品製作の最終仕上げ工程

研削加工は、研削盤と高速で回転する「研削砥石」を用いて、工作物の表面を微小に削り取り、所要の寸法・形状および表面品質に加工する方法で、通常、機械部品を製作する場合の最終仕上げ工程に適用されます。

研削工具である研削砥石は、通常、砥粒、結合剤および気孔より構成されていて、お菓子の「おこし」のようなものです。浅草の雷おこしは有名ですが、おこしは煎った穀物、水飴および気孔でできており、砥石と同じような構造をしています。

砥粒は、切削工具の切れ刃に相当するもので、ダイヤモンド、立方晶窒化ホウ素（CBN）、酸化アルミニウムおよび炭化ケイ素など、非常に硬い物質です。また結合剤（ボンド）は、この砥粒（切れ刃）を保持するホルダの役割をしており、ビトリファイド、レジンおよびメタルなどがあります。

ビトリファイド結合剤（V）は、瀬戸物のような磁器質ボンドで、またレジン（B）は、電子基板で使用されるベークライトです。そしてメタル（M）はブロンズで、銅と錫の合金です。基本となるボンドはこれら3種類で、それぞれアルファベットで表示されます。

気孔はチップポケットで、切りくずを排出する役割をしています。そしてこれら砥粒、結合剤および気孔は、砥石を構成する3要素と呼ばれています。

またダイヤモンドとCBN砥粒は超砥粒と、またこれらの砥粒を用いた研削工具は超砥粒ホイールと呼ばれており、このホイールは数ミリの砥粒層とアルミニウムなどの台金でできています。

これら研削砥石と超砥粒ホイールの仕様の表示法はそれぞれJIS規格で定められており、その性能は砥粒の種類、粒度（砥粒の大きさ）、結合度（砥粒の保持強さ）、組織（砥粒を含む割合）および結合剤の種類の5因子で決まります。

要点BOX

- ●研削盤と高速で回転する研削砥石を用いる
- ●研削砥石は、お菓子の「おこし」のようなもの
- ●砥粒、結合剤、気孔は砥石を構成する3要素

研削加工とは

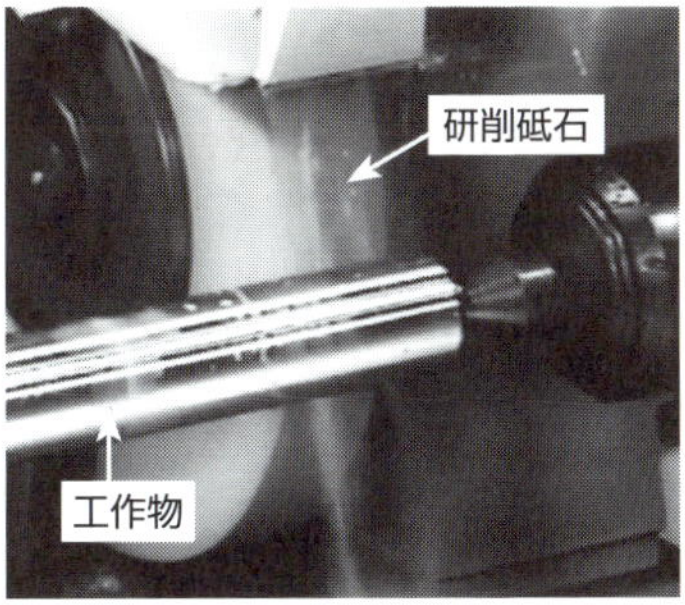

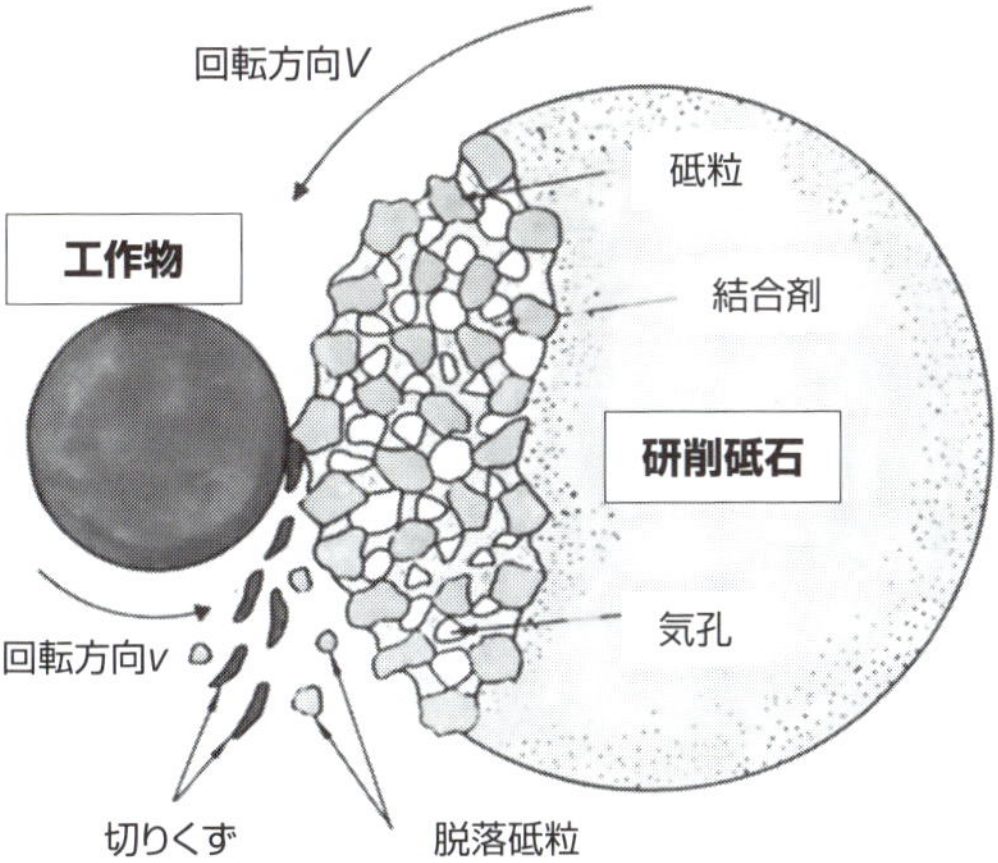

研削砥石とその組織

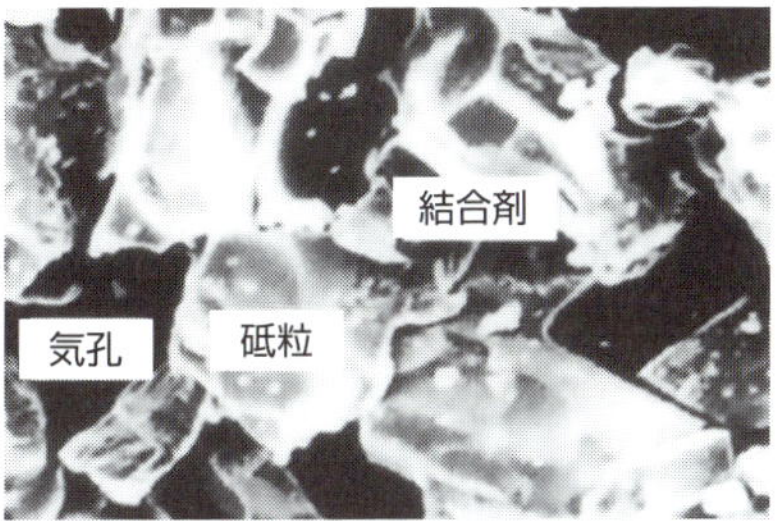

研削砥石と超砥粒ホイール

研削砥石

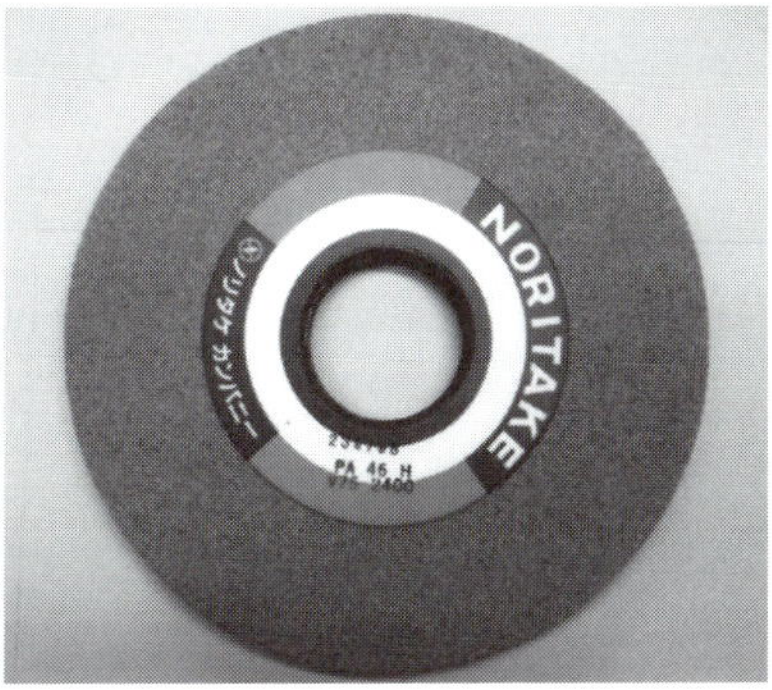

砥石中心部まで均一組織

超砥粒ホイール

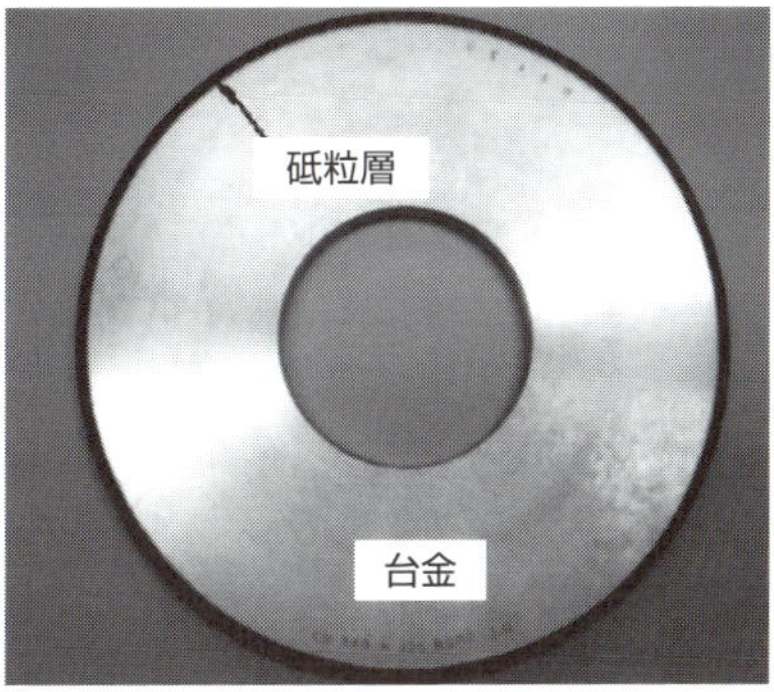

台金と砥粒層で構成

59 研削加工のいろいろ

円筒研削、内面研削、心なし研削、平面研削、ねじ研削、歯車研削

研削加工にも多くの種類があり、「円筒研削」は、丸い棒状の工作物を回転し、そして高速で回転する研削砥石で、その外周面や端面を微小に削り取って、所要の寸法・形状に仕上げる方法で、自動車のシャフトなどの加工に多く用いられています。

「内面研削」は、穴を有する工作物を回転し、またその穴の直径より小さな径の研削砥石を高速で回転して、その穴の内周面や端面を研削する方法で、ベアリングなどの加工に多く適用されています。

またこの内面研削には、工作物を静止しておき、研削砥石に自転と公転を与えて研削する方法もあり、ジグ・取付具や金型などの加工に用いられています。

「心なし（センタレス）研削」は、丸物工作物をブレードで支え、研削砥石と調整砥石の3点支持により、その外周面や内周面を仕上げる方法で、とくに自動車用噴射ノズルなど、小径の自動車部品の加工に多く適用されています。

また直方体や円筒の平面などを加工するのが「平面研削」で、最も基本的な研削方法です。この方法は工作機械の案内面の研削やシリコンウエハの面の研削まで、いろいろな工作物の加工に適用されています。

ねじや歯車の研削仕上げを行うのがねじ研削と歯車研削です。とくにNC工作機械の送り用ボールねじの加工にねじ研削が、また工作機械や自動車の駆動機構用歯車の加工に歯車研削が多く用いられています。

また「ならい研削」はプロファイル研削とも呼ばれ、型、模型および実物などにならって、光学的に測定しながらこれと同じ形状に研削する方法で、とくに精密な金型部品の加工に多く使用されています。

そして研削切断は、とくにシリコン、水晶およびサファイヤなどを研削により切断する方法で、電子産業には欠かせない技術となっています。

要点BOX

- 丸い棒状の工作物を回転する円筒研削
- 穴を有する工作物を回転させる内面研削
- 直方体や円筒の平面などを加工する平面研削

いろいろな研削加工法

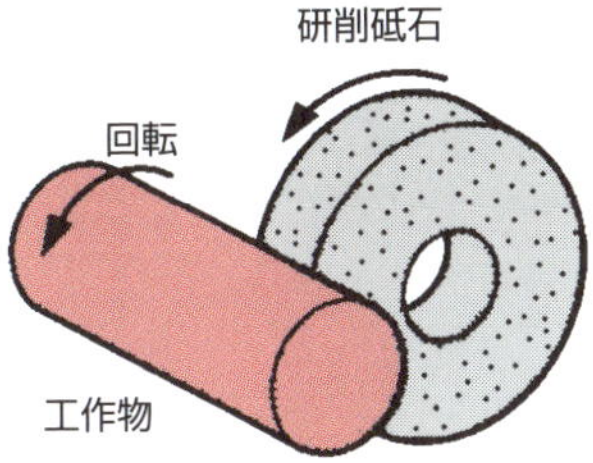

円筒研削

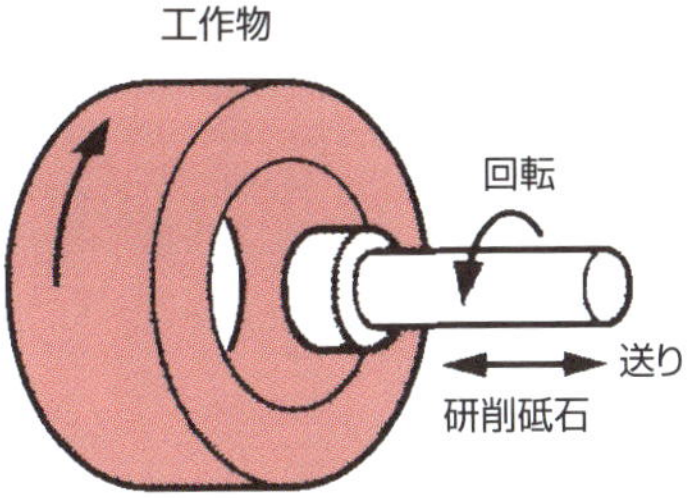

内面研削

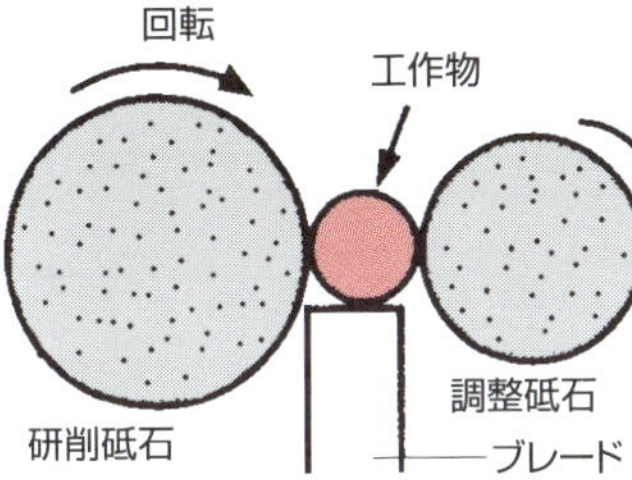

心なし研削

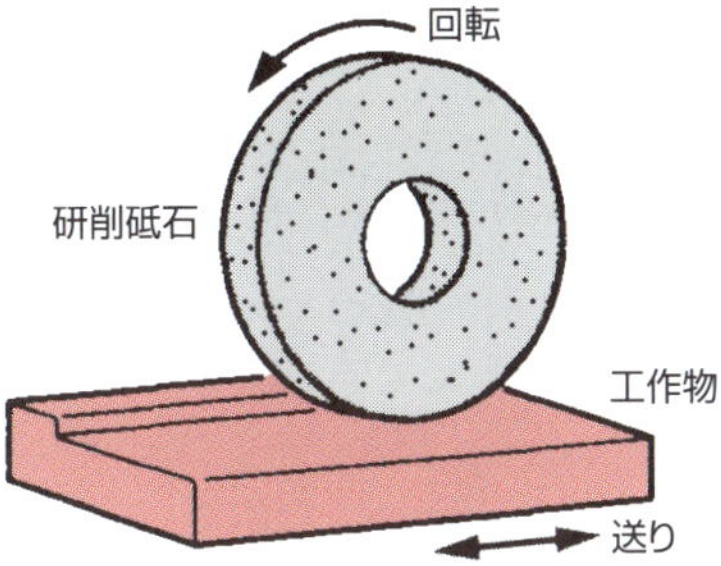

平面研削

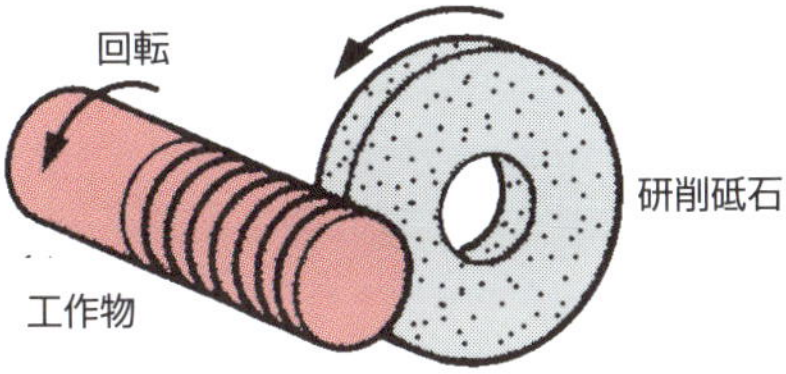

ねじ研削

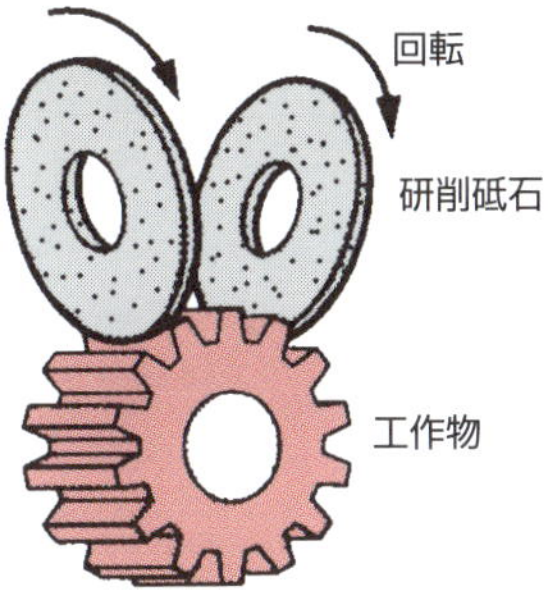

歯車研削

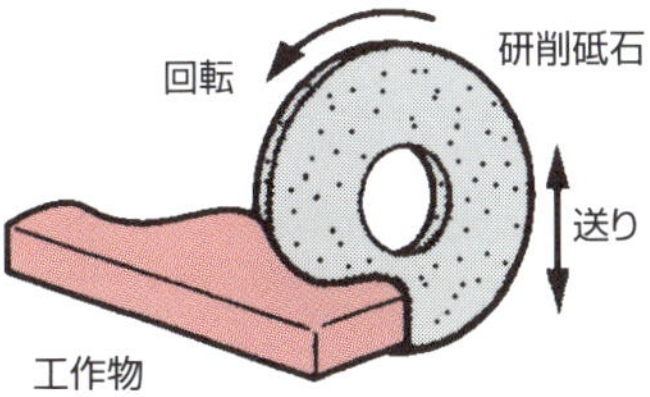

ならい研削

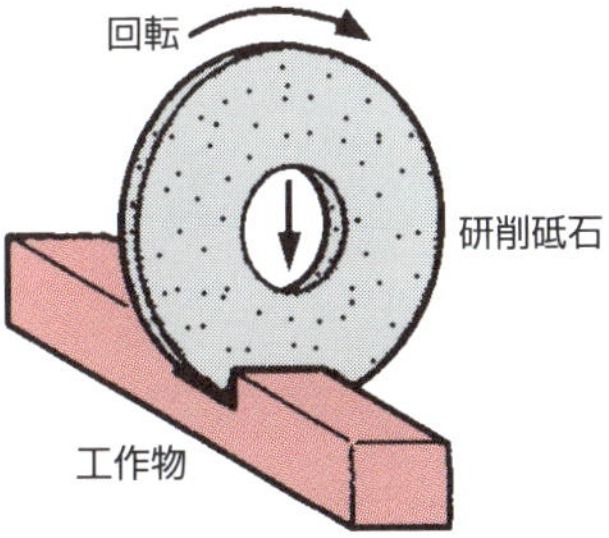

切断

60 平面研削盤と平面研削

両面が平行な工作物の量産加工に用いられる

「平面研削盤」には、テーブルが角形と丸形が、またそのテーブル面に対し砥石軸が平行な横形と垂直な立形とがあります。

　そのため平面研削盤は、横軸角テーブル形、横軸円テーブル形、立軸角テーブル形および立軸円テーブル形および両頭形の5種類に区分けされます。

「横軸角テーブル形研削盤」は、最も一般的なもので、往復運動する角テーブルとその上面と平行な砥石軸をもち、平形研削砥石を用いて、工作物の平面や溝を高精度に研削する機械です。

　この平面研削盤のうち、とくに金型部品の精密研削など、複雑形状の加工に用いられる機械を成形研削盤と呼んでいます。

「横軸円テーブル形研削盤」は、横軸ロータリ研削盤と呼ばれており、回転する円テーブルとその面に平行な砥石軸をもつ機械で、比較的小さな角物や丸物工作物の量産加工に適用されています。

「立軸角テーブル形研削盤」は、テーブル面に直角な砥石軸をもち、カップ形砥石やセグメント形砥石（断片状の砥石で、数個を組み合わせて、主に正面研削に使用されるもの）を用いたリニアガイド（直動案内）レールなど、長物工作物の研削に適しています。

「立軸円テーブル形研削盤」は、回転する円テーブルとその面に垂直な砥石軸を持つ機械で、比較的小物の工作物の高能率研削に多く用いられています。

　そして両頭形の平面研削盤は、対向2軸平面研削盤とも呼ばれ、対向する2つの砥石ヘッドを砥石端面が向き合うように配置したもので、2枚の研削砥石を回転し、その間に工作物を通して、その両面を同時研削する機械です。

　この研削盤には、スルーフィード（通し送り）形やキャリア（工作物保持用ホルダ）形などがあり、転がり軸受けの内・外輪のような両面が平行な工作物の量産加工に用いられています。

要点BOX

- ●テーブルが角形か丸形
- ●砥石軸が平行な横形と垂直な立形
- ●両頭形の平面研削盤は対向2軸平面研削盤

いろいろな平面研削盤

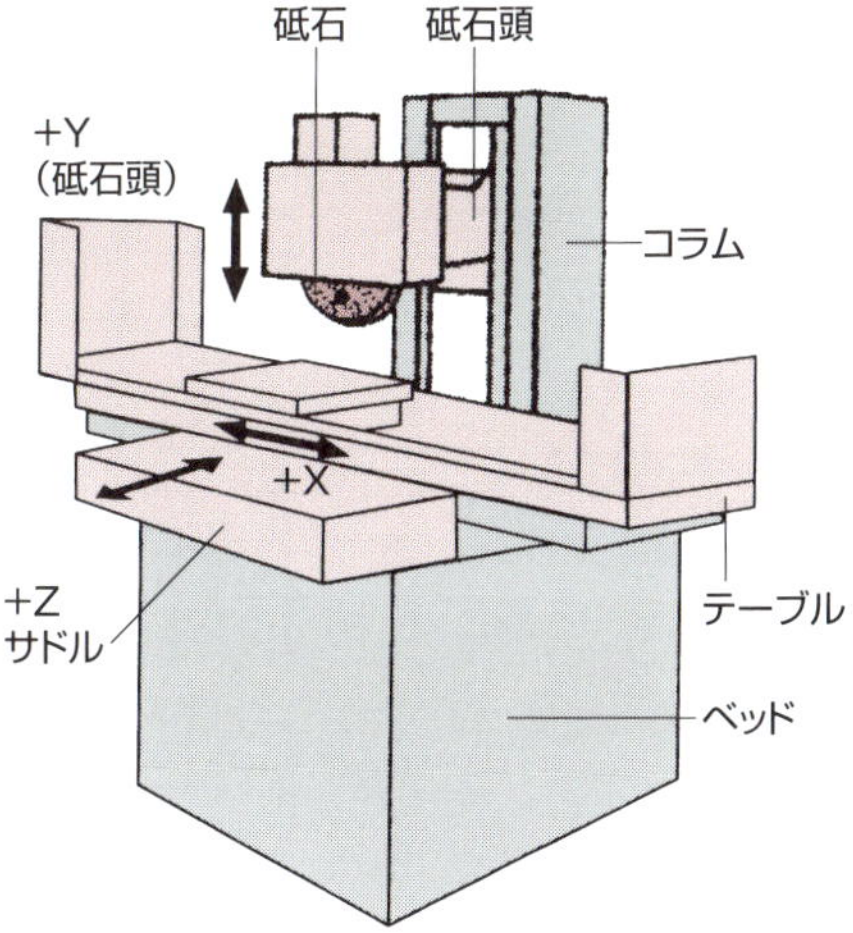

横軸角テーブル形平面研削盤

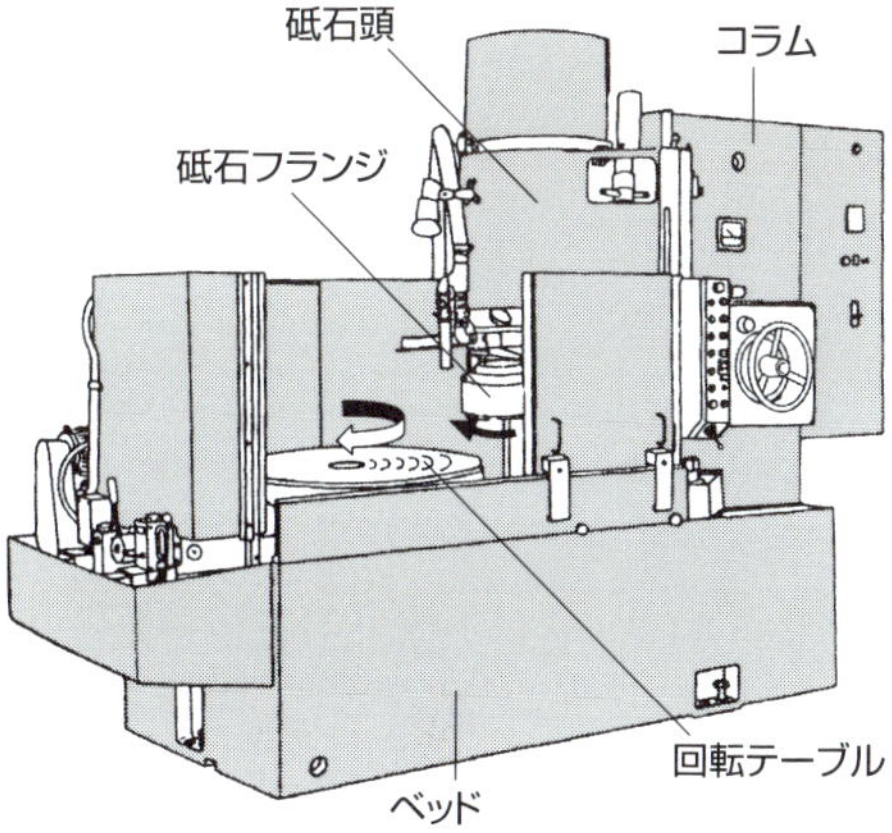

立軸円テーブル形平面研削盤

いろいろな平面研削加工

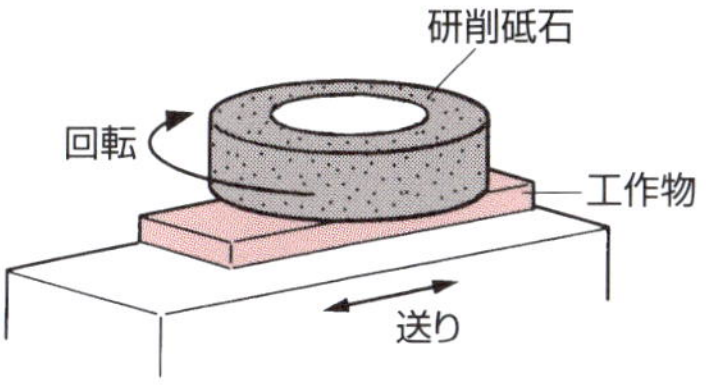

立軸角テーブル形

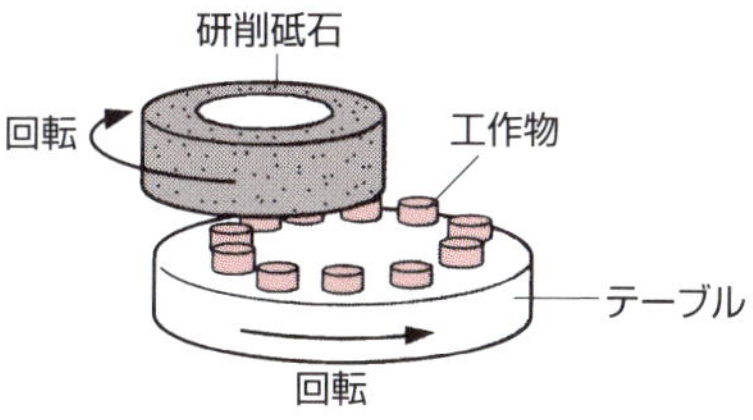

立軸円テーブル形

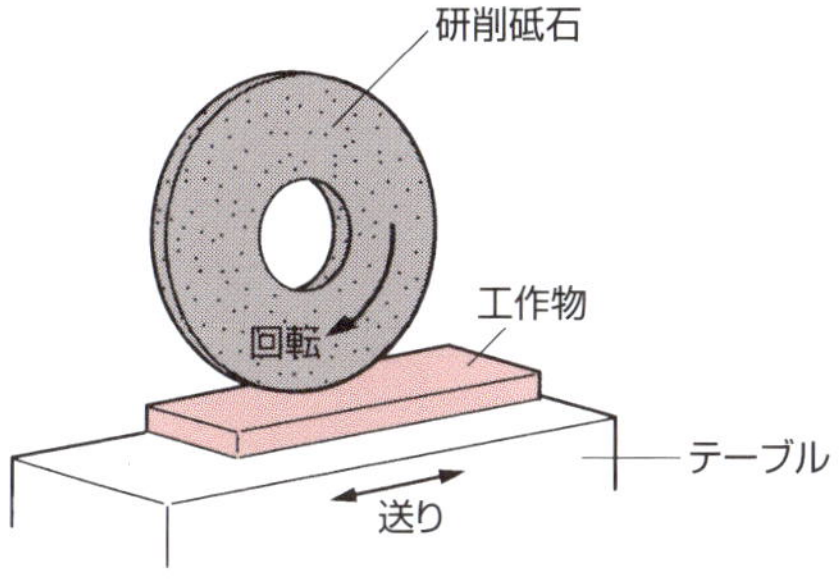

横軸角テーブル形

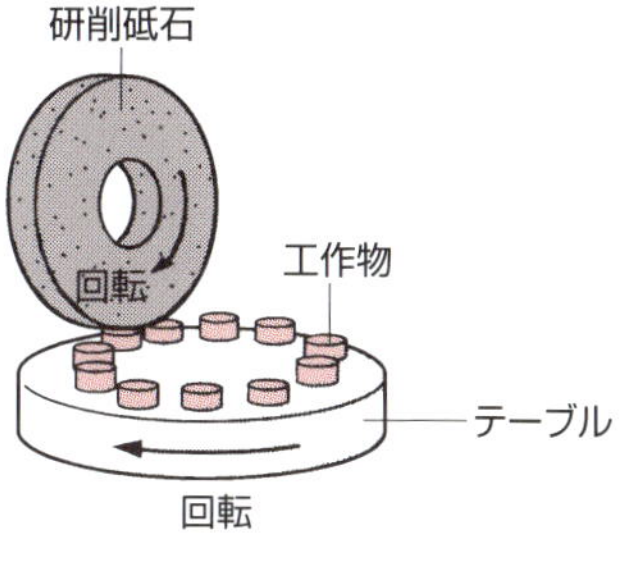

横軸円テーブル形

61 円筒(万能)研削盤と各種研削加工

プランジ研削とトラバース研削の方式

丸い棒状の工作物を両センタで支え、そしてそれを回転し、高速で回転する研削砥石でその表面または端面を所要の寸法、形状に加工するのが円筒研削で、自動車用の各種シャフト、工作機械のスピンドルそして圧延用のロールなどの加工に用いられています。

「円筒研削盤」は、主軸台、心押台、ベッド、テーブルおよび砥石台などで構成されており、工作物は主軸台と心押台に装着された両センタで支持されます。

主軸台の回転は、回し金で工作物に伝達され、工作物と研削砥石の回転運動によって、その表面や端面が研削されます。この場合、主軸台と砥石台がともに旋回できる機械が万能研削盤で、内面研削装置が装着されている場合もあります。

円筒研削には、「プランジ研削」と「トラバース研削」の方式があり、工作物に送りをかけないで、砥石軸方向に切り込みながら研削するのがプランジ研削で、また所定の切り込みを与えた後、工作物を左右方向に往復させて加工するのがトラバース研削です。

この円筒研削盤を用いると、円筒研削、テーパ研削および端面研削のほか、研削砥石を所要の形状に成形し、その砥石で工作物を研削し、その砥石形状を工作物に転写する総形研削もできます。また複数の砥石を砥石軸に取り付ければ、マルチホイール研削も可能です。

万能研削盤を用いて、砥石台を旋回し、砥石軸を傾ければ、工作物の外周面と端面を同時に加工できるアンギュラスライド研削ができます。また同様に砥石台を傾けることにより、大きな角度のテーパ研削も可能です。そして主軸台にチャックを装着し、これに工作物を取り付ければ、チャックワークで円筒研削や端面研削ができ、またその主軸台を旋回すれば、大きなテーパの研削や正面研削が可能です。このような円筒研削は自動車のシャフトの加工に、また、内面研削は軸受の加工に不可欠のものです。

要点BOX

- ●自動車用の各種シャフトに利用
- ●円筒研削、テーパ研削、端面研削
- ●マルチホイール研削も可能です

円筒研削盤

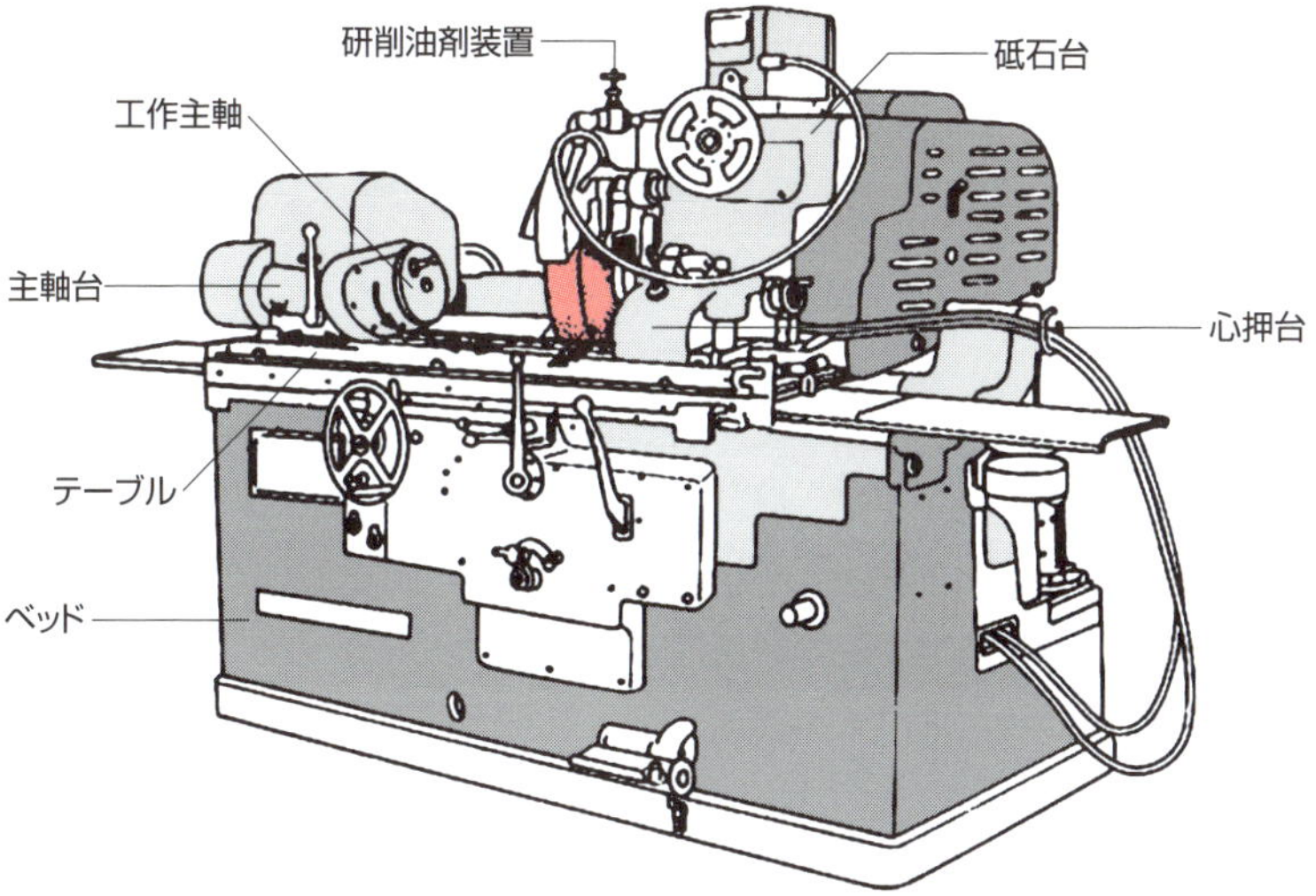

いろいろな円筒研削加工

円筒研削

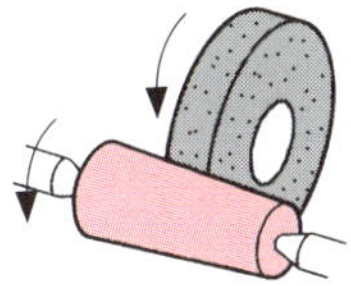

テーパ研削

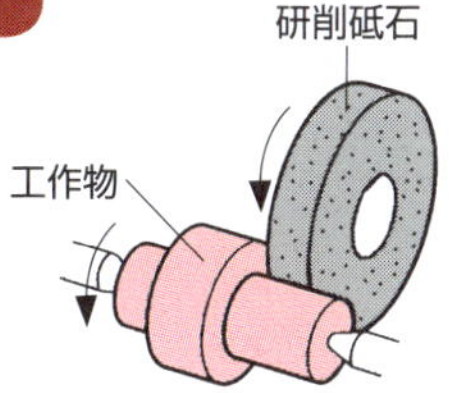

端面研削

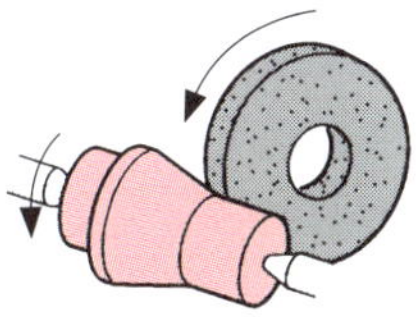

砥石台旋回方式による
テーパ研削

チャックを用いての
円筒研削

主軸台旋回方式による
テーパ研削

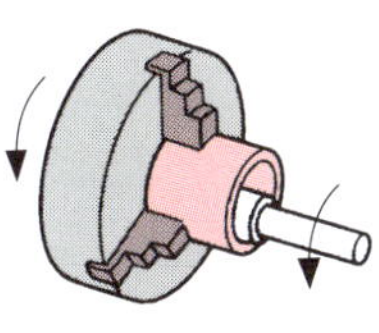

内面研削

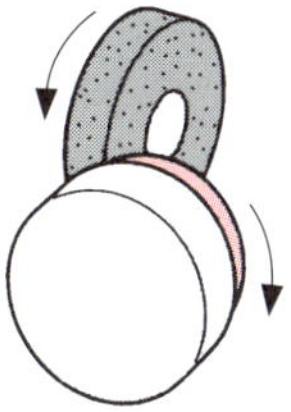

正面研削

62 砥粒を用いた切断加工

硬脆材料の切断法

半導体や電子産業などで用いられているシリコン、水晶（酸化ケイ素）およびサファイアなどは、硬くて脆い材料（硬脆材料）です。

シリコンはウエハなどの半導体材料として、また水晶はクオーツ時計でよく知られた水晶振動子として、そしてサファイアはＬＥＤやＬＥＤ基板として多く用いられています。

これらの硬脆材料は、一般的な金切りのこ盤などでは切断ができません。そのため多くの砥粒を用いた硬脆材料の切断法が開発され、いろいろな分野で使用されています。

薄いダイヤモンドホイールの外周刃を用いた「研削切断（スライシング）」は最も基本的で、横軸の平面研削盤の砥石軸にこのホイールを取付け、切り込みを与え、そして工作物を送って切断する方法です。

また特に非常に薄いダイヤモンドホイール（ブレード）を用いて、シリコンウエハを切断する方法は「ダイシング」と呼ばれています。

最近はシリコンインゴットの大口径化にともない、内周刃の研削切断が多く使用されています。

内周刃のダイヤモンドホイールは、砥石台金の中央部にあいた穴の内周部にダイヤモンド砥粒を電着したもので、通常、直径が２００ミリ以下のシリコンインゴットのスライシングに用いられています。

金切り弓のこと同様に、往復運動するブレードにスラリー（研磨剤）を供給し、そしてブレードを送って硬脆材料を切断する方法やブレードの代わりにワイヤを用いるワイヤスライシングがあります。

またこのスライシングにはスラリーを用いる方法やダイヤモンド砥粒を電着したワイヤソーなどを用いる方法があります。通常、シリコンインゴットの直径が２００ミリを超える場合には、複数のワイヤで一度に素材を多くのウエハに切断するマルチワイヤスライシングが多く用いられています。

要点BOX

- ●硬脆材料は金切りのこ盤では切断できない
- ●薄いダイヤモンドホイールの外周刃を利用
- ●シリコンウエハを切断するのは「ダイシング」

スライシングとダイシング

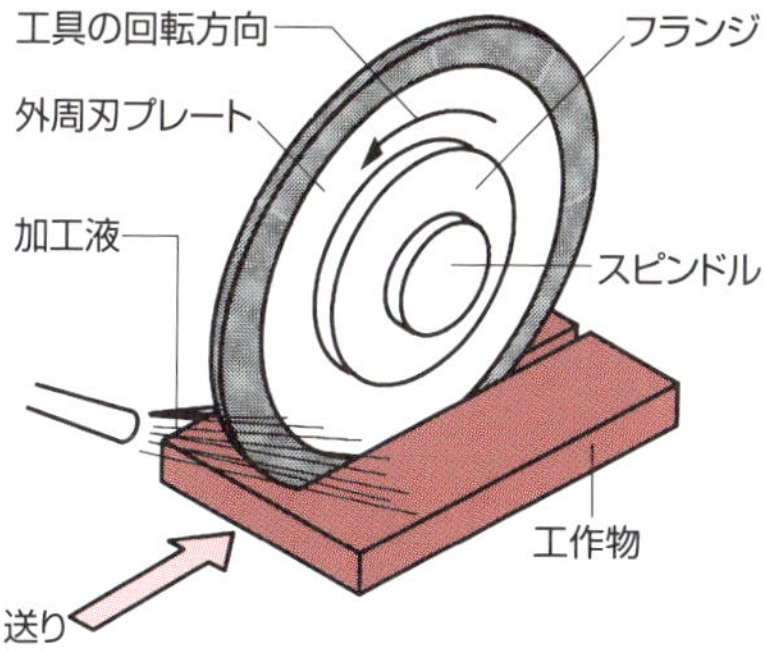

外周刃ブレードによる切断

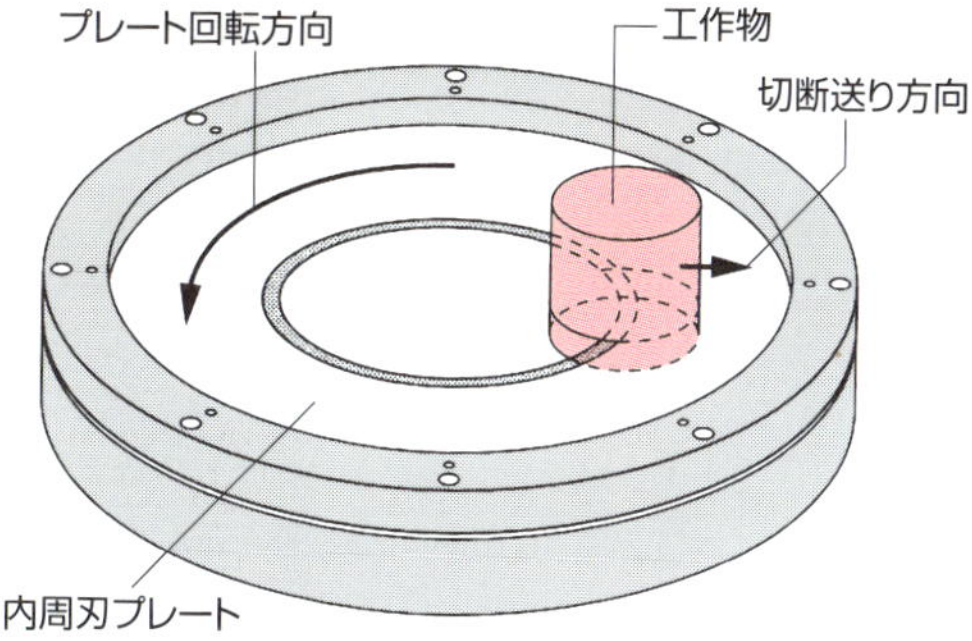

内周刃ブレードによる切断

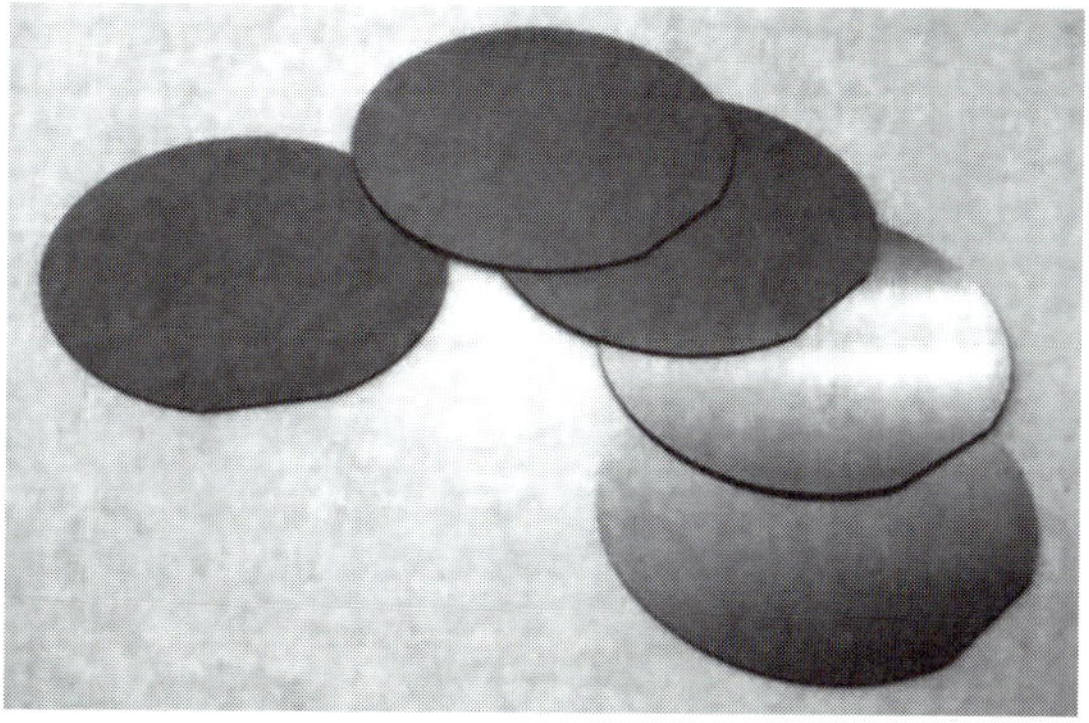

シリコンウェハ（旭ダイヤモンド工業）

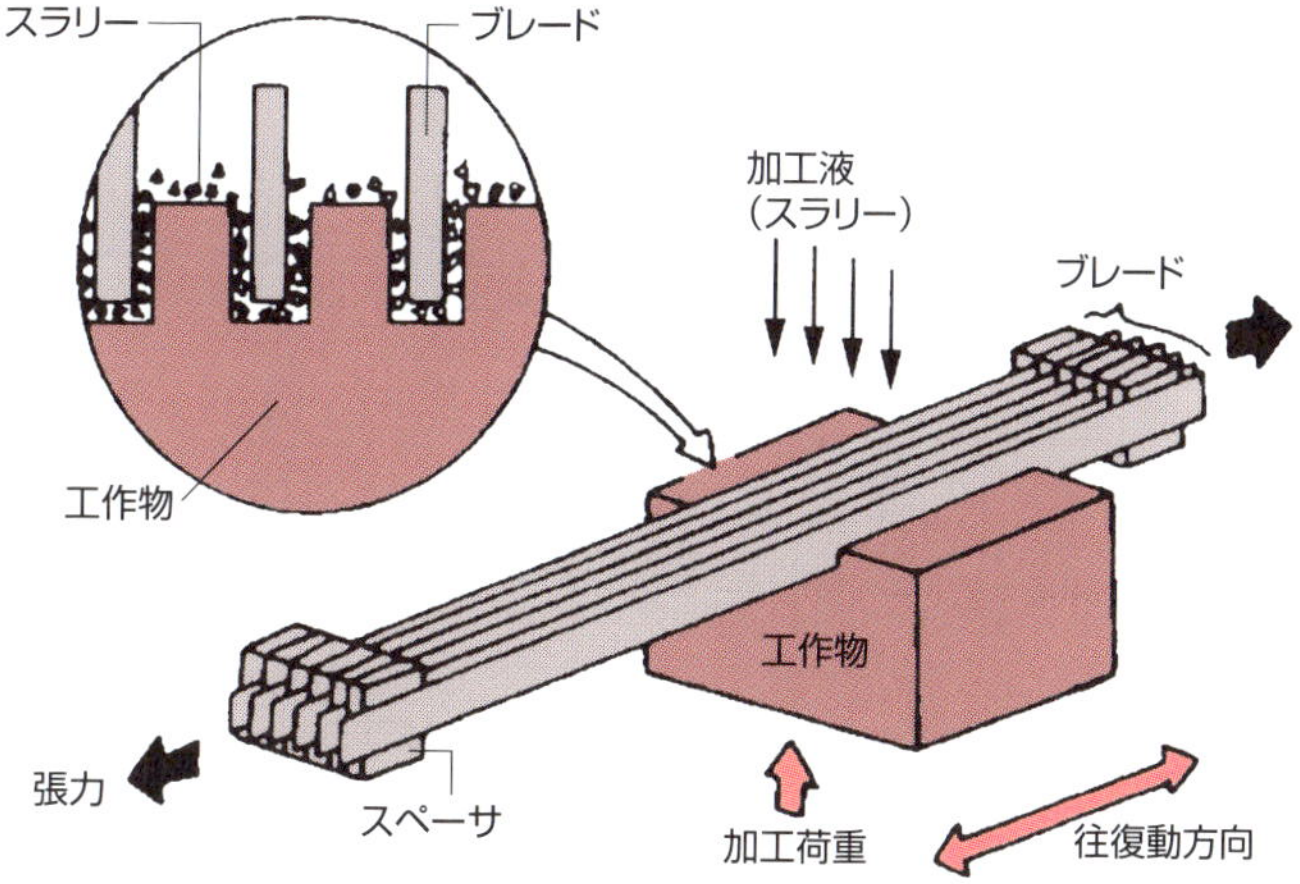

マルチブレードソーによる切断

63 ホーニングと超仕上げ

円筒外周面や穴の内面を滑らかに仕上げる

「ホーニング」は粒度の高い砥石を回転し、そしてこれを一定の圧力で工作物の面に押し付け、回転方向と直角の往復運動を与え、その表面をわずかに削り取って、平面、円筒外周面および穴の内面を滑らかに仕上げる方法です。

一般に多く用いられているのは、円筒外周上に保持された複数の微粒砥石（ホーン）をばねや油圧を用いて、工作物の穴の内面に一定の圧力で押しつけ、そのホーンに回転と往復運動を与えて、中ぐりや内面研削などで加工した穴の内面を精密仕上げする方法です。

ホーニング後は、その表面に細かなクロスハッチ（砥粒による綾目状の切削条痕）ができ、この条痕が潤滑油を保持し、金属が摺動する際の摩擦を低減するので、とくにこの方法は自動車のエンジンシリンダ内面の仕上げ加工に広く使用されています。

またホーニングの場合は、低速、低圧加工なので、発熱量が少なく、また多量のクーラントで冷却されるので、表面粗さが小さく、また加工変質層の少ない加工面が得られます。

そのためこの方法は耐摩耗性が必要な空圧や油圧シリンダやブレーキドラムなどの内面仕上げにも多く適用されています。

そして「超仕上げ」は、ホーニングと同様に、回転する工作物に粒度の高い砥石をばねや油圧を用いて押しつけ、またその回転方向と直角に小さな振動振幅を砥石に与え、そして送りをかけて、工作物の表面をわずかに削り取り、滑らかな面に仕上げる方法です。

この超仕上げの場合も、低速、低圧加工で、熱の発生が少なく、そして切削や研削などの前加工で生じた加工変質層が除去されるので、耐摩耗性に優れた加工面が得られます。そのためこの方法はベアリングや自動車のカムシャフトなどの仕上げ加工に適用されています。これらの加工法は自動車産業においては不可欠な基盤加工技術です。

要点BOX

- 加工した穴の内面を精密仕上げする
- 自動車エンジンシリンダ内面の仕上げ加工に
- 超仕上げは耐摩耗性に優れた加工面が得られる

ホーニングと超仕上げ

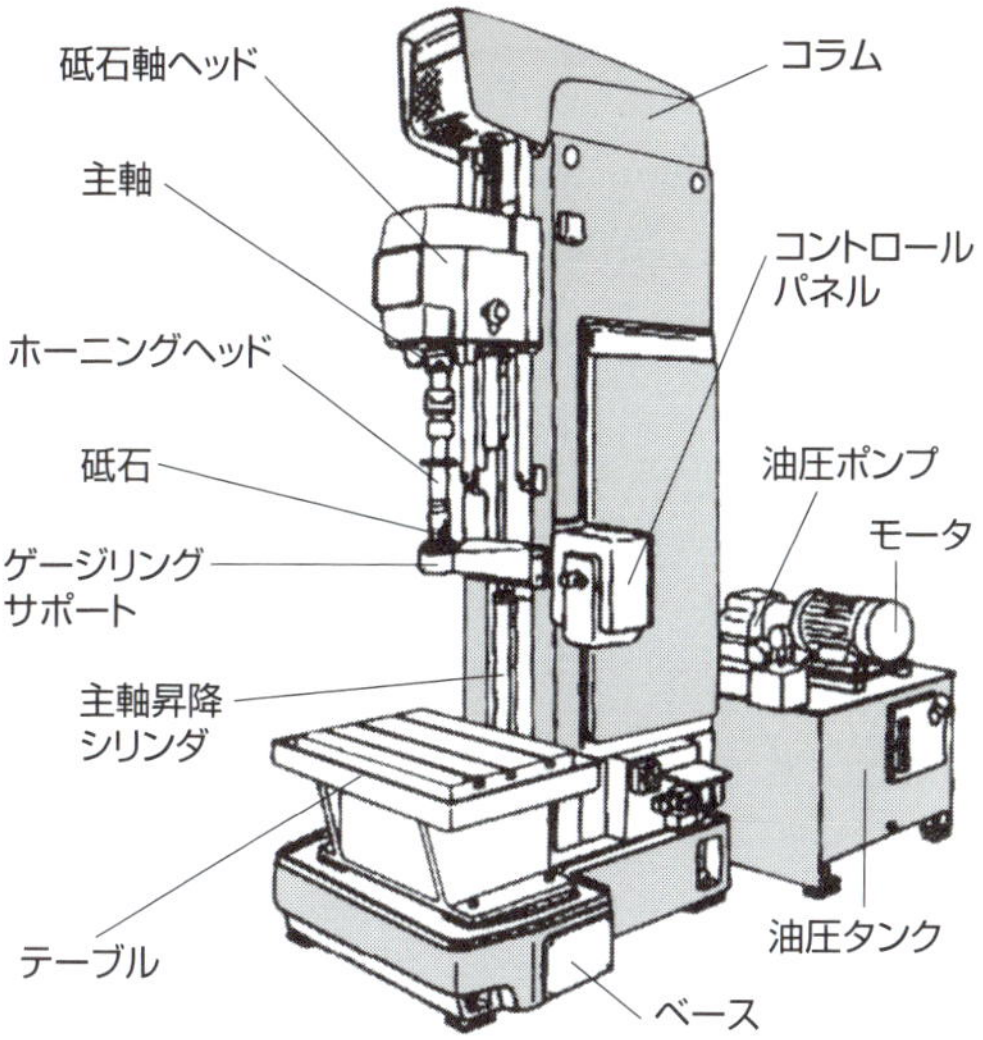

ホーニング盤

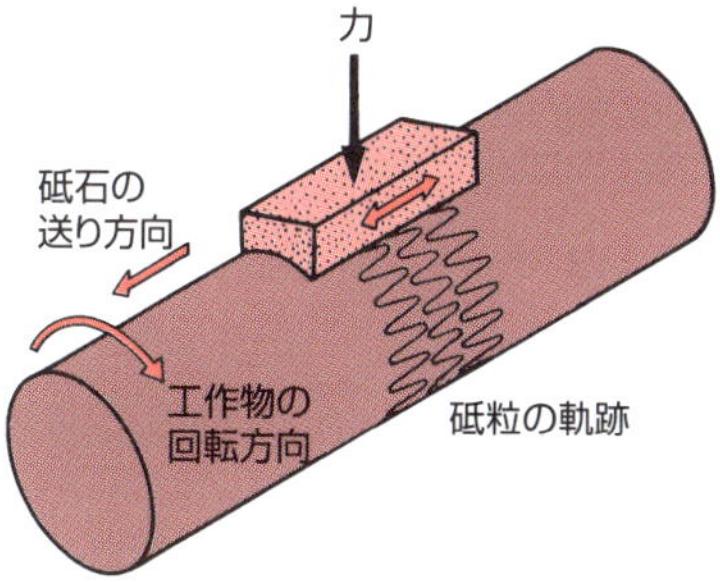

超仕上げ

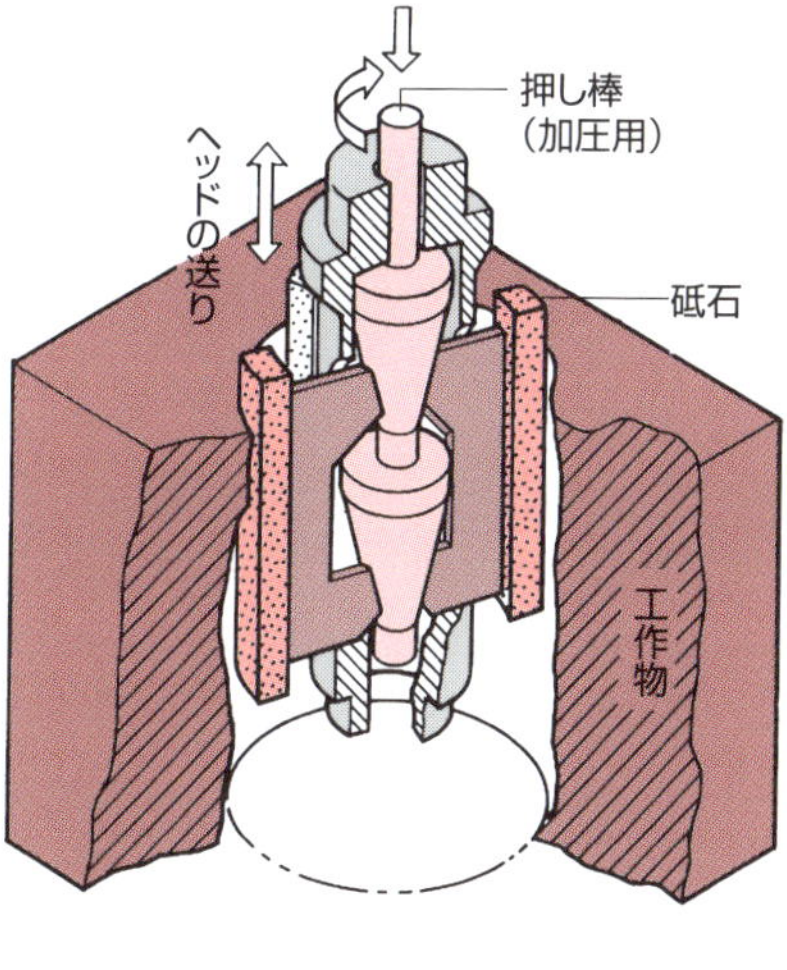

ホーニング

シリンダブロック(浜名部品工業)

64 放電現象を利用した放電加工

雷の放電現象と同じ

夏の夕方にごろごろと鳴る雷、この雷が放電現象です。

通常、空は絶縁体ですが、電極間にかかる電位差が大きくなると、この絶縁体が破壊されて電流が流れます。この絶縁体が破壊されて電流が流れる現象が放電で、この放電現象を利用した加工方法が「放電加工」です。

「型彫り放電加工機」はこの放電現象を利用する工作機械で、金型の加工などによく用いられます。

この機械では、絶縁体である加工液（石油など）中に、工作物（金属）と電極を一定のすき間を保って配置します。電極材としては、銅-タングステン合金、銀-タングステン合金、銅、黄銅およびグラファイトなどがあり、それぞれ用途に応じて用いられます。そして工作物と電極間に電気的なエネルギーを与えると放電（通常は火花が観察される火花放電）が発生し、電気的なエネルギーが熱エネルギーに変換されます。その結果、工作物の温度が上昇し、その融点を超えた金属部分が除去され、電極形状が工作物に転写されます。

この型彫り放電加工機は、レンズやコネクタなどの小物型、精密プラスチック型などの各種金型加工、また医療部品や切削工具など、切削加工がしにくい導電性高硬度材や難削材の加工などに広く用いられています。

このように放電加工を用いると、超硬合金などの導電性高硬度材の加工、ねじ切りやスパイラル加工を含む複雑形状加工、エンドミル加工では加工が困難な角出し加工および微細穴加工などが可能になります。またこの方法は非接触なので、工作物に加工力による変形が生じず、また工具が安価で、自動化もしやすいという特長があります。一方、加工能率、加工速度が低く、電極消耗が生じ、また熱による加工なので、表面粗さが大きく、変質層や残留き裂が発生するなどの問題もあります。

要点BOX

- ●絶縁体が破壊されて電流が流れる現象が放電
- ●金型の加工に用いられる型彫り放電加工機
- ●表面粗さが大きいのが欠点

放電加工のしくみ

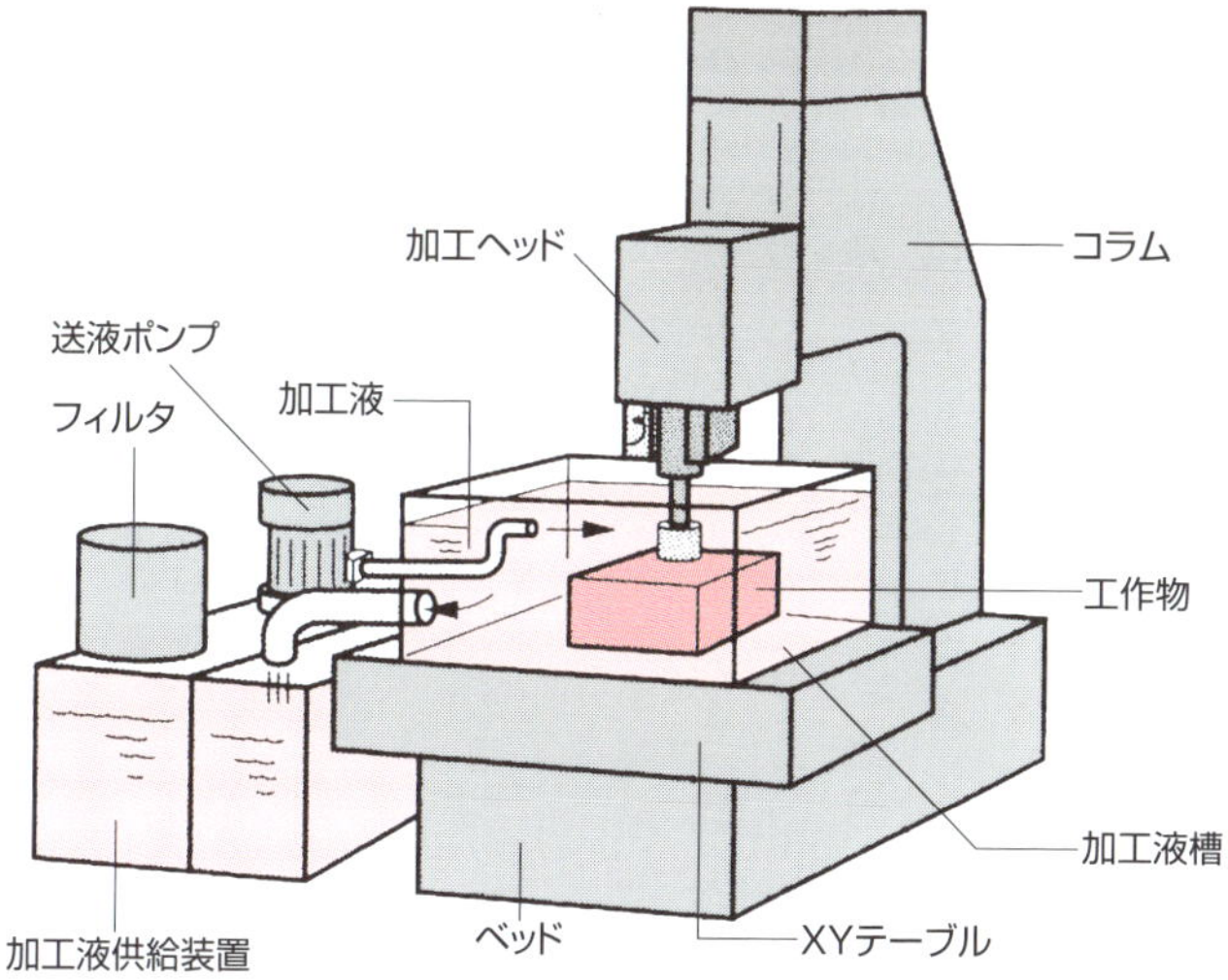

型彫り放電加工機

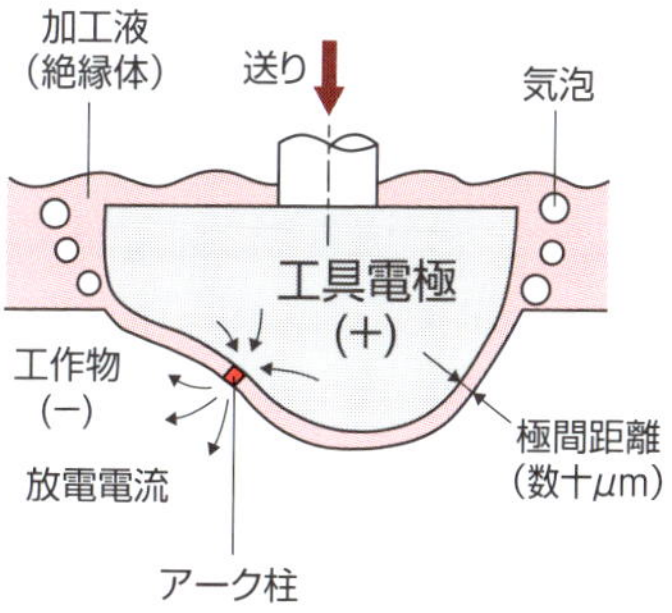

アーク放電による加工

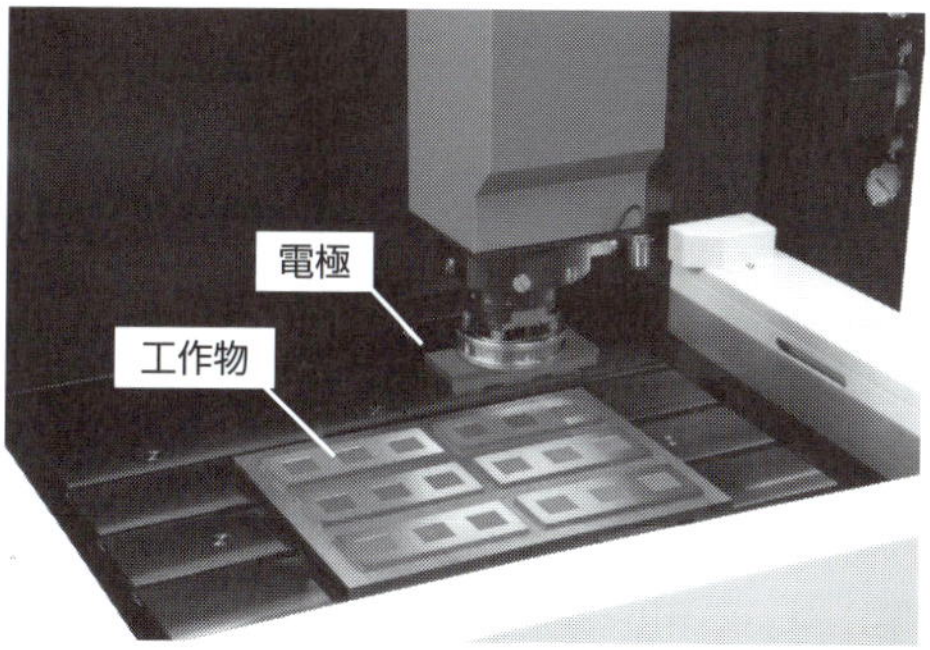

型彫り放電加工の様子(牧野フライス製作所)

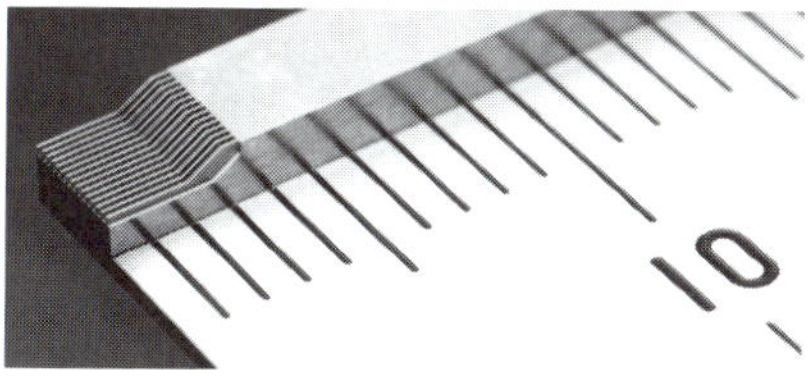

コネクタ金型
(牧野フライス製作所)

65 パルス状の火花放電で加工

ワイヤ放電加工は高精度で微細な加工が得意

「ワイヤ放電加工」は、電極に直径0・02〜0・25ミリ程度の細い金属ワイヤ（黄銅線、タングステン線など）を用いて、加工液中でワイヤ電極と工作物の間に、数十〜数百V程度の電圧を加え、そしてそれらの間にパルス状の火花放電を繰り返し発生させて、工作物を所要の形状に加工する方法です。

このようなパルス放電の原理を用いた工作機械で、精密で微細な抜き型などの加工に広範囲に用いられるのがワイヤ放電加工機です。そしてこの加工機はテーブル、ワイヤガイド、ワイヤ送り出し機構、ワイヤ巻取り機構および加工液槽などから構成されています。

このワイヤ放電加工機は、黄銅やタングステンなどのワイヤを送り出し、そのワイヤに引張力をかけた状態で、ワイヤ電極と工作物間に放電を発生させ、またテーブルをX軸とY軸方向に制御して、所要の形状に加工を行うものです。またこの機械ではテーブルの2軸制御に加えて、片方のガイドをUV軸制御することにより、テーパなどの複雑形状の加工も可能です。

電極ワイヤが非常に細いので、ワイヤ放電加工は、高精度で微細な加工に適用でき、とくに切削加工では加工が難しいスリットの加工に用いられています。そして金型には難削材が多く用いられていますが、この方法の場合、工作物が導電体ならば、硬さなどに関係なく高精度な加工ができます。

またNCプログラムで加工するので、初期のプログラム設定や段取りを適切に行えば、昼夜の別なく長時間の無人運転が可能で、そして加工中の工具交換を行うことなく、複雑で精密な曲線形状の加工ができます。一方、ワイヤ放電加工は加工速度が遅いことやワイヤの消耗量などの問題のほか、加工が液中で行われるので、加工状態の認識が難しく、断線などのトラブル対策がしにくいことなどがあります。

要点BOX

- ●パルス状の火花放電を繰り返し発生させる
- ●ワイヤは黄銅やタングステンなど
- ●スリットの加工に用いられる

ワイヤ放電加工のしくみ

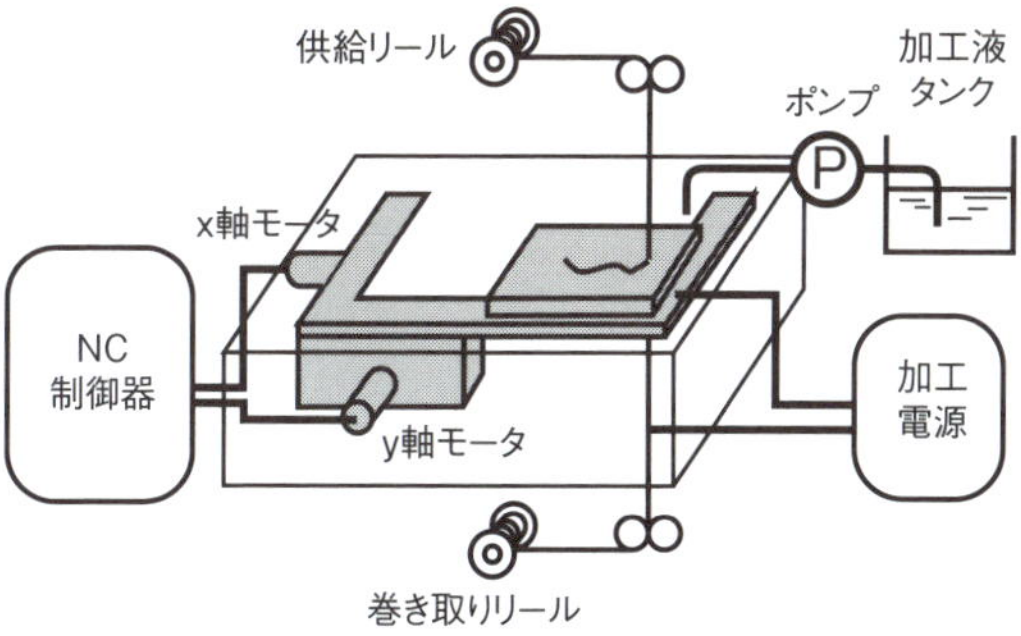

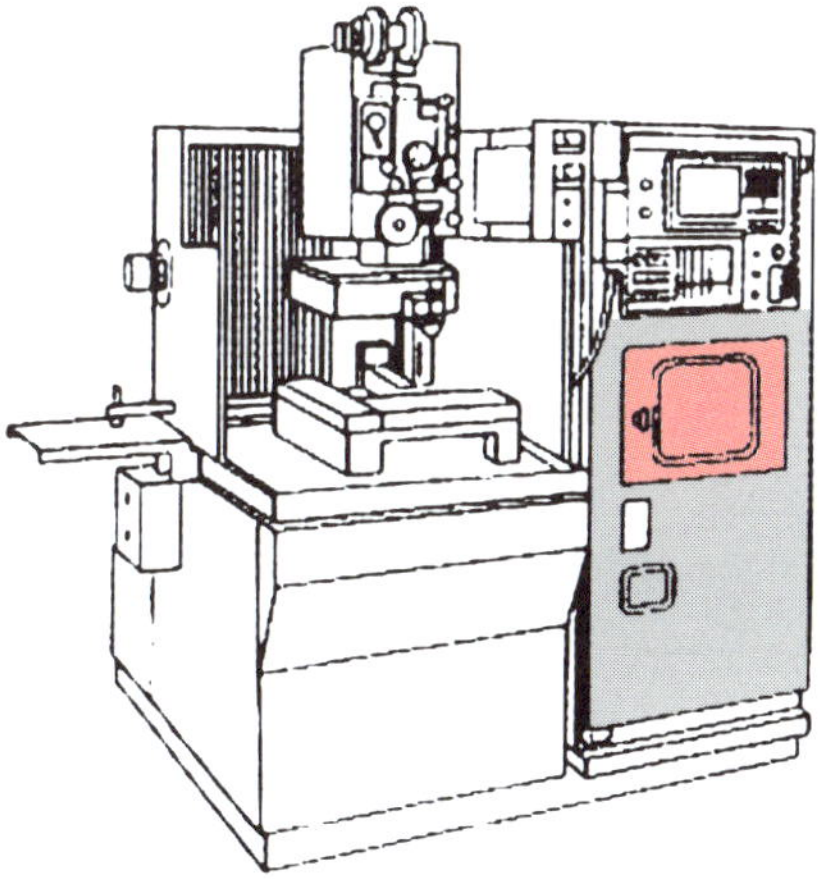

ワイヤ放電加工機

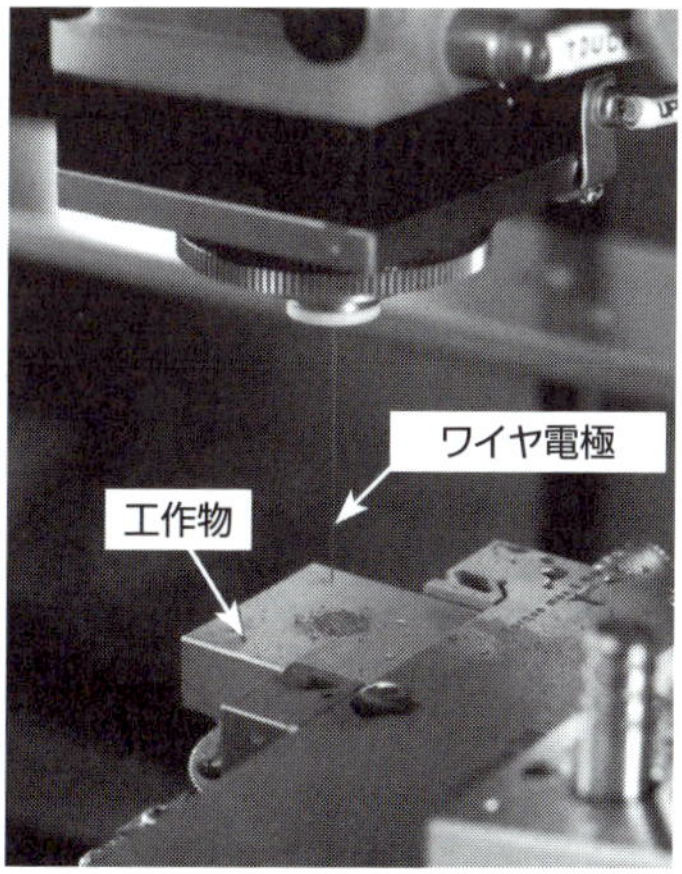

ワイヤ放電加工
（牧野フライス製作所）

パンチ
（牧野フライス製作所）

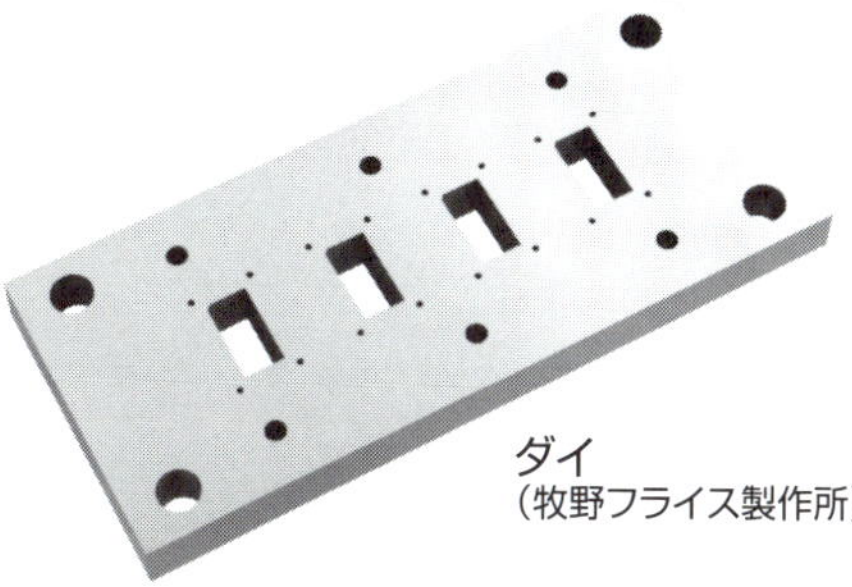

ダイ
（牧野フライス製作所）

66 変形しやすい薄板加工ができるレーザ加工

熱エネルギーを集中させ板材を切り取る

子供の頃に、虫眼鏡で太陽光を集め、その焦点を黒く塗った紙の上に結び、火をつけた経験があるでしょう。

「レーザ加工」の原理はこれと同じで、違うのは太陽光の代わりにレーザ光を用いることだけです。

このレーザは、自然界には存在しない光で、人工的につくり出した単一波長をもつ単色光のことです。

レーザ加工機は、通常、レーザ発信器、ビーム伝送系、加工テーブル、加工ヘッドおよび制御・冷却装置で構成されています。

この加工機では、レーザ発信器でレーザビームを発生し、そのビームをミラーや集光レンズによって、アシストガスとともに、工作物表面近傍に焦点を結ばせます。すると工作物表面は高密度のレーザビームにより高温に熱せられ、温度がその融点あるいは沸点に達すると相変化（溶融・蒸発）が起こります。

レーザ加工はこのような現象を利用したもので、工作物表面に熱エネルギーを集中し、そしてテーブルをX-Y方向に数値制御して送り、所要の形状に板材を切り取る方法です。

この場合、ビーム形状や発振状態（連続またはパルス）などを制御することにより、薄板から厚板まで、また穴あけや切断など、いろいろな加工が可能となります。通常、薄板の切断にはパルスタイプのＹＡＧ（酸化アルミニウムの人造結晶）レーザ加工が、また厚板には連続タイプのCO_2レーザ加工が用いられています。

このレーザ加工は加工域がレーザの集光径とほぼ同じで、母材の熱変形がきわめて小さく、また微細な加工ができるので、変形しやすい薄板の精密加工に向いています。

また高密度のビームが照射され、瞬時に金属の溶融・除去が行われるので、加工域に酸化が生じにくく、また加工速度が高いのが特長です。一方、装置が大きく、高価格であるなどの問題もあります。

要点BOX

- レーザは、自然界には存在しない光
- 変形しやすい薄板の精密加工に向いている
- 装置が大きく、高価格

レーザ加工のしくみ

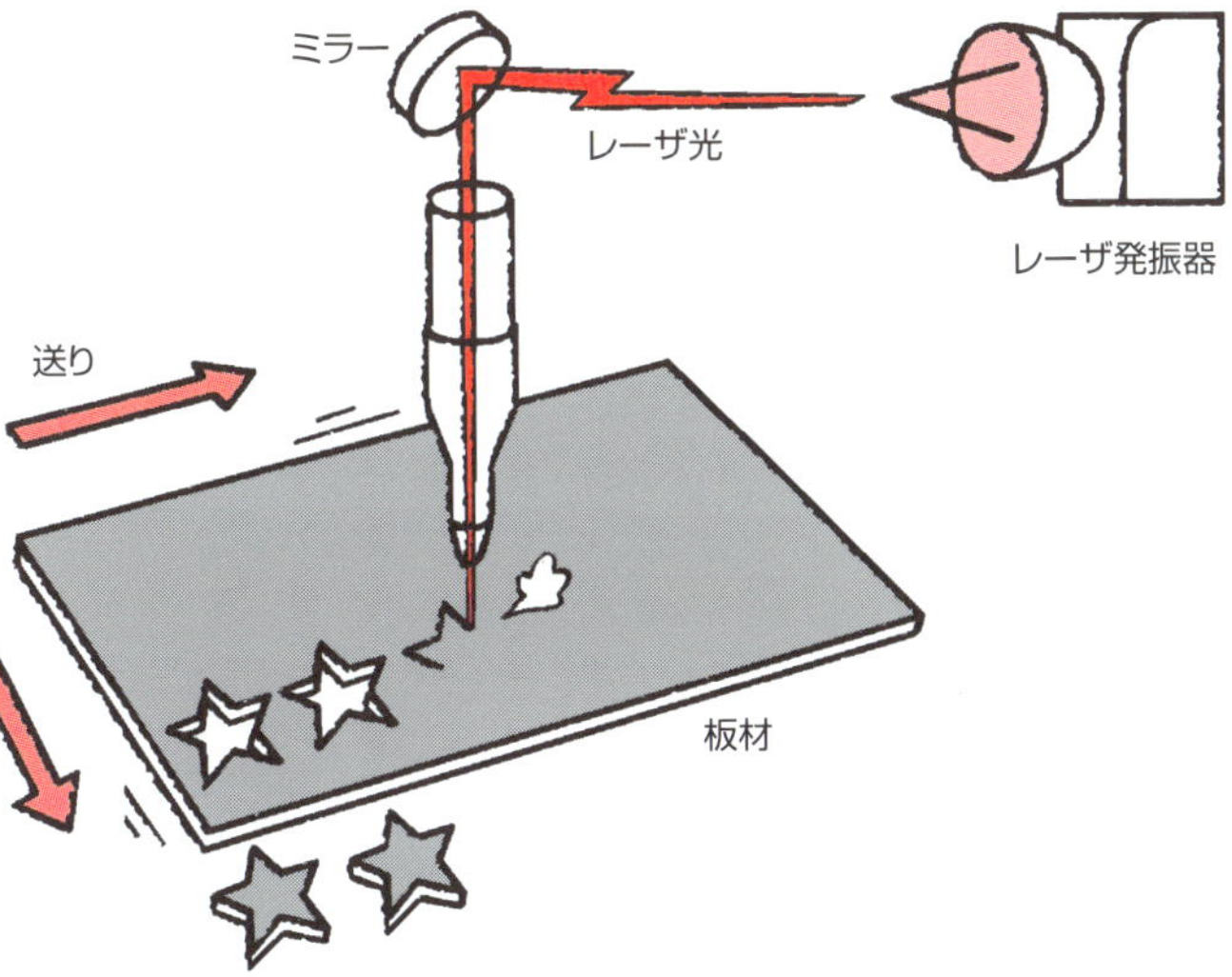

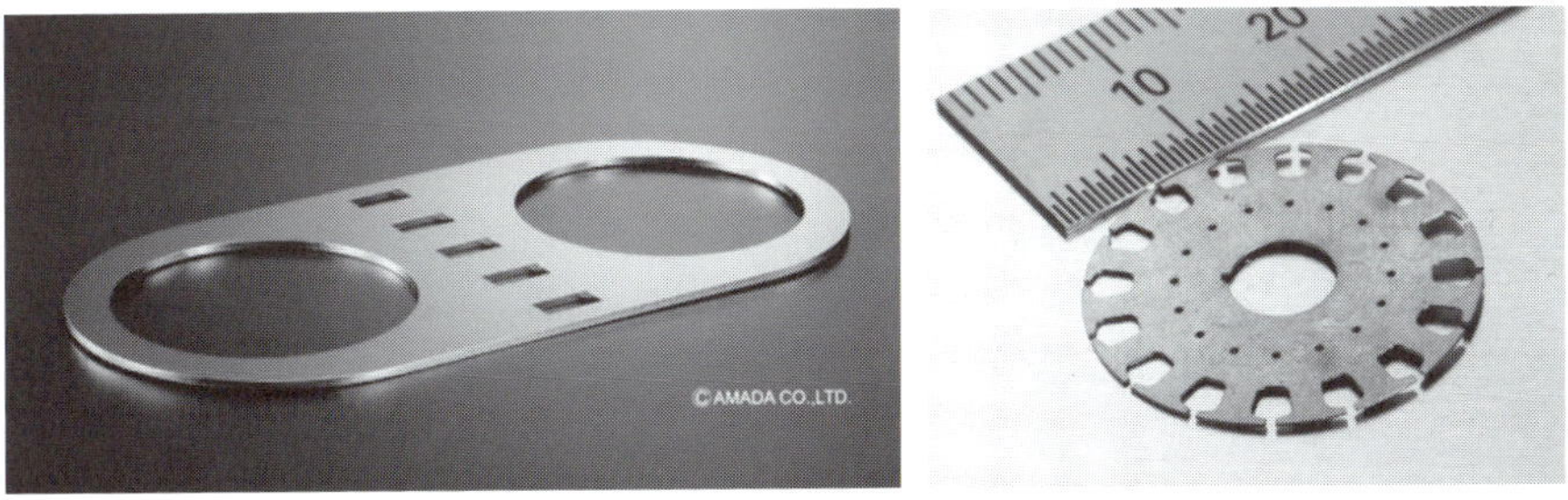

レーザ加工でつくった部品（アマダ）

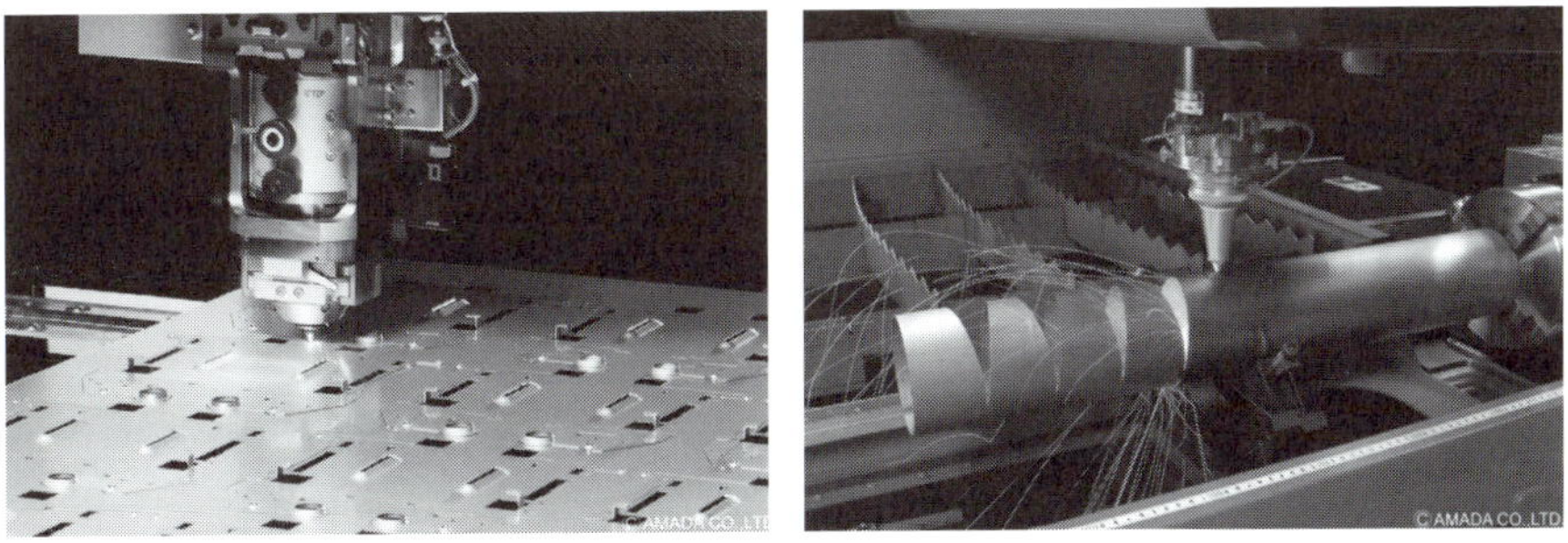

レーザ加工の様子（アマダ）

67 高圧水流を用いるウォータジェット加工

あらゆる金属に適用できる

最近は、高圧洗浄機が家庭にも普及していますが、「ウォータジェット加工」も原理はこれと同じで、高圧水流で加工を行うものです。

ウォータジェット加工には、超高圧の水のみを噴射する方法と、水とともに砥粒を噴射する方法があります。そこで水のみの場合を「ウォータジェット加工」、また水と砥粒の場合を「アブレーシブジェット加工」と呼びます。

ウォータジェット加工は、通常、ウレタンゴム、段ボール、紙パッキン、紙おむつおよびフロアシートなどの加工に用いられ、アルミニウムやチタンなどの特殊金属の加工に用いられるのはアブレーシブジェット加工です。

ウォータジェット加工機は、超高圧水発生装置、加工ノズル、加工テーブル（本体）、排水処理装置および研磨材供給装置などで構成されており、細径の加工ノズルから超高圧の水または水と研磨剤の混合液を工作物に噴出し、その衝撃エネルギーで加工を行う機械です。

ウォータジェット加工の場合は、ダイヤモンドまたはサファイヤ製の直径0・3ミリ程度のノズルを用い、またアブレーシブジェット加工には直径1ミリ程度のミキシングノズルを使用します。

一般的な加工機は左右方向と上下方向の位置と送りが数値制御され、X-Y平面における穴あけ、切断および輪郭加工に用いられます。

また最近は5軸制御の加工機が開発されており、これらX・Y・Z軸に加えてA（旋回）・B（傾斜）の5軸をプログラム制御することにより、複雑な立体形状の精密加工が可能です。

ウォータジェット加工は、あらゆる金属に適用でき、また素材に熱の影響がないので、変質、変色、歪みおよび反りが発生しないなどの利点があります。一方、加工時の騒音やランニングコストなどの問題もあります。

要点BOX

- ●超高圧水のみを噴射する方法
- ●超高圧水とともに砥粒を噴射する方法
- ●変質、変色、歪みおよび反りが発生しない

ウォータジェットの種類と製品

- ウォータジェット加工
  - 超高圧水のみを噴射
    - ウレタンゴム
    - 段ボール
    - 紙パッキン
    - フロアシートなど
  - 超高圧水と砥粒を噴射
    - アルミ・チタンなどの特殊金属
    - 樹脂・ゴムなどの熱影響を受ける材料
    - ガラス・石材などの硬脆材料
    - CFRP・GFRP などの複合材料

5軸制御ウォータジェット加工機（スギノマシン）

アルミニウムの加工（スギノマシン）

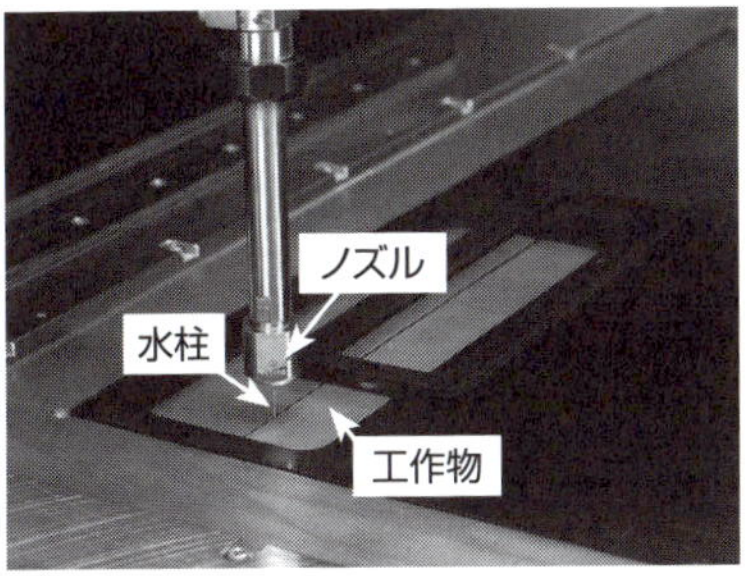

ウォータジェット加工（スギノマシン）

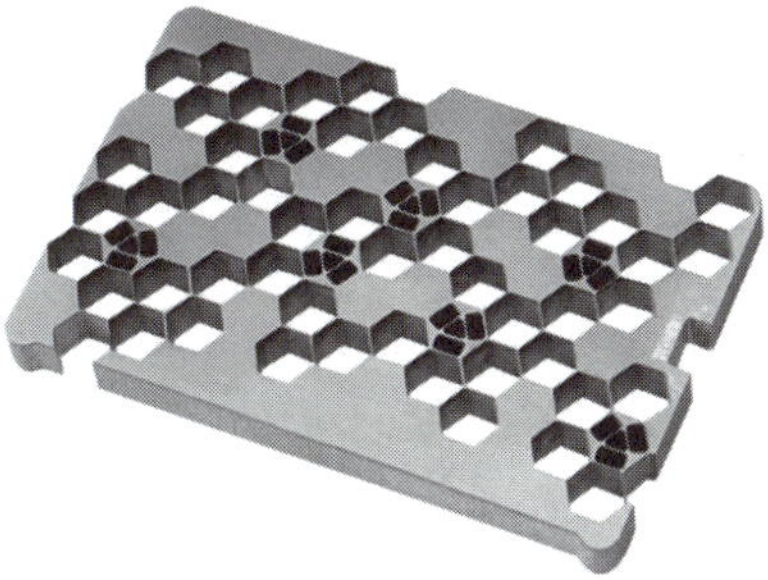

ステンレスの加工（スギノマシン）

Column

ノウハウの伝承

研削加工に用いられるのが研削砥石で、砥粒、結合剤および気孔で構成される複雑な工具です。これらの組成により砥石構造が異なり、また局部的に組織が異なるので、この砥石を研削時にいかに上手に使いこなすかがポイントになります。そして研削作業におけるトラブルの大多数は、この砥石の選択の誤りといわれており、作業目的に応じた適切な砥石を選択するには、作業者の長年の経験、いい換えれば熟練技能が必要とされています。

また同じ砥石であっても、ツルーイング(振れ取り、形直し)やドレッシング(目直し)によって、砥石作業面性状が異なるので、作業者が常に砥石を同じ研削性能に維持することは困難で、研削後の加工物の品質にばらつきを生じます。そしてドレッシング直後に鋭利であった砥石作業面上の切れ刃は、研削の過程で鈍化し、研削の続行が困難となります。そのため再度、ドレッシングが必要となりますが、これが目立て間寿命で、研削時におけるこの適切な管理が大切になります。

そのため研削作業においては、作業目的に応じた適切な砥石をどのように選択するか、またツルーイング・ドレッシングをいかに上手に行うか、そして研削時における目立て間寿命をいかに判断するかなどが研削加工のポイントとなっています。

今後、団塊世代の熟練技能者が大量に退職するので、このような研削作業のポイントをいかにマニュアル化し、コンピュータ技術を用いて、熟練技能を技術に置き換えるかが、これからの重要な課題になると思われます。

【参考文献】

「鋳物のおはなし」、加山延太郎著、日本規格協会

「鋳物の文化史」、石野亨著、小峰書店

「モノづくり解体新書」、日刊工業新聞社

「機械工作１」、実教出版

「機械工作２」、実教出版

「銅の文化史」、藤野明著、新潮社

「火縄銃から黒船まで」、奥村正二著、岩波書店

「機械用語事典」、実教出版

「機械工作入門」、小林輝夫著、理工学社

「金属加工が一番わかる」、井上忠信監修、技術評論社

「鍛造加工基礎のきそ」、篠崎吉太郎著、日刊工業新聞社

「トコトンやさしいねじの本」、門田和雄著、日刊工業新聞社

「トコトンやさしい熱処理の本」、坂本卓著、日刊工業新聞社

「トコトンやさしい板金の本」、安田克彦著、日刊工業新聞社

「トコトンやさしい溶接の本」、安田克彦著、日刊工業新聞社

「工作機械入門」、福田力也著、理工学社

「初歩から学ぶ工作機械」、清水伸二著、大河出版

「機械用語事典、切削加工編」海野邦昭著、日刊工業新聞社

「トコトンやさしい切削加工の本」、海野邦昭著、日刊工業新聞社

「切削加工基礎のきそ」、海野邦昭著、日刊工業新聞社

「研削加工基礎のきそ」、海野邦昭著、日刊工業新聞社

「ＮＣ工作機械入門」、北口康雄著、理工学社

「切削・研削・研磨用語事典」、砥粒加工学会編、工業調査会

「砥粒加工技術のすべて」、砥粒加工学会編、工業調査会

「穴あけ加工基礎のきそ」、海野邦昭著、日刊工業新聞社

「レーザ加工の実務」、金岡優著、日刊工業新聞社

索引

今日からモノ知りシリーズ
トコトンやさしい
金属加工の本

NDC 532

2013年3月23日　初版1刷発行
2022年5月25日　初版7刷発行

©著者　海野 邦昭
発行者　井水 治博
発行所　日刊工業新聞社
東京都中央区日本橋小網町14-1
(郵便番号103-8548)
電話　書籍編集部　03(5644)7490
販売・管理部　03(5644)7410
FAX　03(5644)7400
振替口座　00190-2-186076
URL　https://pub.nikkan.co.jp/
e-mail　info@media.nikkan.co.jp
企画・編集　エム編集事務所
印刷・製本　新日本印刷(株)

●DESIGN STAFF
AD――――――志岐滋行
表紙イラスト―――黒崎　玄
本文イラスト―――輪島正裕
ブック・デザイン ――矢野貴文
(志岐デザイン事務所)

●
落丁・乱丁本はお取り替えいたします。
2013 Printed in Japan
ISBN　978-4-526-07044-0　C3034
●
本書の無断複写は、著作権法上の例外を除き、
禁じられています。

●定価はカバーに表示してあります

●著者略歴

海野邦昭(うんの くにあき)

1944年生まれ
職業訓練大学校機械科卒業。
同大学卒業後、職業能力開発総合大学校精密機械システム工学科教授、同長期課程部長などを歴任。
現在、同大学校名誉教授および基盤加工技術研究所代表。工学博士。精密工学会名誉会員、同フェロー。

主な著書

『ファインセラミックスの高能率機械加工』日刊工業新聞社
『CBN・ダイヤモンドホイールの使い方』工業調査会
『次世代への高度熟練技能の継承』アグネ承風社
『絵とき「切削加工」基礎のきそ』日刊工業新聞社
『絵とき「研削加工」基礎のきそ』日刊工業新聞社
『絵とき「研削の実務」作業の勘どころとトラブル対策』日刊工業新聞社
『絵とき「難研削材加工」基礎のきそ』日刊工業新聞社
『絵とき「治具・取付具」基礎のきそ』日刊工業新聞社
『絵とき「穴あけ加工」基礎のきそ』日刊工業新聞社
『絵とき「切削油剤」基礎のきそ』日刊工業新聞社
『絵とき「工具研削」基礎のきそ』日刊工業新聞社
『トコトンやさしい切削加工の本』日刊工業新聞社
『絵とき「機械用語事典」(切削加工編)』日刊工業新聞社
『わかる!使える!研削加工入門』日刊工業新聞社
など多数。